絵とき

射出成形用語事典

北川和昭・中野利一［著］
Kitagawa Kazuaki　Nakano Riichi

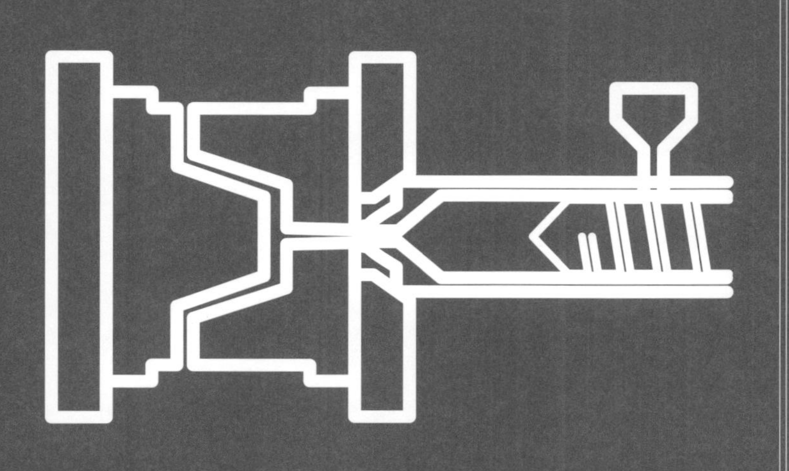

日刊工業新聞社

はじめに

日本における射出成形技術は、1943年の大戦中にドイツUボートに搭載され、陸揚げされた１台の成形機から始まる。ドイツFranz Braun社が開発したIsoma射出成形機は、スクリュ式電動駆動の横型射出成形機で、現在主流となったプラスチック射出成形機の原型となった。その後70数年を経て超小型の成形機から数千トンにおよぶ超大型の射出成形機までもが開発され、家電・弱電製品、自動車や光学製品などプラスチック材料、金型技術の発展とともに私たちの豊かな生活を創生する上で、なくてはならない産業機械となった。

１つの製品を生み出すためには、成形材料の知識、成形金型・射出成形機の知識、そしてそれらを取り巻く周辺の装置や評価測定技術など多くを学んでおく必要がある。これら先人たちの技術を学び、さらに新たな技術開発を目指す方々の参考になれば幸いである。

最後にこの出版に当たり、ご協力いただいたメーカーの方々に御礼を申し上げます。

2015年2月

北川和昭　中野利一

用語
約600の用語を関連性の高い順番で並べています。

中分類
用途や使用方法で細かく分類しています。

英文
用語の英文です。

型締装置に付随する装置

金型内真空装置

vaccum device in mold

射出成形機

金型内のエアーや充填される樹脂から発生するガスが影響してガス焼けやショートショット、ウエルドなどの成形不良が起こる。この対策として金型にガスベントを設けまた焼結金属の使用、射出速度を遅くするなどを行なっているが対応できない場合もある。この対策として、金型内を真空にしてエアーやガスを射出時に抜くための装置で、真空ポンプを金型配管と接続する大掛かりな装置から、ベンチュリー効果を利用した簡易装置がある。

真空ポンプを使った装置

説明文
用語をわかりやすく解説しています。

図・表
用語の理解を深めるための写真や図表です。

大分類
大きく9つに分類されています。

本書の構成

第 1 章

射出成形機

いろいろな射出成形機

射出成形機

injection molding machine

射出成形機は成形材料を溶かし、閉鎖している金型内に射出し、冷却して取出す機械でプランジャ式、プリプラ式、インラインスクリュ式などがある。

射出成形機には射出圧力に負けない型締装置、材料に熱と圧力を加えて可塑化させ適当な流動状態となった材料を、閉鎖され冷たい金型キャビティ内に高い射出圧力で、高速度で注入する射出装置と、これらの動きを制御させる制御装置やそれらの装置を支えるベッドなどから構成されている。

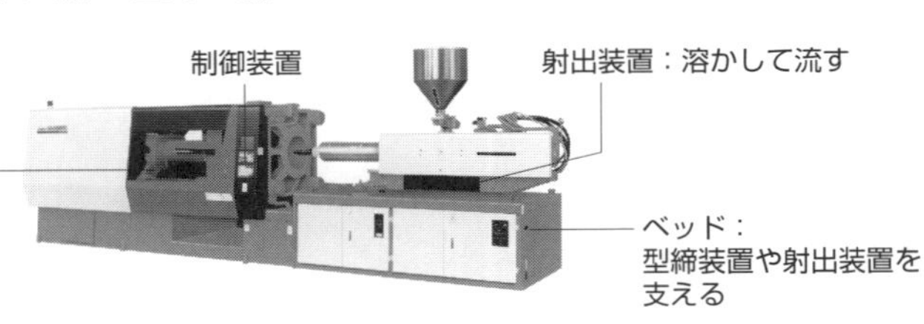

いろいろな射出成形機

射出成形機の分類

a kind of inj.molding machine

射出成形機の種類は

1)使用材料から…熱可塑性・熱硬化性成形機

2)駆動装置から…油圧式・電動式射出成形機・油圧電動ハイブリッド成形機

3)射出装置の構造から…プランジャ式・プリプラ式・スクリュ式射出成形機

4)型締装置から…直圧式・トグル式・メカニカルロック式射出成形機

5)射出装置と型締装置の組合せ…縦形式・横形

などに分類できる。

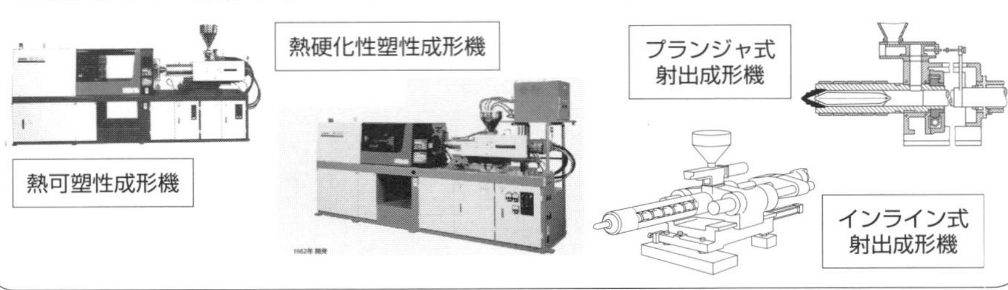

いろいろな射出成形機

超小型卓上型射出成形機

Micro injection molding machine

超々微小成形品を得るために開発され、「溶かして」「流して」「固める」という射出成形機の原理は同じである。写真に示す成形機は、卓上型超小型成形機といわれ、超小型を実現するため、可塑化するためのスクリュまたはプランジャに様々な工夫がなされている。また成形品の排出やその確認、成形品の良否判定も重要になる。

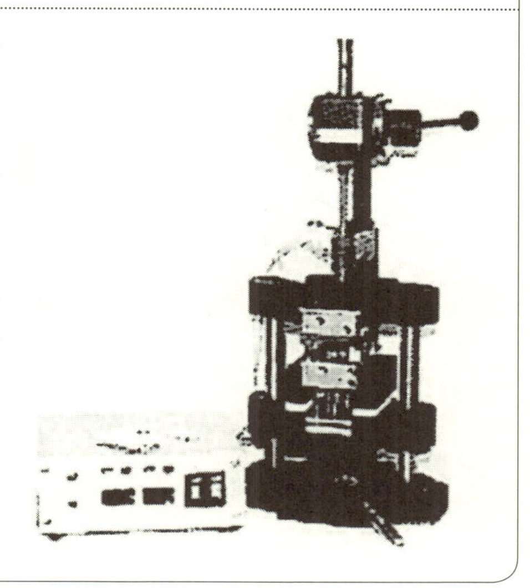

資料提供：新興セルビック

いろいろな射出成形機

ディスク専用射出成形機

disk inj.molding machine

光ディスクの再生・記録メディア用に開発され、射出圧縮成形をベースに金型構造と射出成形機の制御・作動を一体化した超精密・高転写成形のシステム。またランナー・成形品取出機も成形機と連動させるなど、トータル技術で超ハイサイクルを実現している。

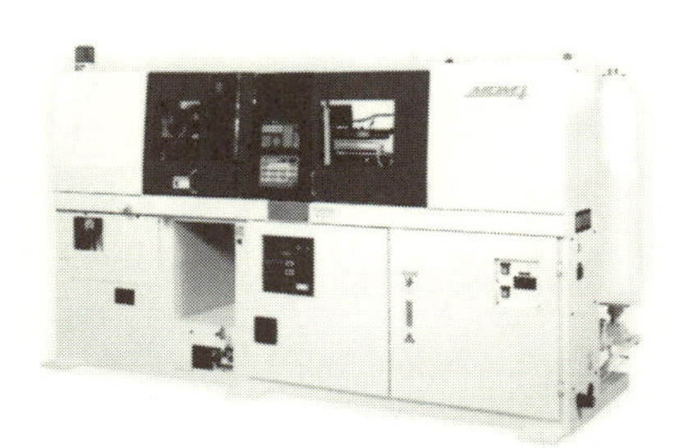

資料提供：名機製作所

ベント式射出成形機

vent type inj.molding machine

インラインスクリュの途中に脱気、モノマーガスの除去に有効な脱気孔を設け、無乾燥の成形材料で成形が可能である。スクリュは基本的に第一ステージ（汎用と同じくホッパーから徐々に可塑化・溶融し混練・圧縮ゾーンを持たせる）と、脱気孔（ベント孔）に続き、第二ステージでは、脱気され第一ゾーンで混練溶融された樹脂を再度混練溶融しながら、加熱筒先端まで可塑化溶融する。この装置は、材料内部に含まれるモノマーガスや水分を汎用機以上に取る事ができる特長を持つ一方で、脱気孔での色残りや材料置換に問題が発生しやすく、専用機として活用されることが多い。

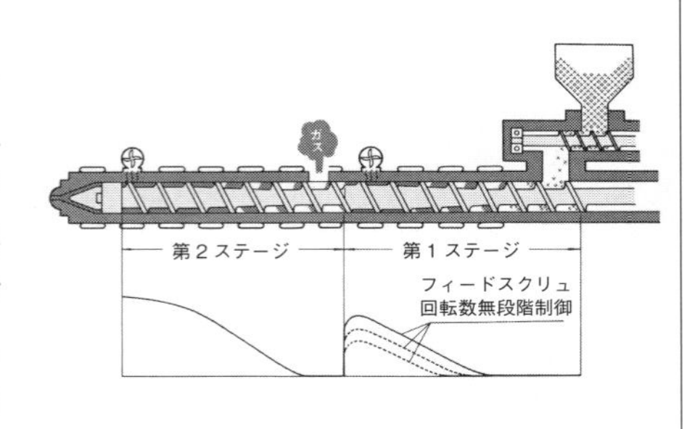

資料提供：名機製作所

いろいろな射出成形機

プリプラ式射出成形機

pre-plasticizing type inj.molding machine

成形材料を均一可塑化するための専用スクリュと、射出充填・保圧機能を持つプランジャユニットの二つの機能に分割される。専用スクリュは、インラインスクリュ式のように可塑化、計量のために前後退することはない。このため可塑化、均一混練機能に優れる。一方射出ユニットであるプランジャは、インラインスクリュに見られる逆流防止弁は持つ必要がなく、射出充填量は安定する。その一面でプランジャ部からの樹脂洩れや専用スクリュ部とプランジャの接合部の樹脂残留・色残りなどメリットとデメリットを併せ持つ。

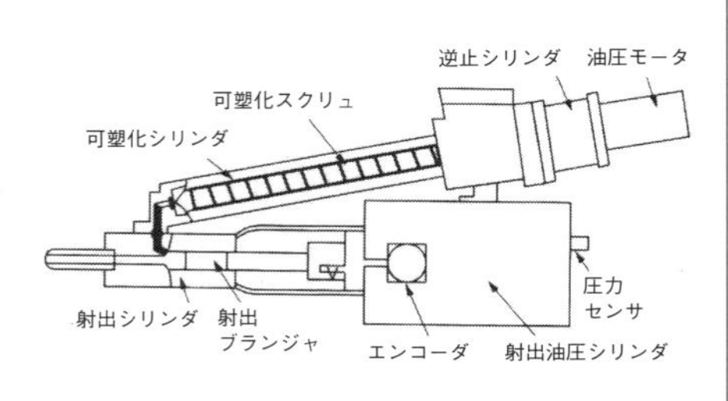

資料提供：ソディック

いろいろな射出成形機

多色異材質射出成形機

multi-function large-sized-rotary inj.molding machine

多色異材質成形など複合成形向けに使用されている。射出ユニットを2～3ユニット持ち、主にテールランプの2色・3色の成形やハウジングなどの異材質成形に使われてきた。右図は縦型締装置は、可動盤上のロータリーテーブルで120°・180°分割して、金型を入れ替えて成形する一体成形型の多機能ロータリー成形機。型締力150ton ～2千数百tonがある。

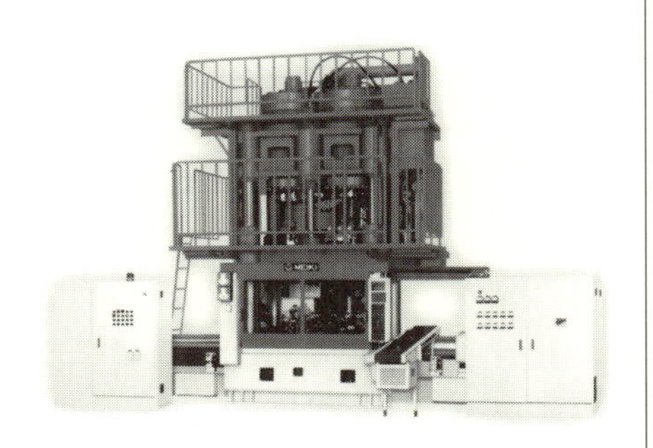

資料提供：名機製作所

いろいろな射出成形機

サンドイッチ射出成形機

sandwich molding inj.molding machine

型締装置1基に対して、射出ユニットを2基配置する複合成形を目的に開発された。射出ユニットはV字型配置やL型配置など金型との組み合わせにより、様々な応用例がある。左図のような2式の射出ユニットをもつ成形機は、金型内でのマニホールド構成でサンドイッチ成形や異材質成形などに使用される。

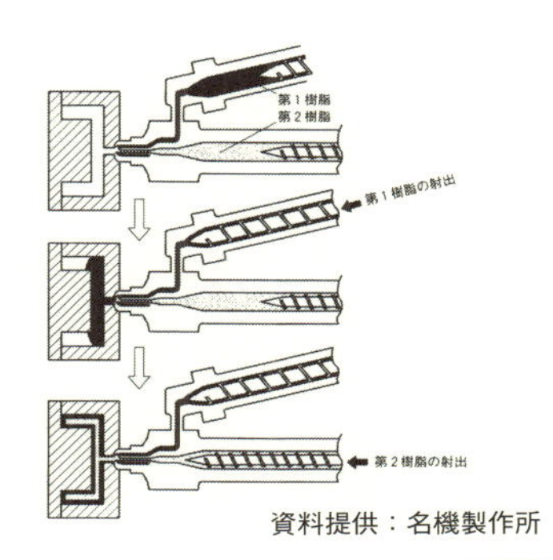

資料提供：名機製作所

シリコンゴム成形機

sillicone rubber molding machine

シリコンゴムは電気特性、耐薬品性、耐熱性、耐寒性に優れ、多くの電子機器、パソコンに使用されている。図は、2液混合タイプで、主材としての液状シリコンと硬化剤を金型に充填する直前に定量混合し、射出充填し、金型の内部で加熱硬化させる。金型内に金属をインサートさせながら成形される製品も多い。

資料提供：山城精機製作所

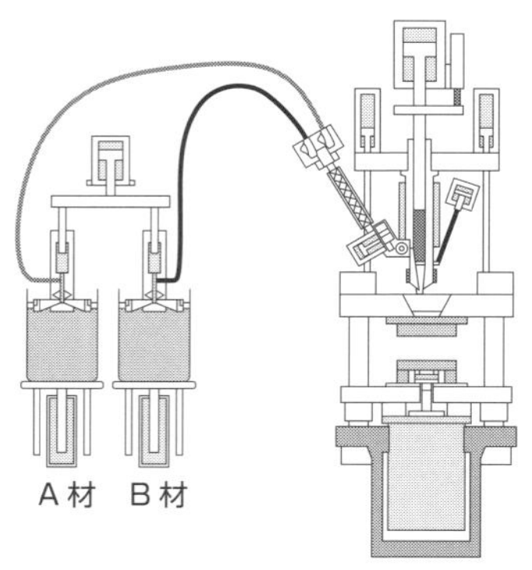

インジェクションブロー射出成形機

inj.blow molding machine

化粧品ボトルや飲料ボトルなどの成形に使用される。射出成形によって、1次工程で試験管状の有底パリソン（プリフォーム）を成形し、それが固化する前に2次工程（ブロー用金型）に挿着し、内部から空気を吹き込み膨らませて、金型に密着させ製品形状を作り、冷却固化させて取り出す。射出吹き込み成形とも呼ばれる。

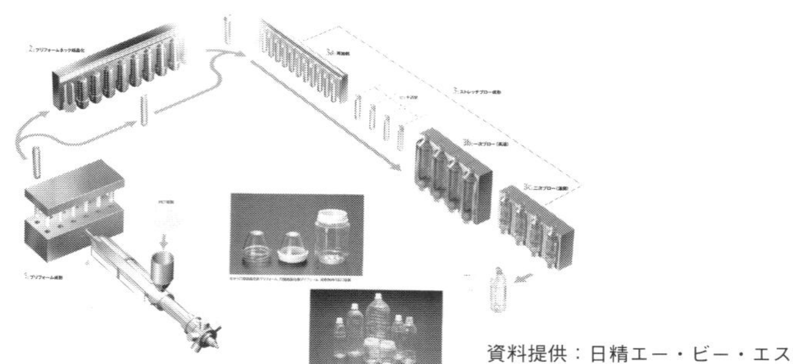

資料提供：日精エー・ビー・エス

いろいろな射出成形機

熱硬化性樹脂射出成形機

themosetting inj.molding machine

フェノール、メラミン樹脂などの成形材料の成形加工に使用される。材料の形態は一般的に顆粒状のため、可塑性材料で使用される材料供給システムと異なり、スプリング式供給ローダが使われる。加熱筒は、一般的な温水加熱でスクリュも比較的短く、スクリュの圧縮比をほとんどつけない。スミアヘッドといわれるスクリュヘッドで絞り、せん断効果や逆流防止を持たせることも。成形品は、自動車用灰皿などの耐熱・耐摩耗を要求される部品に使用される。

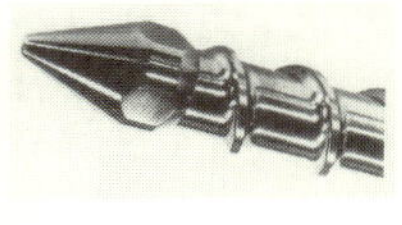

資料提供：名機製作所

いろいろな射出成形機

熱硬化性ゴム射出成形機

themosetting rubber inj.molding machine

熱硬化性ゴムの種類や製品の用途によって、小型から大型まで成形機の種類も異なる。図はインラインスクリュ式ゴム射出成形機を示す。シート状に加工され、さらに５０ｍｍ巾にカットされたベルト状のゴム生材を特殊なローラーフィーダーでスクリュに供給し、可塑計量する。加熱筒は、一般的に温水加熱が使われる。スクリュは熱可塑性インスクリュに比べ、短くてスクリュ圧縮比は、ほとんどかけられない。逆流防止弁も、単にスミアヘッド状のものであったり、特殊に設計された逆流防止ヘッド・防止リングが使われる。

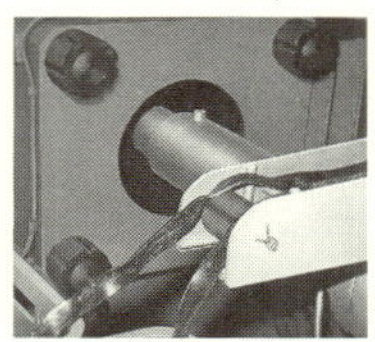

資料提供：名機製作所

いろいろな射出成形機

BMC専用射出成形機

bulk molding compaound inj.molding machine

不飽和ポリエステル材料に炭酸カルシウムやガラス繊維を特殊ミキサーで混合した、バルク状の成形材料が使われる。このためスクリュまたはプランジャに材料供給するため圧力ホッパーが使用される。成形品は、一般の熱可塑性材料以上に過酷環境下で使用される部品、耐強電・耐熱・耐摩耗などを要求される大型ブレーカや自動車用ヘッドランプハウジングなどがある。

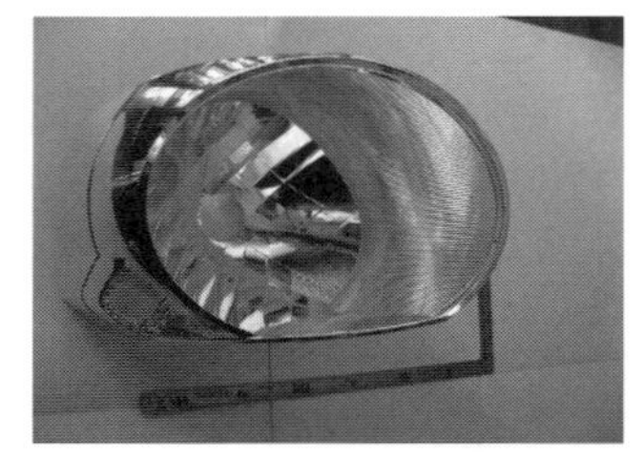

資料提供：名機製作所

いろいろな射出成形機

金属射出成形機

magnesium inj.molding machine

マグネシウム合金をチップ状にしたもの、またはタブレット状にしたものを加熱溶融し、高温の金型内に射出充填する。マグネシウム合金(比重1.8）は、ＡＬ合金（比重2.7）に比べ実用金属中最も軽く、地球資源でも６番目に豊富に分布する。このためＡＬに変わる金属として注目を集めている。チップ状にしたものを使用するのはチクソモールディング法とも呼ばれ、写真はインラインスクリュ式の射出成形機を示す。素材は、融点約600℃～615℃という超高温加工下での成形となるので、加熱筒、スクリュ（プランジャ)、金型の耐熱性、強靭性などが求められる。

資料提供：日本製鋼所

射出成形機のしくみ

射出成形法

injection molding

射出成形法はプラスチックを加熱して流動状態にさせ（可塑化）閉鎖している金型キャビティに圧入し、固化させた成形品を取り出す成形法で、プラスチック成形加工では主要な加工法の一つである。

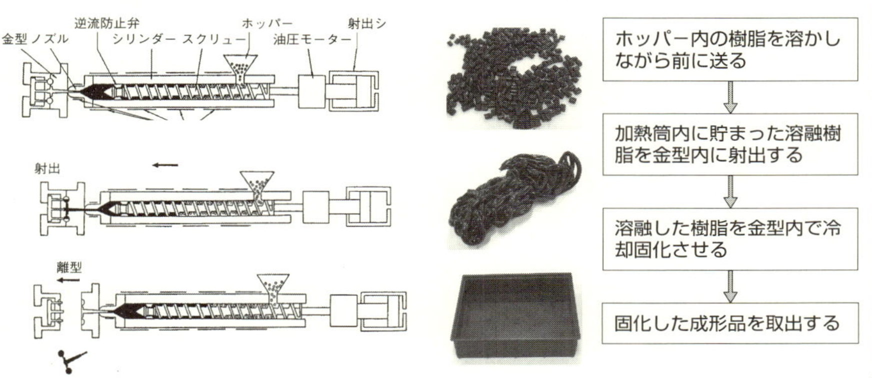

射出成形機のしくみ

型閉工程

mold clamping process

型閉工程は型開完了位置から型が閉まり始め、型締増圧までをいう。この工程には成形サイクルを短縮するための高速型締め機能と、金型保護のため型閉じ寸前に低速低圧で型閉めを完了させ、増圧する機能をもつ。高速で型閉じを行なうと慣性で強い衝撃を持って型が閉まり金型を壊す可能性が大きくなる。特にスライドコアやストリッパープレートを持つ金型などでは注意を要する。自動・半自動のスタートはこの型閉工程から始まる。

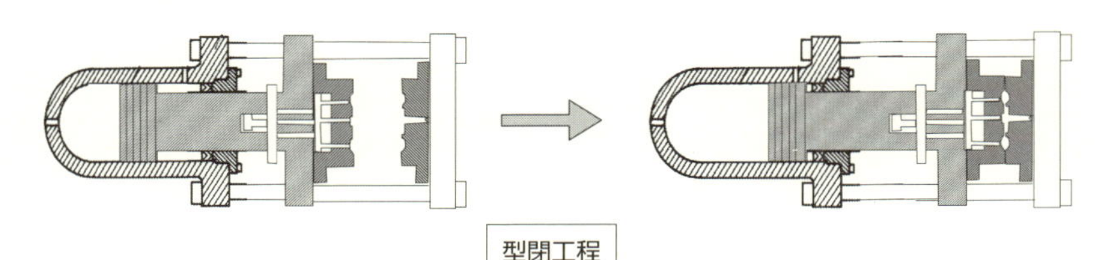

型閉工程

射出工程

injection process

加熱筒内で可塑化（計量）された樹脂を金型キャビティ内に射出速度調整をしながら充填（射出）させ、また樹脂の冷却に伴う体積収縮分を補給してヒケやボイド、寸法バラツキを防ぐために保圧を行う工程。樹脂の充填過程で射出速度調整を行なうのは、ジェッティングやフローマークなどの対策のために行う。保圧工程で注意することは樹脂に加圧できるようにクッション量をとることと、ゲートシール時間に見合った保圧時間をとることが大切。

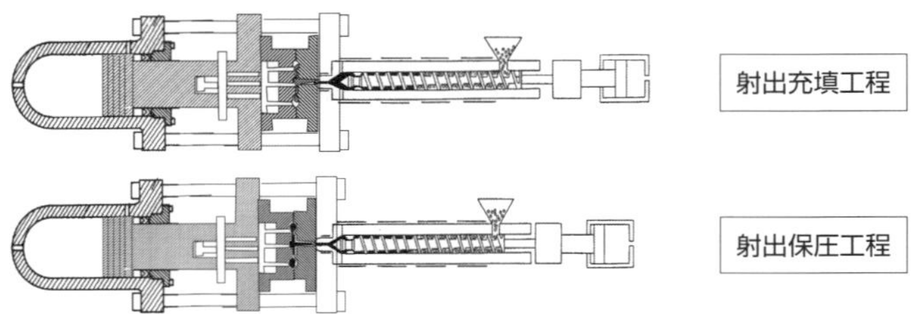

射出成形機のしくみ

可塑化工程

plastitaizing process

次のショットで射出する樹脂を均一溶融させ、計量させるための工程。スクリュ回転することで、樹脂はホッパー側からノズル側へ移動して行き、この反力でスクリュは計量位置まで後退する。この移動中に樹脂は加熱筒側から熱をもらい、せん断作用を受けながら可塑化・溶融してゆく。この工程で重要なことは、樹脂を均一可塑化させ、またショット量を安定させることと、冷却時間内に可塑化させることである。このために、スクリュ回転や背圧調整を行なう。

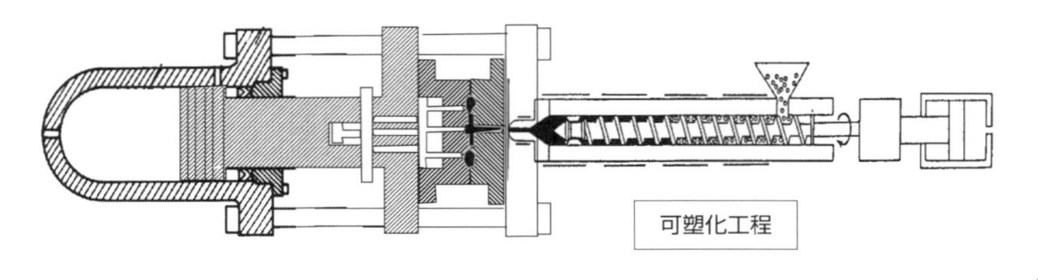

射出成形機のしくみ

冷却工程
cooling process

キャビティ内に射出された溶融樹脂を固化させ、金型内から成形品を取出せる状態にするための工程。冷却が不十分なまま成形品を取出すと離型不良や変形、寸法不良などの問題が発生し、冷却時間が長過ぎると1サイクルが長くなる。

冷却工程で重要なことは、金型温度の安定化と溶融樹脂を均一固化させること。金型温度の安定化には、水やオイルなどの媒体を使った金型温調器やヒータ温度制御装置などを使用する。

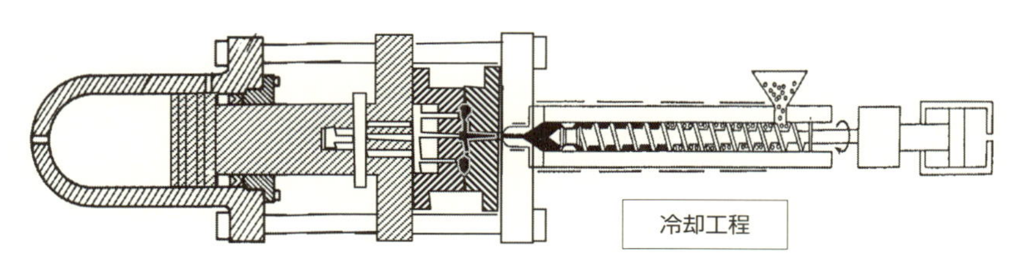

冷却工程

射出成形機のしくみ

型開工程
mold opening process

キャビティ内で冷却固化された成形品を取出すために金型を開く工程。1サイクルを短縮するためには高速型開きする必要があり、アンダーカット部を持った成形品や抜きテーパの小さな成形品の場合、金型が損傷したり、成形品に擦り傷を付けたりする可能性が高くなる。特に型開き開始時起こり易く、一般的に型開き初期は低速にする。型開閉制御は速度や圧力を作動位置に合わせて設定できるようになっている。

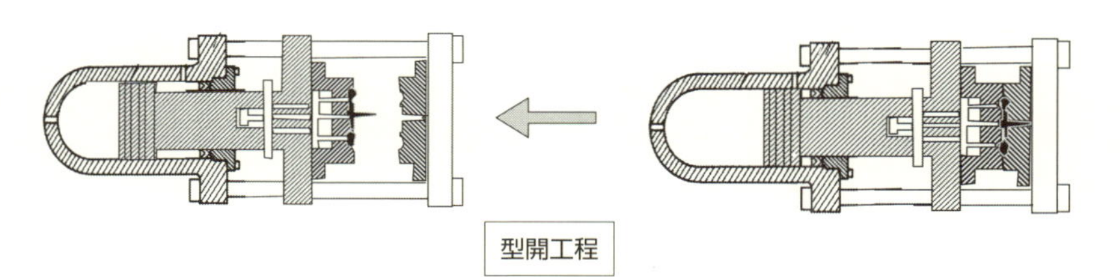

型開工程

突出工程（エジェクト）

ejecting process

可動側金型内に付いた成形品を突き出しピンやストリッパープレートなどで突出す工程。金型内に密着した成形品を速い速度で突出すと、成形品の変形、白化、クラックなどの不良現象が出易くなる。逆に突出し速度が遅いとサイクルが長くなるため、最適な速度を作動位置に合わせて設定できるようになっている。また取出し機を使う場合、取出しタイミングに合わせて突出す設定にできるようになっている。

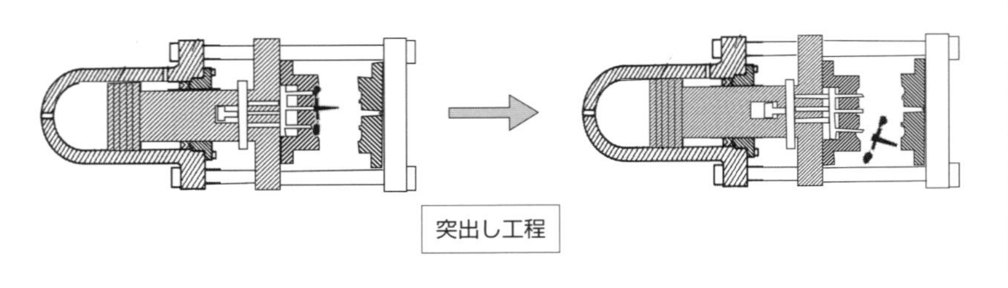

突出し工程

1サイクル時間

1 cycle time

1サイクルは型閉じスタートから次の型閉じスタートまでの時間をいう。動きとしては①型閉じスタート→型閉完了→増圧（圧締）→②射出時間（射出充填＋保圧）→③冷却時間（可塑化・計量）→④冷却時間終了後→型締圧抜き→型開き→型開き完了→⑤成形品突出し（エジェクタ前進・後退）⑥中間時間終了後、型閉じスタートの動きをし、次サイクルスタートとなる。

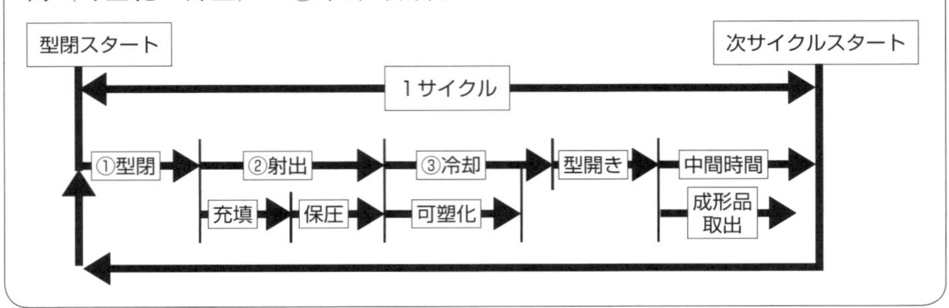

射出成形機のしくみ

横型締めと縦型締めの射出成形機

horizontal & vertical type

型締装置と射出装置の組み合わせにより、横型、縦型、縦・横折中型などがある。インサート成形や、ゴム成形機のように機械設置面積を少なくする目的で縦型締・横射出や縦型締・縦射出の成形機があるが、一般に横型締・横射出の横形射出成形機が多く使われている。

左の写真は一般的な横形射出成形機で右の写真は3色成形機の縦型締・横射出の成形機である。

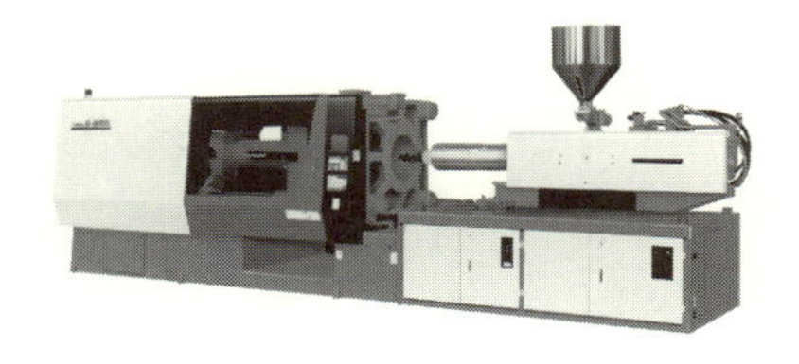

名機 M-450C-DM

名機 700C-VR3-3CJ

射出成形機のしくみ

熱硬化性と熱可塑性の射出成形機

thermosetting & thermoplastical

熱硬化性射出成形機は、フェノール樹脂やユリア樹脂などの熱硬化性樹脂を成形する成形機で、基本的な動きは熱可塑性成形機と変わらない。加熱筒の加熱方式やスクリュ形状に違いがある。熱可塑性成形では加熱筒内で溶融させた樹脂を射出して金型内で冷却固化して成形品を取出す。熱硬化性成形では加熱筒で樹脂を半溶融させ高温の金型内で熱を与えて流動性を持たせると同時に化学反応を起こし硬化させて取出す。

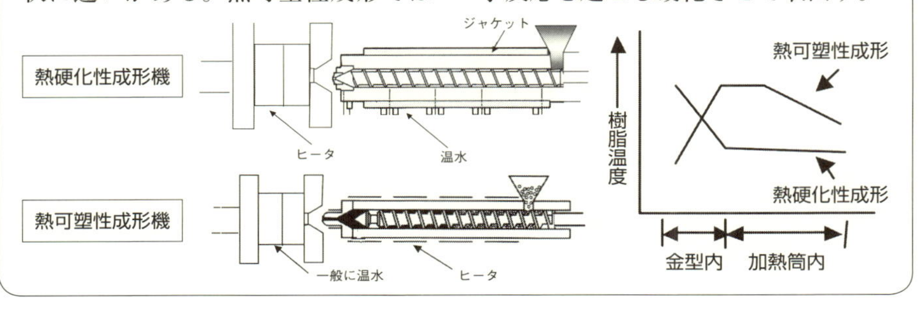

電動式成形機

erectoromatical inj.molding machine

一般に、油圧式射出成形機が多く使われてきたが、最近の小型機ではACサーボモータを使った電動式射出成形機多く使われるようになってきた。電動式射出成形機の特徴として　①油圧機に比べて省エネ（油圧機に比べて1/3程度の消費電力）②油温などの影響を受けない高い制御性と安定性　③射出速度立ち上がり・立ち下りなどの応答性がよく位置制御の精度が高い ④半面、各駆動部にサーボモータが必要で価格が高くなる　⑤負荷オーバーすると直ぐに止まる　などがある。

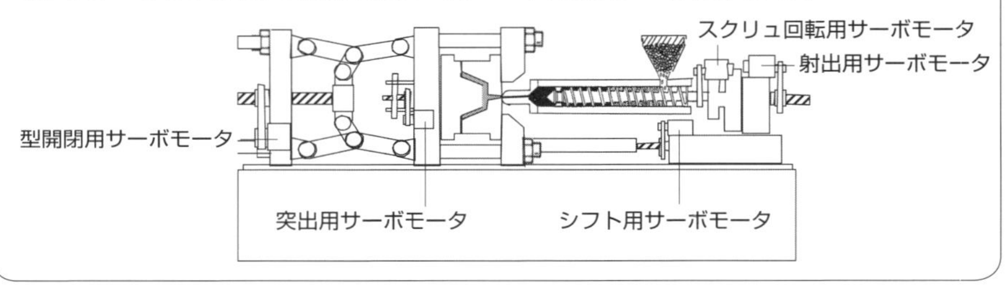

射出装置

Injection unit

射出装置には次の2つの機能がある。

①材料に流動性を持たせるように可塑化（溶かす）する可塑化機能

②材料を金型キャビティに射出する射出機能

どちらも射出成形機の性能を決める重要な機能である。

射出成形機の構造としては、プランジャ式、プリプラ式、インラインスクリュ式などがあるが、現在ではインラインスクリュ式の射出装置が使われている。

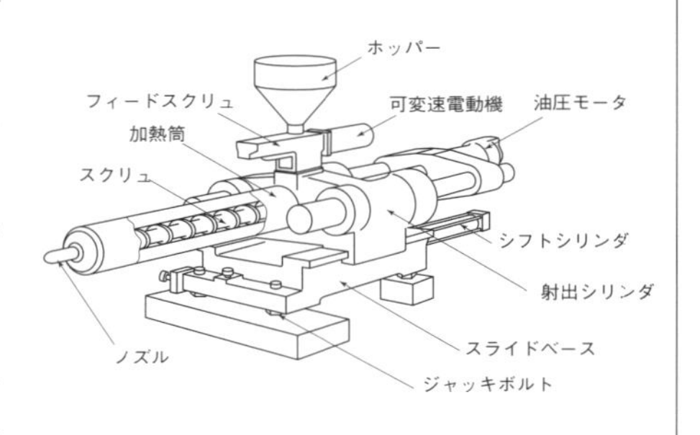

射出装置

インラインスクリュ式射出装置

In-line screw type injection machine

スクリュを加熱筒内に組み込んだ成形機で、スクリュを回転させることにより樹脂をスクリュ先端の方に送り込みながら可塑化・溶融させ、その反力で計量を行ない、またスクリュを前進させることにより射出する装置である。熱可塑性成形機は主に、スクリュの先端に逆流防止弁付のスクリュヘッドが付いているが、熱硬化性成形機では一般的に使用しない。

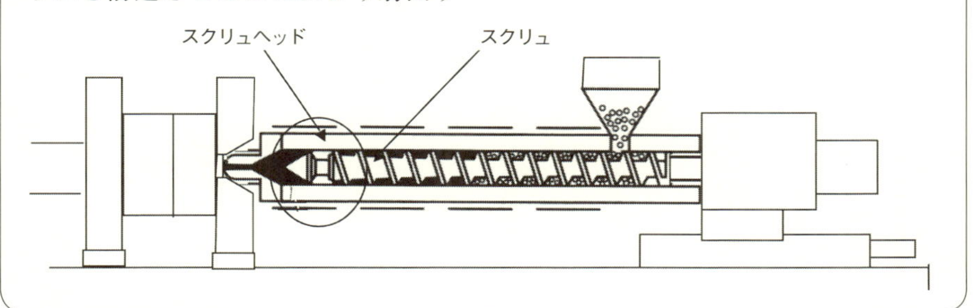

射出装置

プランジャ式射出装置

Plunger type inj. unit

加熱筒内のプランジャと計量装置を連携させることによって、ホッパーから一定の量の樹脂が加熱筒内に供給される。この供給された樹脂は射出プランジャを前進させることで加熱筒内に組み込まれたトーピードと過熱筒内面の狭い通路を通り可塑化・溶融されると同時にノズルから金型内に射出する射出装置をプランジャ式射出装置という。樹脂の均一可塑化や混練が悪く滞留による熱分解が起こり易いため現在はほとんど使われていない。

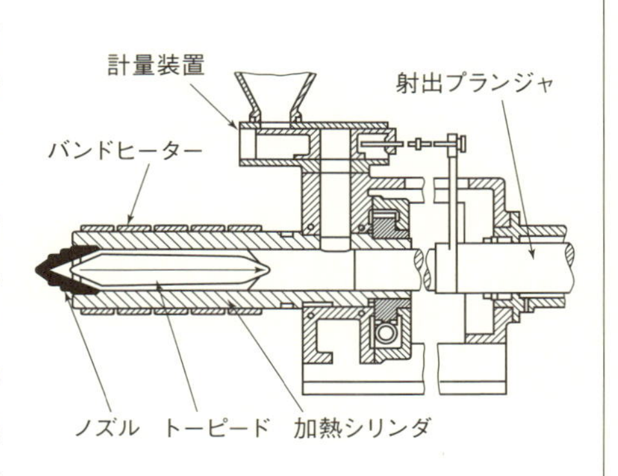

プリプラ式射出装置

pre-platicizing inj.unit

プランジャ式射出装置の欠点である樹脂の可塑化・混練の弱点を解消するために、可塑化用の加熱筒と計量および射出用の2本の加熱筒を持った射出装置をいう。可塑化用の加熱筒内にはスクリュが組み込まれ、もう一本の加熱筒には、計量および射出用のプランジャが組み込まれている。現在は、機械が複雑になるため一部のメーカーを除き現在はインライン射出装置に置き換わっている。

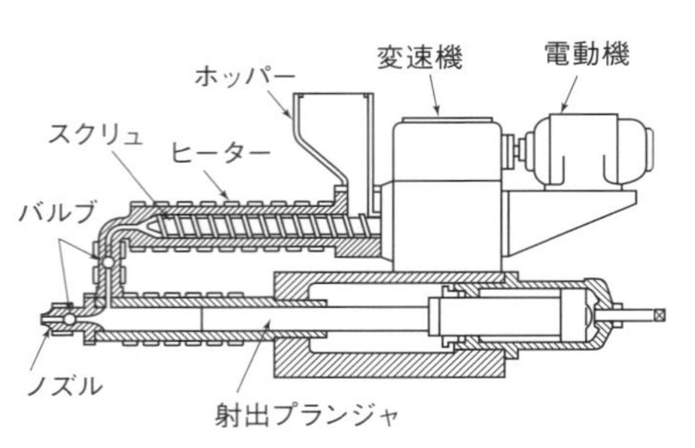

加熱筒

heating cylinder

樹脂を加熱溶融させるためにバンドヒータが外周に巻かれている円筒部分をいう。加熱筒内に組み込まれたスクリュが回転することにより樹脂はホッパー側よりノズル側に樹脂は移動するが、この時樹脂は徐々に「固体→半溶融→溶融」となる様に小型機では3ゾーン（前・中・後部）の制御が主に使用され、大型機では温度制御ゾーン数が多くなる。同時にノズル、シリンダヘッド、ホッパー下の温度制御も行なう。また射出時の圧力容器ともいえる。

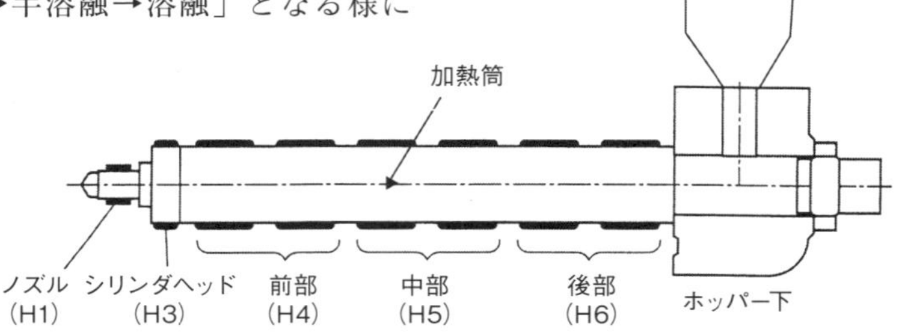

射出装置

スクリュ
screw

スクリュは加熱筒内に組み込まれて、また射出シリンダーやオイルモータと連結されたスパイラル状の溝を切った軸をいい、成形機の最も重要な部分である。スクリュは、材料をホッパー側からノズル側に送りだしながら可塑化計量を行ない、また金型内に材料を射出する役目を持っている。一般に、スクリュの先端部には樹脂の逆流を止めるため、リングバルブなどを持ったスクリュヘッドが組み込まれている。

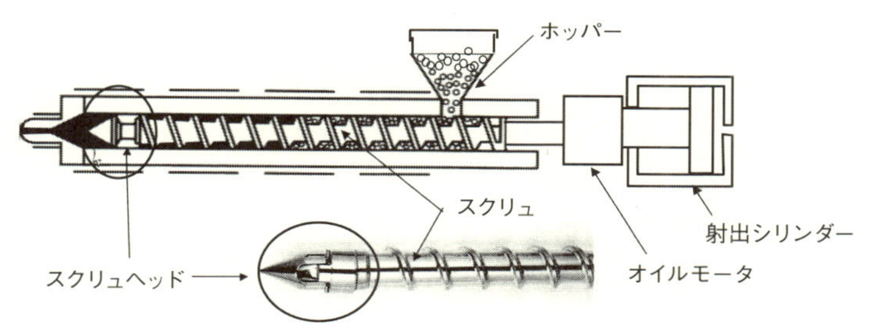

射出装置

スクリュデザイン
screw design

スクリュの形状は樹脂の均一可塑化や可塑化能力に大きく影響し、成形性にも影響をおよぼす。スクリュはホッパーから供給部・圧縮部・計量部（溶融部）の3部分からなっている。供給部は溝が深く材料の取り込みと、樹脂の予熱を行なう。圧縮部はヒータ加熱とせん断発熱作用で溶融を始め、樹脂に体積圧縮を与え空気、揮発分、水分などを脱気させながら溶融・混練を行なう。計量部（溶融部）は均一可塑化と混練を行なう。

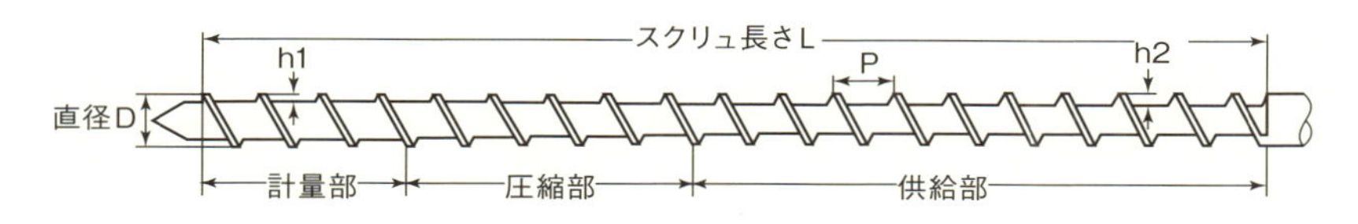

汎用熱可塑性用スクリュデザイン　圧縮比2～2.5　L/D16～20

圧縮比

Compression ratio

スクリュは供給部、圧縮部、計量部（溶融部）の３部分から成り立っている。そのスクリュ溝深さは供給部が深く、圧縮部は徐々に浅くなっていき、溶融部は浅くなっている。スクリュ圧縮比は供給部と計量部のネジ溝内の空間容積の割合をいい（簡易的に溝の断面積の割合や溝の深さの割合を使うケースもある）、樹脂の均一可塑化や可塑化能力に影響する。一般に熱可塑性成形機では圧縮比は２～2.5、熱硬化性成形機では、１～1.1が一般的である。

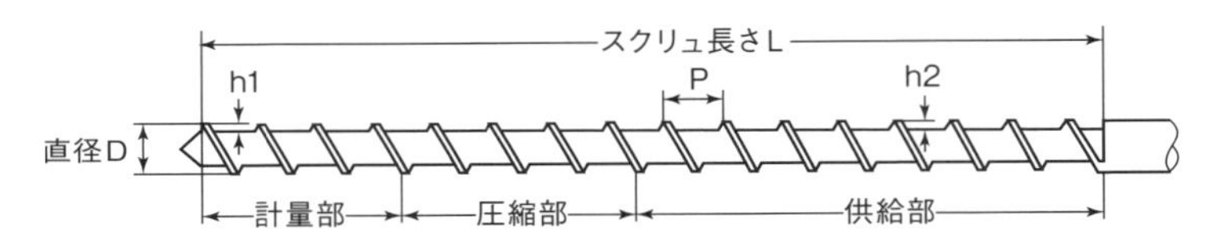

汎用熱可塑性用スクリュ　　圧縮比 (h2/h1) ･･･　2～2.5

スクリュ L/D

screw L/D ratio

スクリュのネジ部の長さをL、スクリュの直径Dで表し、その比をL／Dという。一般にL／Dは18～22ぐらいのものが使用されている。L／Dが大きいほど樹脂が加熱筒内で熱を受ける時間が長くなり、均一可塑化や混練効果が大きくなる。PP樹脂を使った大型雑貨などの成形の場合、①多くの熱量が必要な結晶性樹脂②ハイサイクルと長い計量ストローク、が要求され、L／D 25程度のものが使われることがある。熱硬化性成形機ではL／Dは16～17程度である。

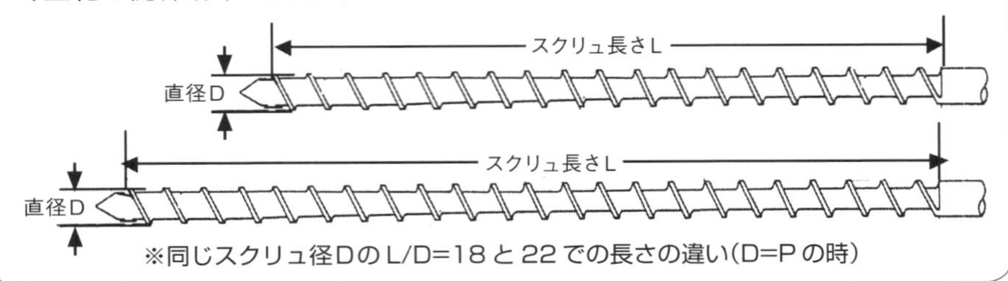

※同じスクリュ径DのL/D=18と22での長さの違い(D=Pの時)

射出装置

スクリュ有効長

screw effective length

スクリュ有効長とは、ネジ部の長さをいう。成形を行う場合、射出量が増加すると樹脂の食込み口からスクリュネジ部先端までの長さがスクリュの後退した量だけ徐々に短くなる。これに伴って樹脂が受けるL/Dが変化して可塑化能力や可塑化の均一性に影響する。

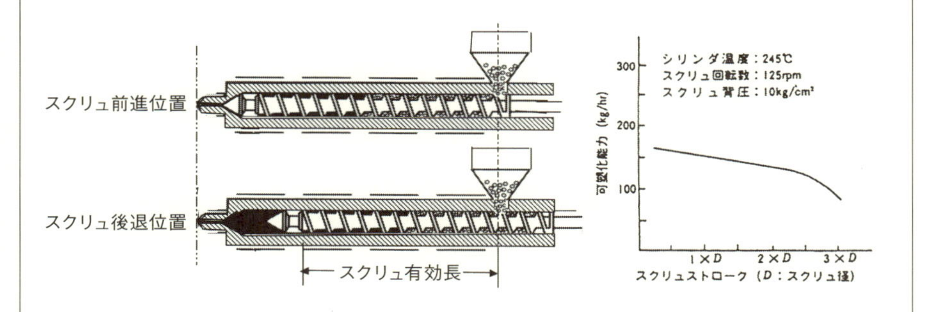

射出装置

スクリュ径

screw diameter

型締力の大きさに伴ってスクリュ径も大きくなり、大きな成形品を成形することができる。しかし同じ成形機でも大径の大容量タイプと小径の高圧タイプがある。大径の大容量タイプは雑貨などのショット容量が大きく可塑化能力が大きいものを望まれるユーザに、エンプラやスーパーエンプラなどを使われる工業部品などのユーザは小径の高圧タイプが使われることが多い。小径ｄ・大径Ｄの場合、大径はd^2/D^2の比で射出圧は低く、D^2/d^2の比で射出量は多くなる。

小径ｄ：ショット容量（少）・射出圧力（高）

大径Ｄ：ショット容量（多）・射出圧力（低）

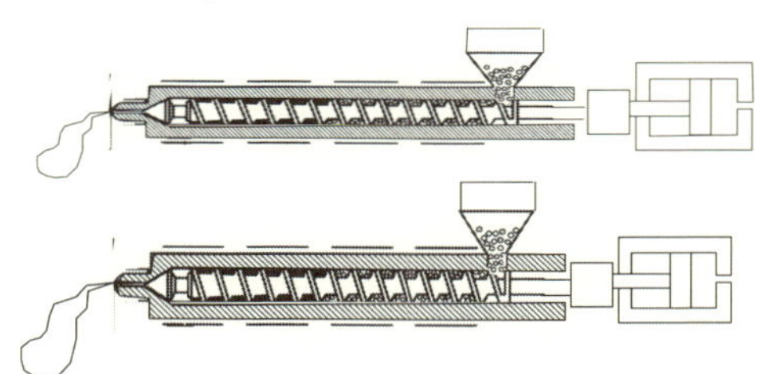

理論射出容量

theoretical inj.capacity

理論射出容積は1回の射出工程で射出できる材料の容積をいう。カタログ仕様では機械の最大射出ストローク（cm）にスクリュ断面積（cm^2）をかけて算出される。

すなわち、理論射出容積V（cm^3）、スクリュ径S（cm）、最大射出ストロークD（cm）とすると

$$V = \frac{\pi \times D^2 \times S}{4}$$

で表せる。

同じ機種の機械でも取付けられたスクリュ径によって理論射出容は変わる。

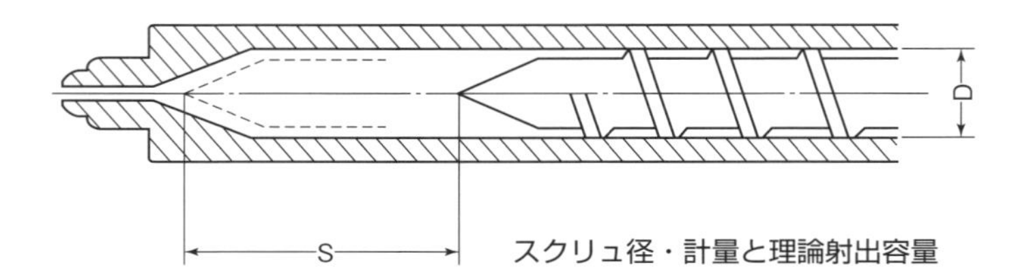

スクリュ径・計量と理論射出容量

射出ストローク（計量ストローク）の目安

inj.stroke

射出ストロークは樹脂を射出するときのスクリュの移動距離をいう。

成形品とランナー重量がわかれば、射出ストロークの目安もわかる。

（射出ストロークの目安）

$$S = \frac{4 \times W}{\pi \times D^2 \times \rho \times \eta}$$

成形品重量：W
スクリュ径　：D
比重　　　　：ρ
η：射出効率で逆止弁付では 0.9

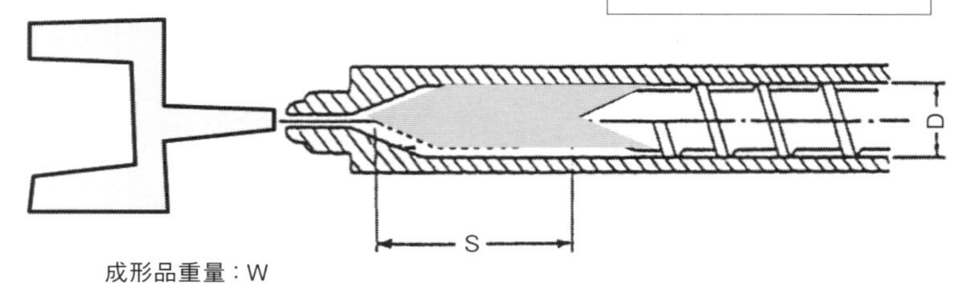

成形品重量：W

射出装置

背圧

back pressure

スクリュ回転することで樹脂はスクリュのネジ効果で、可塑化溶融されながらスクリュ先端に送り込まれ、この溶融樹脂の反力でスクリュは後退する。このスクリュ後退を阻止する方向に働かせて樹脂を加圧する圧力を背圧力という。油圧機の場合、射出シリンダからタンクへ戻る油圧を制御して行なう。この目的は加熱筒内のガス、空気などの脱気（シルバー対策）や溶融樹脂の密度を上げ射出量の安定化と樹脂の混練を良くすることである。上げ過ぎると樹脂の発熱や可塑化能力が低下する。

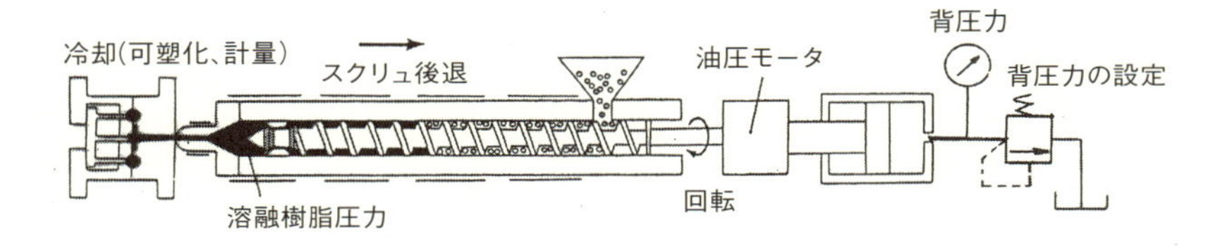

射出装置

スクリュヘッド

screw head

溶融樹脂が射出されるときに、スクリュの溝を通ってスクリュ後部側に逆流する。この逆流を防ぐ目的でスクリュの先端に取り付けられた部品をいう。逆流防止のスクリュヘッドにはリングバルブタイプとボールチェックタイプが知られている。滞留により分解が起こり易い塩ビなどは、逆止弁タイプが使えないためストレートタイプが使用される。

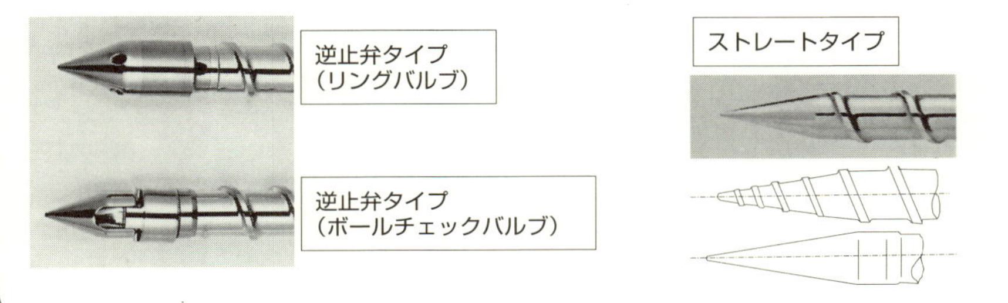

射出装置

逆流防止弁（逆止弁）

check valve

逆流防止弁は可塑化・計量中にスクリュの回転により押出された溶融樹脂よってリングをノズル側へ押出しリングバルブが開く。これにより可塑化された樹脂は加熱筒先端部に蓄積さていく。射出・保圧中はリングの端面に樹脂圧がかかりリングとウエアプレートが密着して樹脂の逆流を防ぐ。逆流防止弁にはリングバルブタイプとボールチェックタイプが知られている。

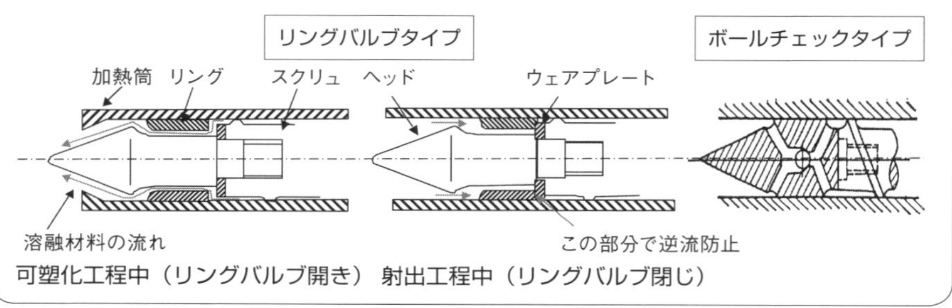

可塑化工程中（リングバルブ開き）　射出工程中（リングバルブ閉じ）

射出装置

ノズル

nozzle

加熱筒の先端に取付けられた樹脂の出口の部分をいう。この部分が金型とタッチし金型内に樹脂が射出される。ノズル先端形状と金型タッチ面形状がマッチングしない場合、樹脂洩れが起こる。

ノズル温度が低過ぎると樹脂はノズルから射出できず高過ぎると糸ひきやドローリングが起き易いためノズル温度制御が成形の上で重要となる。これを解消するため、また別の機能を持たせるため色々な形状のノズルがある。

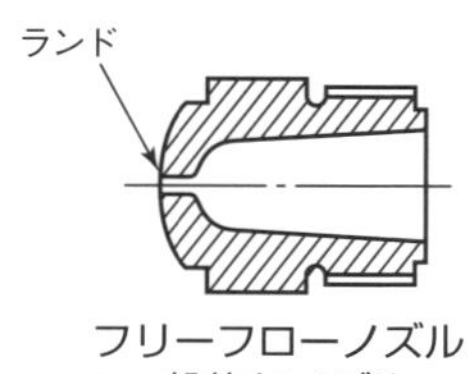

フリーフローノズル
：一般的なノズル

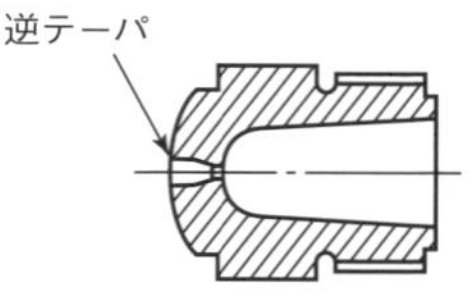

逆テーパノズル
：ハナタレ対策やノズル詰まり対策用

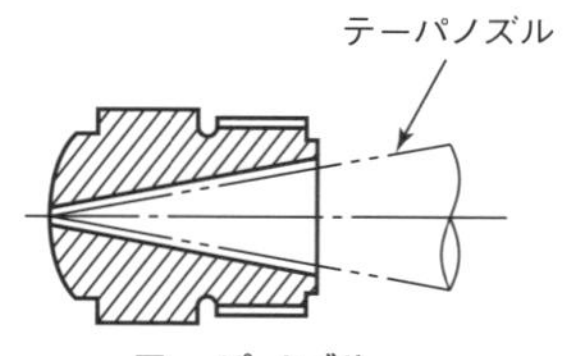

テーパノズル
：樹脂換え良好
糸引き多し

射出装置

ノズル形状

nozzle shape

一般にノズル先端部の形状をいい、球面（R）と口径（φ）で表す。ノズル球面（R）は金型スプルーブッシュ面の球面（R）より小さくする必要がある。ノズル球面（R）が大きいと図のようにスプルーブッシュ面とノズル球面との間に隙間が発生しノズルから樹脂洩れを起こすと同時にスプルー部にアンダーカット部が発生してスプルーが抜けなくなる。逆に小さいとノズルタッチ面の面圧が上がり、打痕ができる。ノズル口径は金型スプルーブッシュの口径より小さくする。大きいとスプルー部にアンダーカット部が発生してスプルーが抜けなくなる。

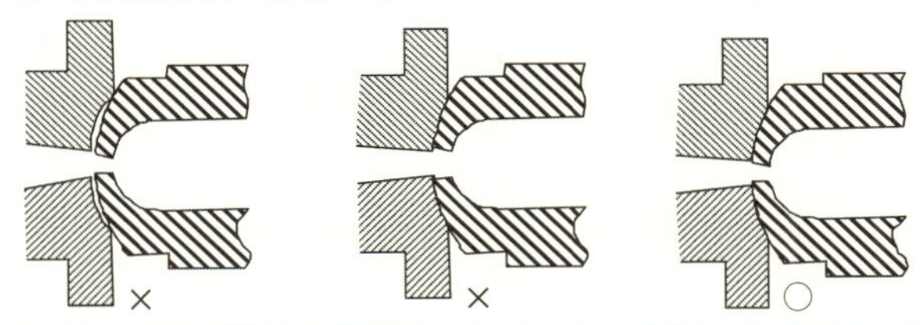

射出装置

ノズルタッチ力

power of nozzle touching

金型内に樹脂が射出されたとき、この時発生した樹脂圧力によりノズルを後退させようとする力が発生する。この力に打勝って、ノズルと金型スプルーブッシュ面より樹脂が洩れない様にタッチ部を圧接させる力をいう。ノズルタッチ力は図のようなシフトシリンダやサーボモータで行なう。ノズルを後退させようとする力はノズル径の面積に樹脂圧力を掛けた力で、大きな成形機程ノズル径も大きくなるためノズルタッチ力も大きくなる。

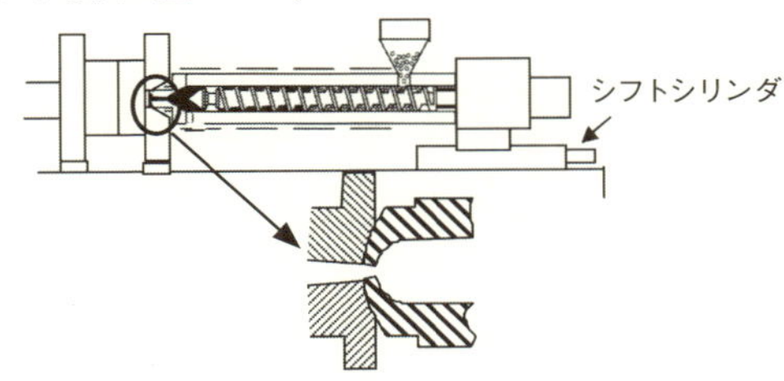

ノズル反復

nozzle touching action

ノズルを金型スプルー面にタッチしたまま成形されることが多いが、ノズルタッチ面は常に金型側に熱が奪われる。その結果、ノズル先端部の温度が下がりノズルランド部での樹脂詰まりが発生することがある。これを防ぐためにノズル反復を使用する。この場合、型閉じと同時にノズルが前進し射出・計量終了後、ノズルは後退する。ノズル後退時間を遅らすための遅延タイマーを組み込むことが多い。

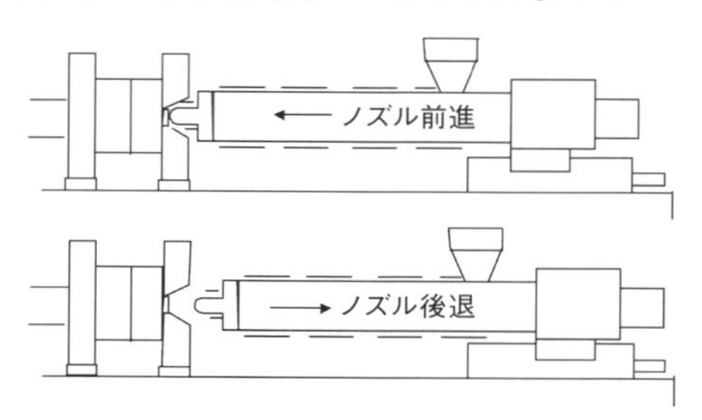

ノズル温度制御

nozzle temp.control

ノズルは金型にタッチすることで熱を奪われて、ノズル部の温度は下がりやすい。低くなり過ぎるとノズル先端部の樹脂は固化し、ノズルでの詰まりがおき射出できなくなる。逆にノズル温度が高くなるとハナタレが起こり易く、また糸引きも起こる。ハナタレや糸引きを続けて成形すると、金型の破損の原因になる。ノズル温度制御にはこの微妙な温度制御が必要となる。以前の温度制御は比例制御が使われていたが温度のオーバーシュートやアンダーシュートがあり、現在は高応答のPID制御が使われている。

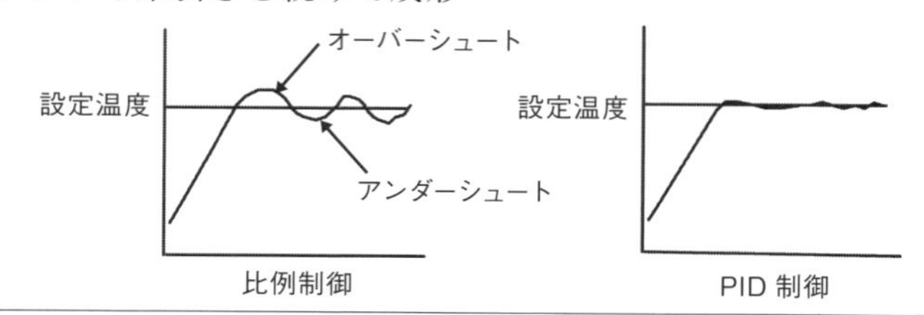

射出装置

延長ノズル・特殊ロングノズル

long extenshion nozzle

スプルー部の長さの短縮やスプルーをなくす目的で、ノズルを長くしたノズルをいう。スプルー部が長いと、①スプルー部の無駄な材料が必要　②ランナーやゲート近くでは外形が太くなり冷却時間が長く掛かり、サイクル短縮が図れない　③スプルー部の離型不良が起こり易いなど問題で延長ノズルが使われる。

反面、ノズルが長いとノズル先端のタッチ部とノズル通路部の温度制御が難しいため、２温調制御される場合がある。

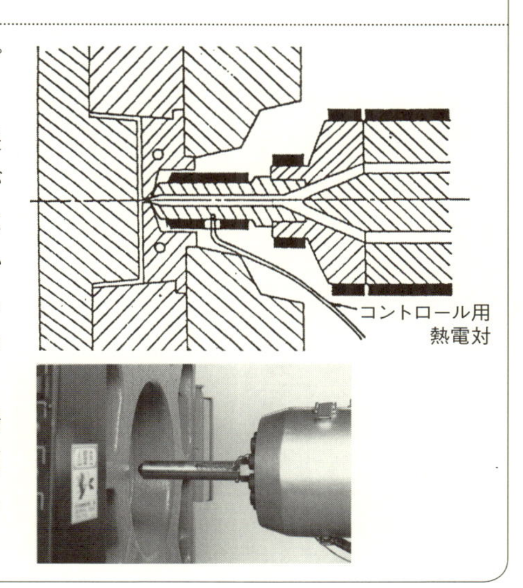

射出装置

シャットオフノズル

shutt off nozzle

ノズルにロータリーバルブやニードルバルブを設けたノズルをいう。これらのバルブを設けることで、①ノズルから樹脂のハナタレ防止　②射出終了後のキャビティ側からの逆流防止　③可塑化中の型開閉も可能でサイクル短縮が図れる（冷却時間より可塑化時間が必要な場合）などの目的で使用される。その他、特殊例として、充填前のプレ射出を行なうことで射出速度の立ち上がりをよくする目的で使用されることもある。

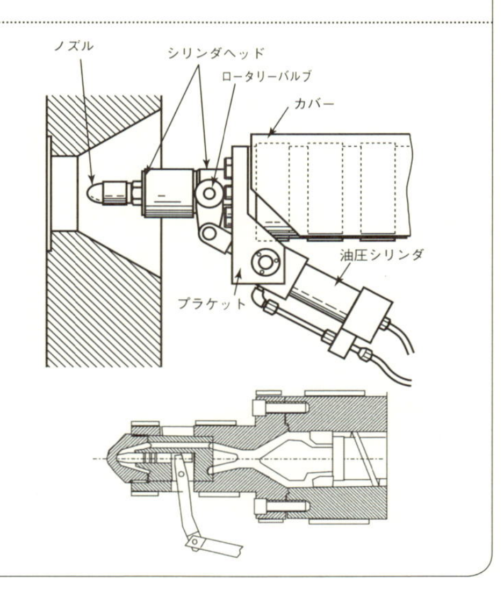

射出装置

プリコンプレッションノズル

pre-compresion nozzle

普段は、スプリングの力でニードル弁をノズル孔面に押し当てて、ノズル孔を閉鎖し、樹脂がノズルから出ないようになっている。樹脂圧力が加熱筒に発生するとニードル先端部の面にこの樹脂圧力が掛かり、スプリングを押し戻そうとする力が発生し、その力がスプリングの力より強くなるとニードル弁が後退してノズル孔が開く。射出時以外の時に、ノズル孔を閉鎖してドローリング（ハナタレ）を防ぐ目的で使用される。熱安定性の悪い塩ビなどは不適である。

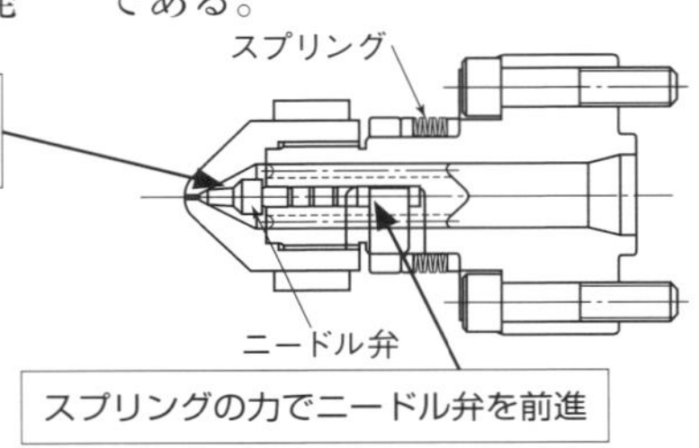

射出装置

バンドヒーター

band heater

加熱筒の円筒部に密着して取付け加熱するマイカ絶縁による薄型円筒形状の電熱体をいう。耐熱電機特性に優れた性能をもつ高級耐熱マイカ板で電熱線を絶縁しその外周全体を耐熱ステンレス鋼板で被服している。またバンドヒーターには取付ける箇所によって１ピース型と２ピース型に使い分けられている。

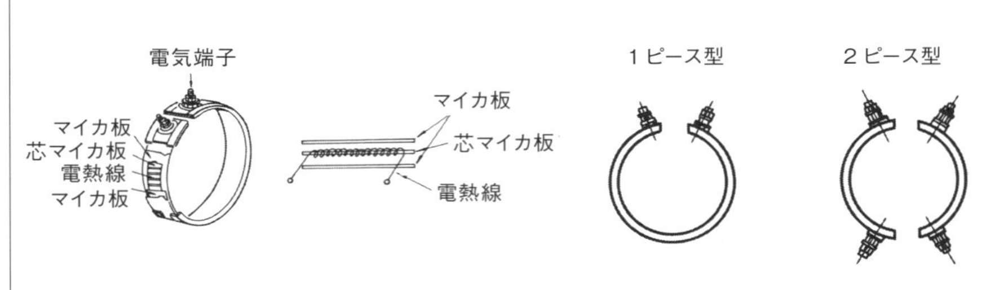

射出装置

熱電対（サーモカップル）

themo copple

熱電対とは２種類の導体の一端を電気的に接続させて起電力を発生させるようにし絶縁管を取り付け保護管に入れたもので、温度を電気信号に変換して温度調節器に転送する機器をいう。熱電対の種類として鉄－コンスタンタン（記号ＩＣ）、銅－コンスタンタン（記号ＣＣ）、クロメル－アルメル（記号ＣＡ）、白金－白金ロジウム（記号PR）などがある。温度調節器と熱電対のタイプが違う場合や先端部の密着が悪いと測定値と実測値に違いがでるので注意すること。

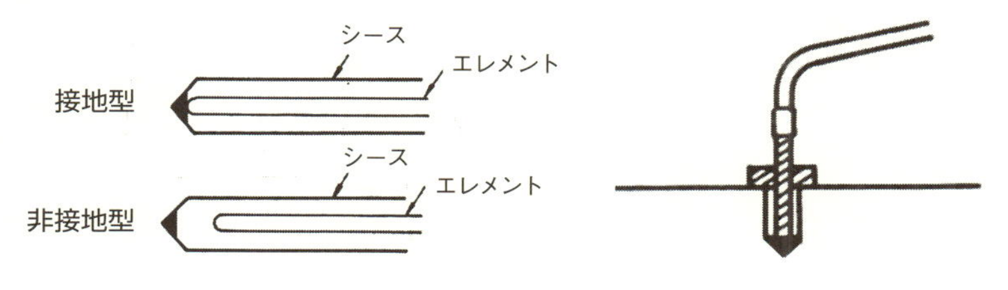

射出装置

圧力ホッパー

power hopper

粘土状のシリコンゴムや湿式プリミックス成形材料はベトついたブロック状の樹脂のため、一般の樹脂のようにホッパーに材料を投入しただけでは、加熱筒内まで落下せず、またスクリュに食込んでいかない。そこでこの材料を圧入しながらスクリュやプランジャへの確実な供給と可塑化を可能にする装置である。ＢＭＣ成形機やシリコンゴム成形機などに取付けられている。

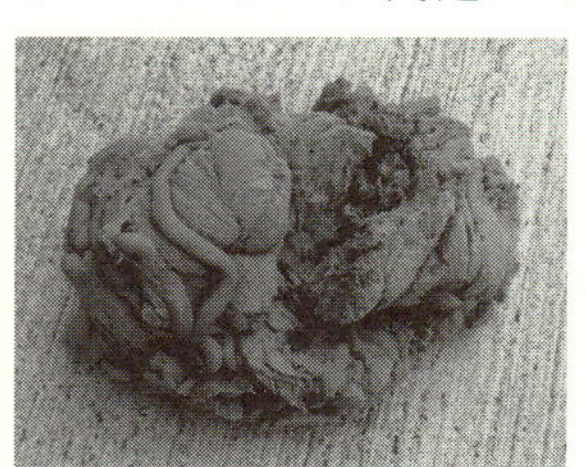
BMC 用材料

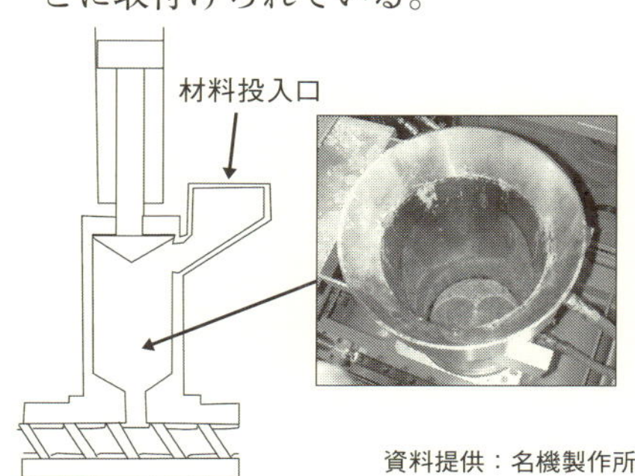

資料提供：名機製作所

ホッパー旋回装置

hopper revolving device

材料交換時、ホッパー下のシャッターを閉じ、ホッパーを旋回することで、簡単にホッパー内の樹脂を抜くことができるようにした装置である。

資料提供：名機製作所

ホッパーマグネット

hopper magnet

スプルーや成形不良品を粉砕した再生材を新材料と混合して再利用する場合、粉砕時カッターの刃が欠けて材料中に混入したり、インサート部品の金属の一部が混入することがある。このまま成形すると加熱筒、スクリュを傷つける。これを防止するためにホッパと成形機の投入口の間にホッパマグネットを差し込むことによりこれらの金属を取り除く。

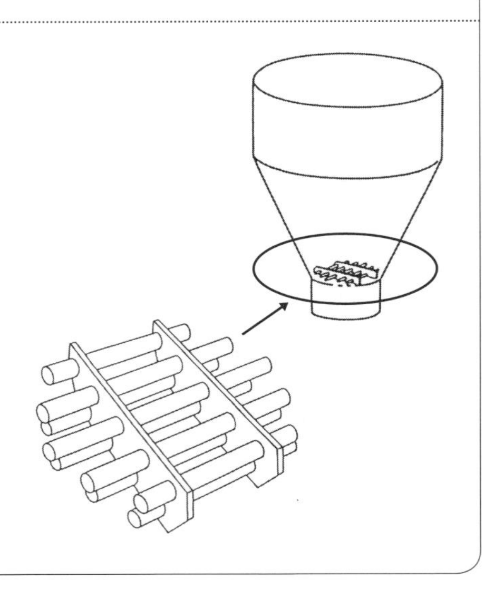

射出装置

スクリュ冷間起動防止回路

screw cold start preventive control

加熱筒温度が成形可能な温度まで上昇していない状態で、スクリュ回転、射出制御を行なうとスクリュが折損する可能性がある。このスクリュ折損防止を目的としている。ヒータ昇温後、加熱筒芯部まで充分加熱上昇させ、成形材料が溶融状態になるまで、タイムラグがあり、このタイムラグを見込んで、冷間起動防止時間を設定する。冷間起動防止時間タイムアップ後、スクリュ回転、射出を可能とさせる装置である。冷間起動防止時間は機械の大きさ、設定温度により違いはあるが一般的には15～30分程度を設定する。大径スクリュ程、長く取る必要がある。

スクリュヘッドの折損の原因の要因

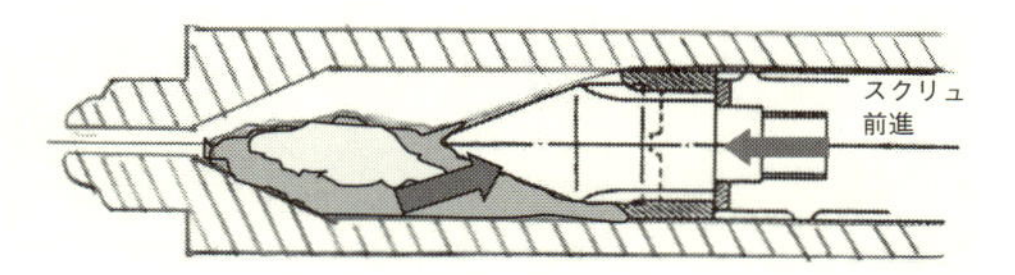

射出装置

パージ飛散防止カバー（ノズル安全ガード）

nozzle safty cover

空打ち時、成形時の樹脂の飛散から人身を守るためのものでノズル付近に設置されたカバーをいう。一般にパージ飛散防止カバーにはリミットスイッチが設けられ、カバーが開いた状態では射出できないようにインターロックが設けられている。

飛散防止用カバーが開くとリミットスイッチが働き射出できないようにインターロックが設けられている

飛散防止用透明カバー

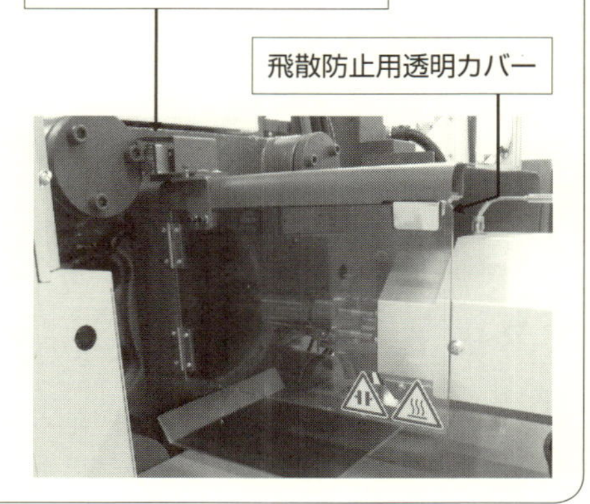

加熱筒内真空装置

heating cylinder vacuum device

加熱筒内を真空状態にして成形を行う装置で、加熱筒内で発生するガスやエアーおよび水分を抜き取ることができ　①シルバー、黄変が大幅に減少　②樹脂乾燥時間を半減　③樹脂より発生するガスによるヤニを除去し金型のメンテナンス回数を大幅に削減できる　④可塑化工程でのガス、エアー巻き込みによる焼け、シルバーストリークの防止　⑤材料の酸化防止による炭化物（黒点）の防止などの効果が期待できる。

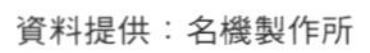

資料提供：名機製作所

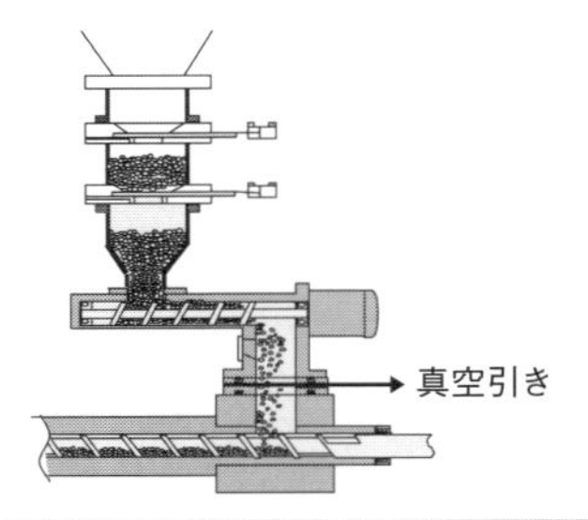

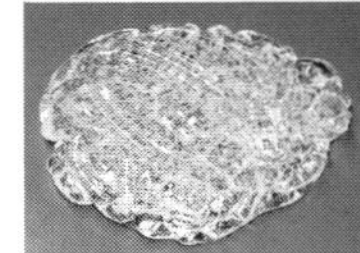

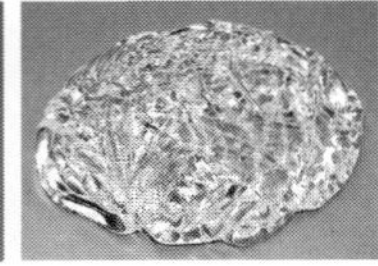

樹脂：PMMA
左　真空装置 OFF　　右　真空装置 ON
気泡が多く含まれている　気泡はほとんどなし

型締装置

clamping device

型締装置は金型の開閉と圧締を行い、機構面から分類すると直圧式とトグル式、その他に分けられる。型締装置の機能としては、

1)金型取り付け、可動金型を移動させ金型の開閉を行う。

2)閉じた金型を高速、高圧力で充填される溶融材料に負けない大きな型締力で金型を締め付ける。

この基本機能の他に

3)金型保護装置や製品突出し装置（エジェクト装置）がある。

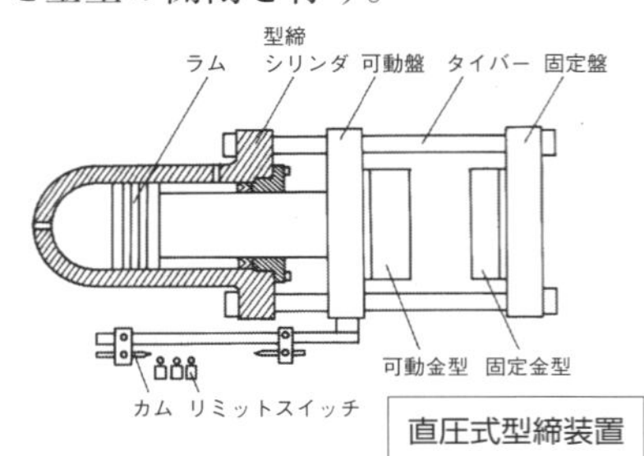

直圧式型締装置

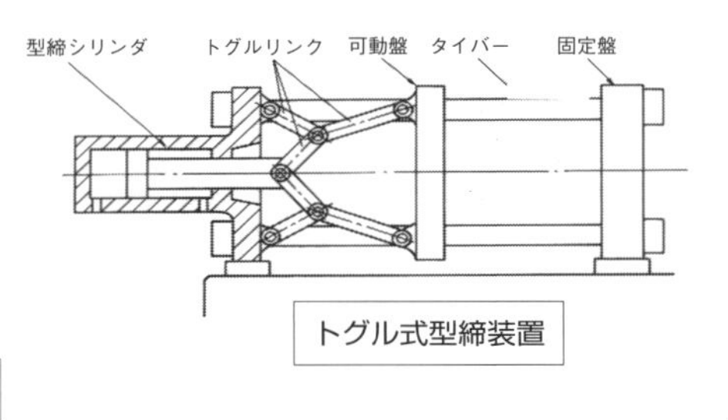

トグル式型締装置

型締装置

直圧式型締装置

direct clamping device

直圧式型装置は型締シリンダー内にポンプから出た油を入れることにより可動盤と直結したラムを動かし型締めを行う装置である。型締力は主ラムにかかる油圧P（MPa）に主ラムの面積を掛けたもので表わされる。すなわち型締力（F）は主ラムの面積に比例するが型開閉速度は、主ラムの面積に反比例する。両機能を満足させるため、ブースター式型締装置、サイドシリンダー式型締装置、増圧式型締装置、メカニカルラム式型締装置などがある。

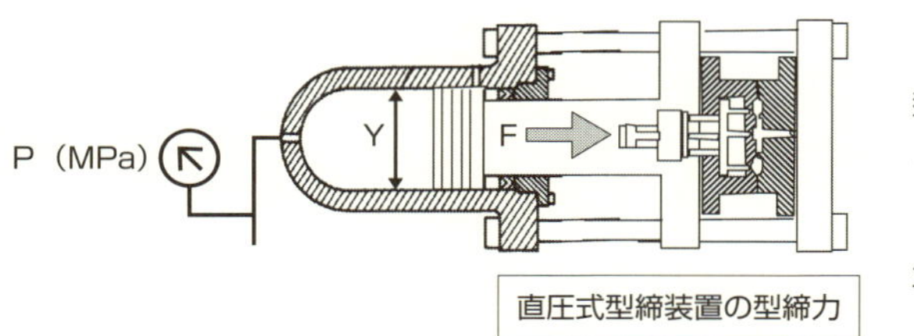

直圧式型締装置の型締力

型締力（F）

$$=\frac{\pi Y^2}{4}\times P\ (\mathrm{MPa})\times 10^{-1}$$

主ラムの面積 $\frac{\pi Y^2}{4}$

型締装置

ブースタラム式型締装置

booster ram type clamping device

直圧式型締装置の代表的なもので、主に横形機で小型から中型機まで幅広く使われている。小径のブースタラムで高速（低速）型閉じ、大径の主ラムで大きな型締力の発生させる装置である。ここでサージバルブの働きが重要で主ラムの移動（型開閉）に伴い、主シリンダ室への油の吸入と排出を行ない、主ラムの移動後（型閉じ完了）、タンクとの通路を遮断し、高圧油を主シリンダ室へ導き、大径“Y”（面積大）に作用させ、型締力を発生させる。

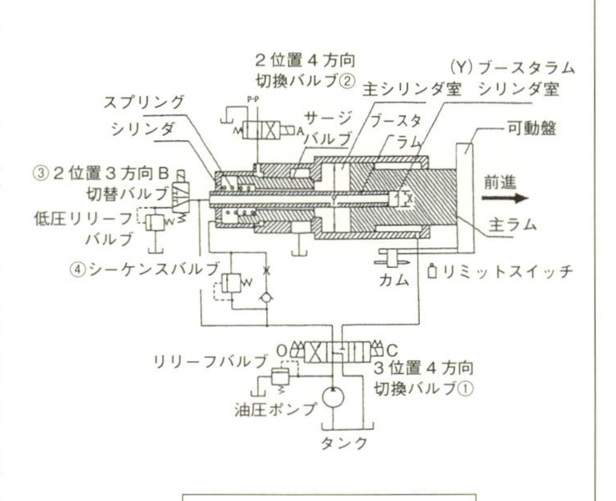

ブースタラム式型締装置

メカニカルロック式型締装置

mechanical lock type clamping device

メカニカルロック式型締装置は省スペースと作動油を大幅に減らす目的で固定盤や可動盤に型締シリンダを内蔵し、補助シリンダーで型開閉を行いハーフナットやウェッジで可動部分をロックしたあと増圧させる。主に大型機に採用されている。各メーカによって名称や構造が若干異なる。

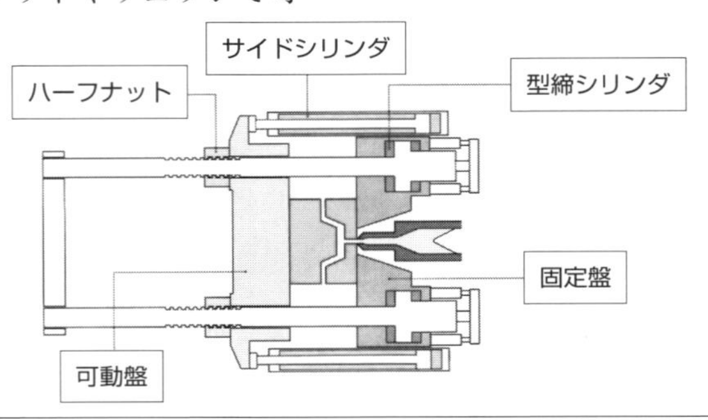

メカニカルラム型締装置

mechanical ram clamping device

中、大型機に使用される装置で、大きい、重量が重い、作動油量が多いなどの欠点を解消し、なおかつ、直圧式型締装置の特長である操作性、安全性、耐久性、メンテナンス性を兼ね備えたものである。動きとしては

①型開閉はサイドシリンダで 行う。
②ロックプレー トにより、メインラムとメカニカルラムが結合される。
③型締シリンダに高圧油が導かれ、型締力が発生する。

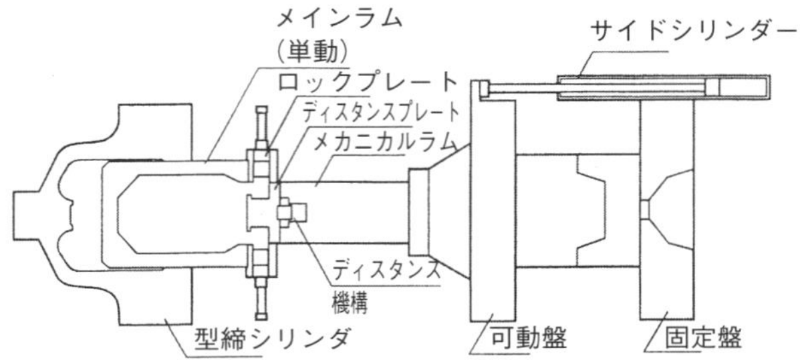

型締装置

トグル式型締機構

toggle type clamping device

トグル式型締装置の作動は、人の関節の働きと同じで、物を動かす時はヒジを屈伸させ、押さえつける時はヒジを突っ張り、ちょうど腕立て伏せの動きに似た動きをし、機械的力をトグル機構で拡大して得られる。この力によりタイバーが伸ばされた結果、タイバーに発生した弾性回復力により型締力が得られる。型締力はタイバーの伸びで決まる。シングルトグル式、ダブルトグル式などがある。

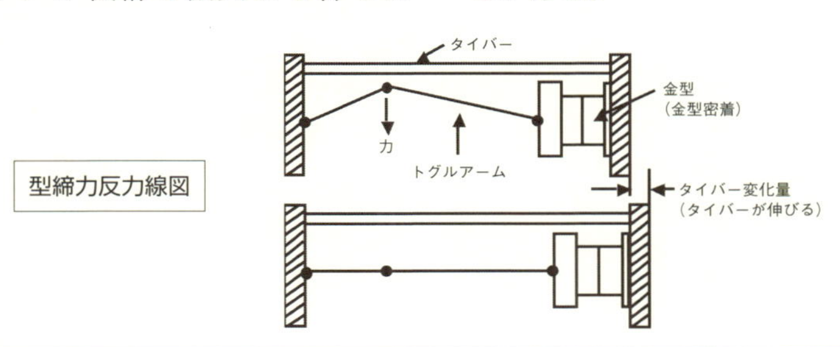

型締装置

トグル式型締装置

toggle type clamping device

トグル式型締装置にはシングルトグル式とダブルトグル式型締装置がある。

シングルトグル式は1組のシリンダーで構成され構造が簡単で小型機に使われている。特徴として、装置のスペースが小さく型開閉ストロークが大きい。一般的にダブルトグル式が主流で成形機の全長を短くできるなどが特徴。中・小型機は電動駆動機が主流でトグル式で油圧シリンダの変わりに電動サーボモータを駆動源にボールネジを動かしている。

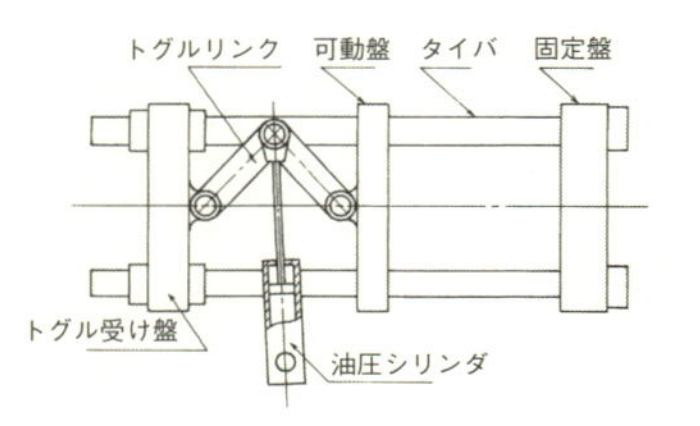

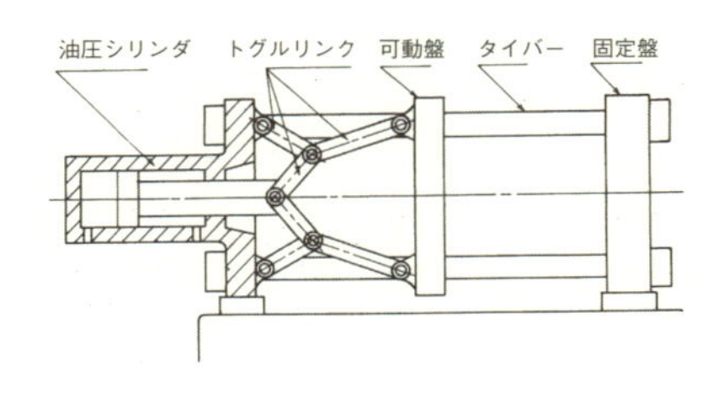

タイバーレス式型締装置

tie bars-less type clamping device

一般の射出成形機では4本のタイバーを有しているが、タイバーレス式型締装置は4本のタイバーをなくした型締装置である。1989年にエンゲル社がK’89に出品して、その後数社で開発されている。特徴としては、①金型の取り付け、取り外しが容易　②タイバーがないため、大きな金型を載せられる　③成形品の取出しやインサート取付け範囲が大きくなる。欠点として、型締力を受けても台盤平行度を維持させておくため、鋳鉄製のC型フレームなどを使い機械重量が重くなることがある。

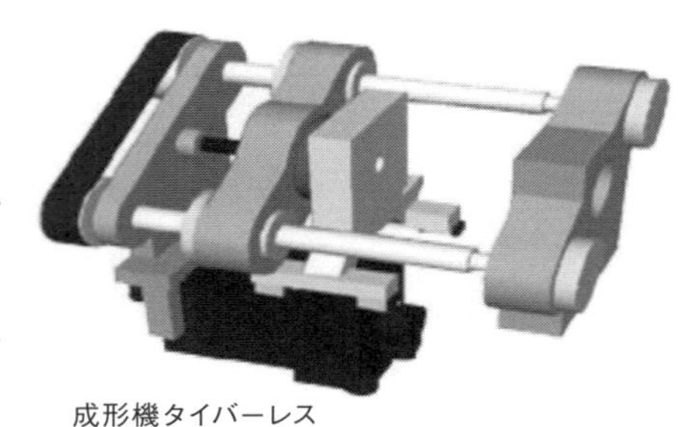

成形機タイバーレス
超小型全電動機

資料提供：東芝機械

タイバー

tie-bar

タイバーは型締力を受け止める支柱で、一般に成形機にタイバー4本が使われ、稀に小型機で2本が使われることがある。また型開閉の案内の役目もある。

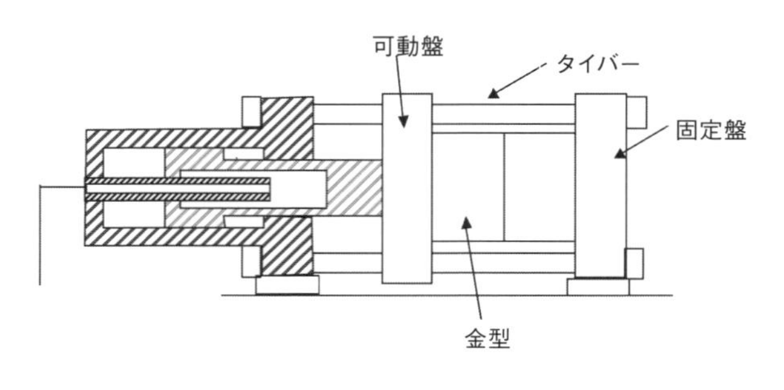

型締装置

可動盤・固定盤

movable platen & fixed platen

金型を載せるプレートを台盤（ダイプレート）という。ノズルタッチ側の台盤を固定盤といい、基本的には固定されていて型締力をタイバーと固定盤で受ける。これに対し、金型を開閉するための台盤を可動盤という。可動盤にはエジェクタ装置などが組み込まれている。可動盤・固定盤をプラテンともいう。

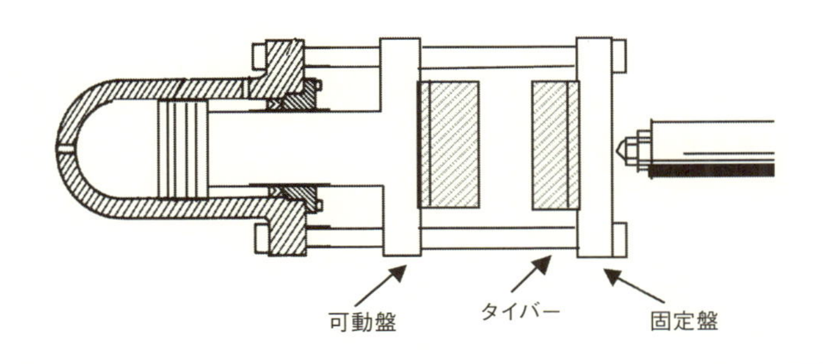

型締装置に付随する装置

突出し装置

ejection device

成形品を金型から突出すための装置で、一般に油圧式突き出し装置は型締ラムに内臓の小型油圧シリンダ、また電動成形機の場合はサーボモータとボールネジで金型の突き出し板を押出すことにより、金型内の成形品を突き出す。

金型の構造によりピン突出し、スリーブ突き出し、ストリッパー突き出しなどがある。最近の成形機には多数回突き出しや多段制御が組み込まれ、サイクルアップや突き出し不良対策などができるようになっている。

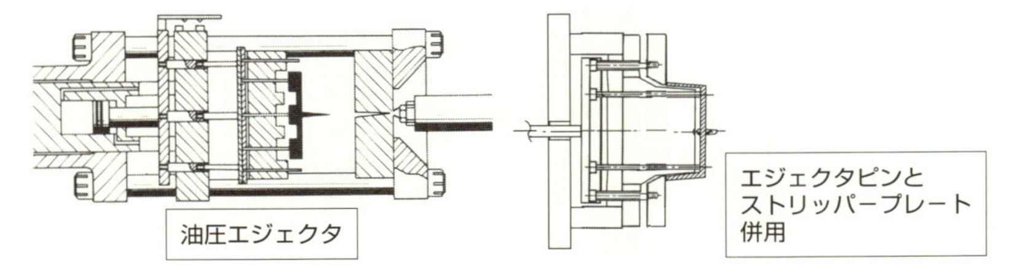

空圧突出し装置

ejection device of air pressure

一般に油圧突出し装置などを使って金型の突出しピンやストリッパープレートを押出すことにより、成形品を突出す。

しかし、肉薄で深い成形品などは、通常の突き出し方法ではコア側が負圧になり、突き出し不可になるため圧縮空気を利用し負圧を防ぎ、成形品を突き出す装置を空圧突出し装置という。突出しピンやストリッパープレートを併用する場合もある。

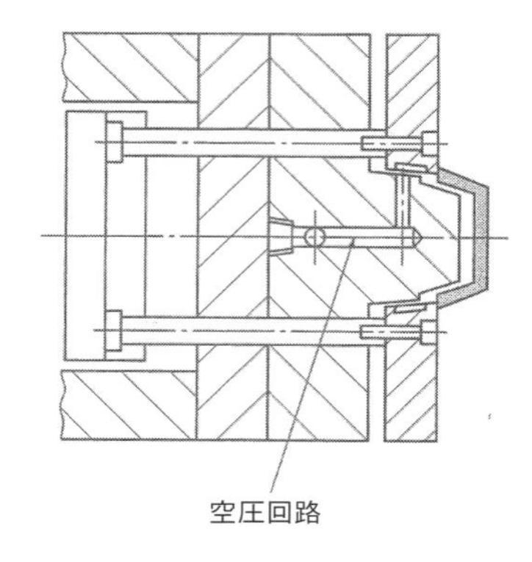

出典：福島有一「よくわかるプラスチック射出成形金型設計」日刊工業新聞社（2002）

クロスバーエジェクタ

cross bar ejecter

横方向だけでなく、縦方向にもエジェクターピンを取り付けられる様にエジェクタバーを十字にしたもの。

エジェクタプレート戻り確認回路

safety lock of ejecter plate

エジェクタピンは成形品突出し後、エジェクタピンに取付けられたスプリングの力で後退位置まで戻る。しかしエジェクタピンのかじりなどの問題が発生し、正規の位置まで戻らない状態で型閉じすると金型破損の原因にもなる。そこでエジェクタプレートにリミットスイッチを取り付けエジェクタ後退確認後、型閉じできる様にしたインタロック回路である。

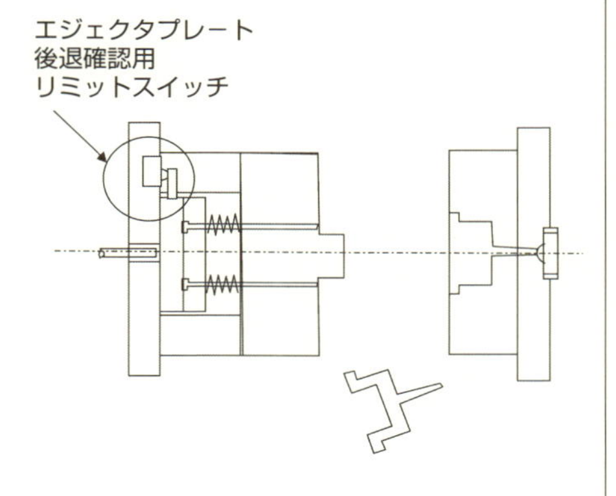

金型脱着装置

mold clamping device of hyd.pressure

金型交換をできるだけ短時間にできるように、台盤に取付けられた油圧や空圧による強力な爪で瞬間的に固定できるようにした装置である。万が一停電や操作ミスの場合でも、安全を確保できるための保護装置も組み込まれている。また金型の芯だしができるように、位置決めストッパーなども台盤に取付けられている。

資料提供：名機製作所

ダイスペーサ

die spacer plate

成形機仕様の最小金型厚み以下の金型を成形機に取付けることはできない。しかし可動盤にブロックを取付けることで、「金型＋ブロック」で最小金型厚み以上になるようにしたブロックをいう。このブロックには可動盤と同様の位置に突出しピン穴や金型取付け用のタップが切られている。

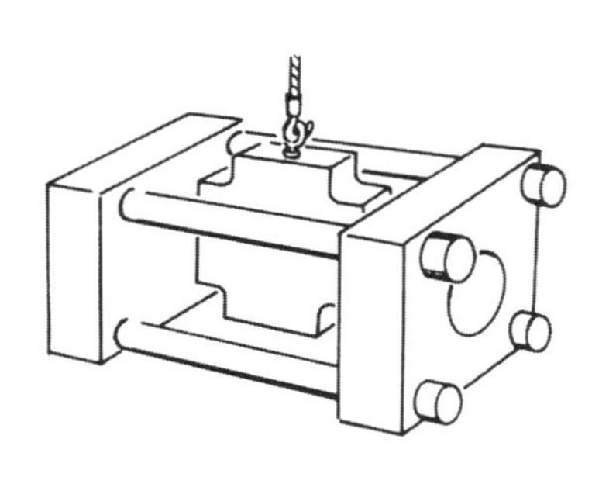

名機製作所　カタログより

T溝台盤

T slit type mold platen

固定盤・可動盤にT溝加工を施し、タップ加工済みのTナットをT溝にそって左右にスライドして金型を取付けられるようにした台盤をいう。金型サイズが色々あり、標準タップ穴では取付けられない金型に使う。T溝加工を行うための固定盤・可動盤の厚みを標準機より増すケースもあり、デーライト（最大型開間隔）が標準機と同じか確認しておく必要がある。

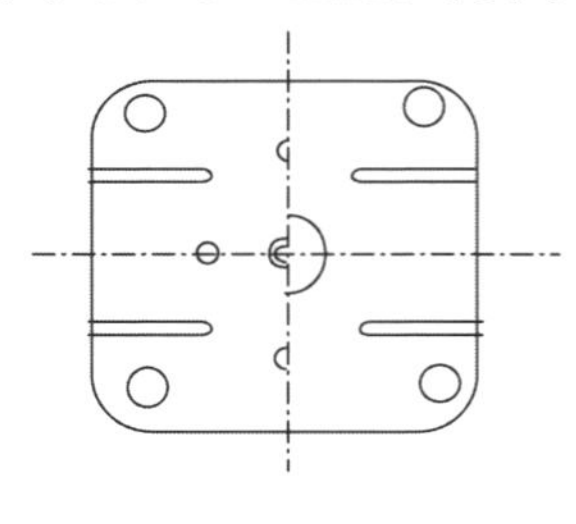

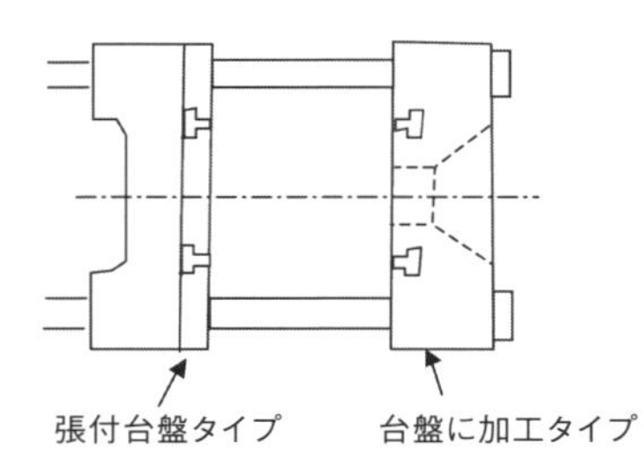

型締装置に付随する装置

断熱板
insulated plate

射出成形を行う上で金型温度の影響は、成形品寸法や物性及び成形不良などに影響を与えるため、金型温度を安定させることが重要となる。金型温度を上げると金型温度は上昇するが同時に固定・可動盤に熱を奪われ金型温度が安定するまでに長時間を要し、電力の浪費や不良率が高くなり生産性にも影響を与える。断熱板を取付けることで短時間で金型温度が安定し、エンプラやスーパーエンプラの成形には必須の部品である。断熱板には金型に取付る場合と成形機に取付ける場合がある。

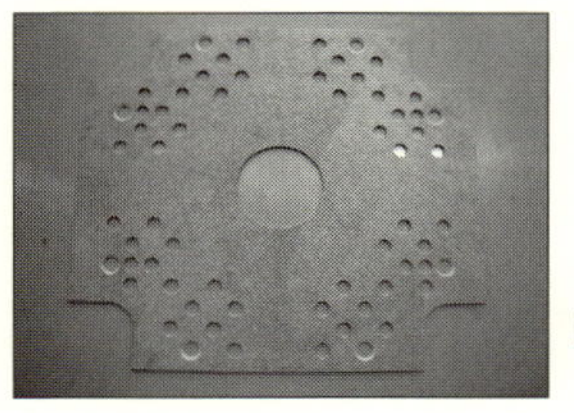

断熱板
（台盤取付タイプ）

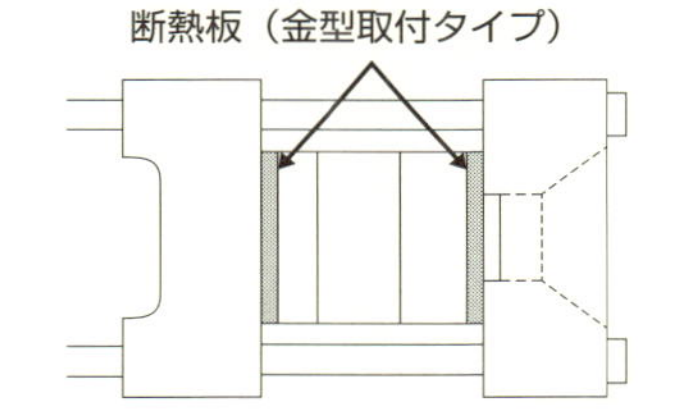

断熱板（金型取付タイプ）

型締装置に付随する装置

油圧（空圧）コア装置
core slid device by hyd & air pressure

アンギュラピンを用いたスライドコアでは不可能な成形品のアンダーカット部を油圧・空圧シリンダを作動させ強制的に離型させる金型に使われ、中子の挿入、抜き出しを行なうために金型に取付けられた油圧（空圧）装置をいう。スライドコアの先端面が樹脂の充填圧力を直接受ける場合には、油圧シリンダをスライドコア先端面に大きな充填圧力を受けない場合は空圧シリンダを使う場合がある。

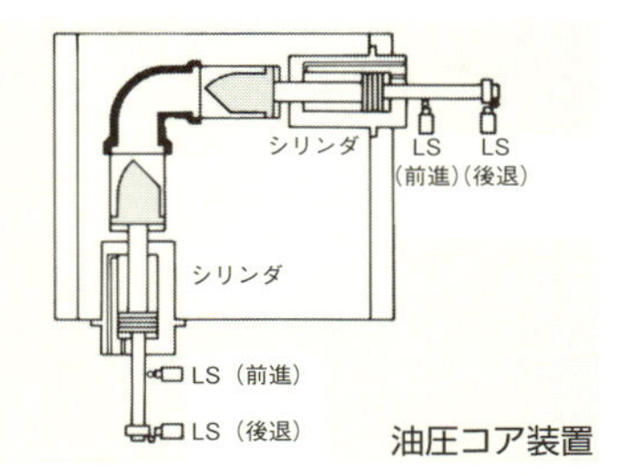

油圧コア装置

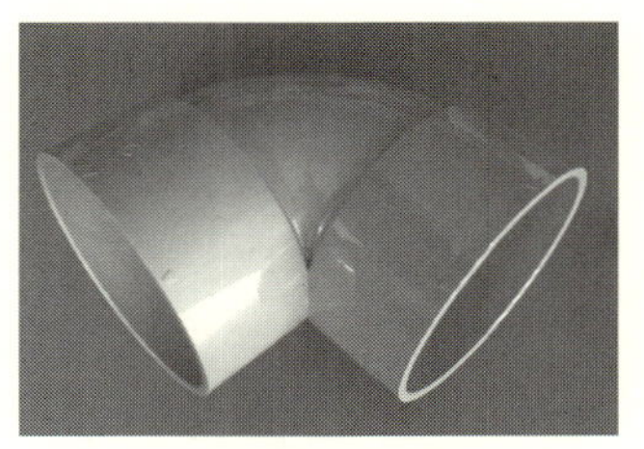

油圧コア装置を使った成形品

型締装置に付随する装置

安全装置

safety device

射出成形機に事故が発生すると、成形機自体や金型だけでなく作業する人にも損傷を与えるため、3つの面からの安全装置が設けられている。

A．金型の損傷に対する安全装置…金型保護装置及び可動盤ガイドローラ及びガイドシュー

B．機械に対する安全装置…非常停止押ボタンスイッチ、オーバロードリレー、スクリュ冷間起動防止装置取出機とのインターロック

C．作業する人に対する安全装置…安全扉・ノズル安全ガード

D．その他の安全装置…ホッパマグネット、漏電ブレーカ、加熱筒ヒータカバー　などがある。

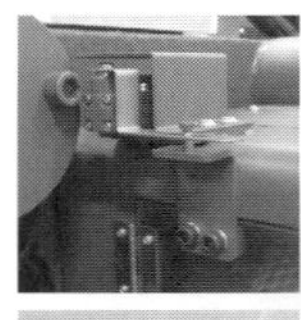

ノズル安全ガード用リミットスイッチ

漏電ブレーカ

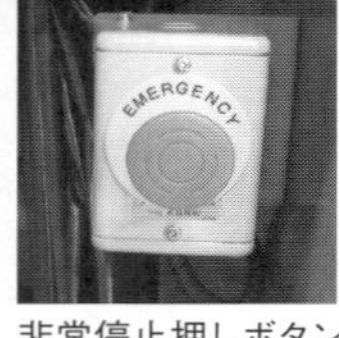

非常停止押しボタンスイッチ

型締装置に付随する装置

安全扉

safety door

作業する人に対する安全装置には安全扉がある。安全扉は製品取出し時に手などの人身の一部が金型内に入った時に金型が閉まらないようにした装置である。また半自動のスタートボタンも兼ねている。安全扉には3重のインターロックが施されており、リミットスイッチによる電気的なインターロック回路、ドアバルブによる油圧的なインターロック回路及び機械的インターロックが設けられている。図は機械的インターロック（セイフティバー式安全扉）を示す。

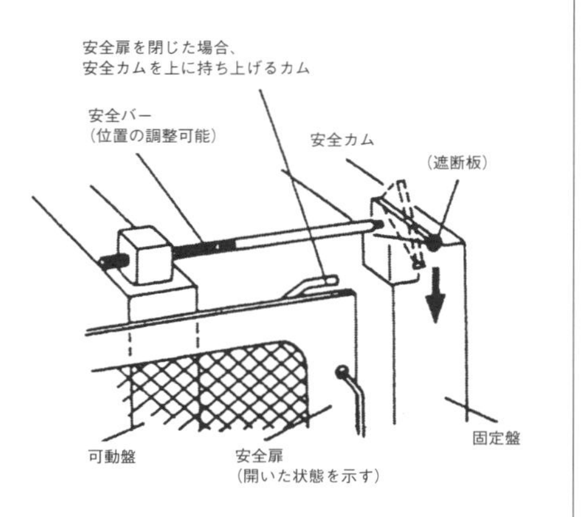

型締装置に付随する装置

金型保護装置

safety device of mold

金型に異物（残留成形品、バリなど）の挟み込みから、金型破損を防止する装置である。油圧式金型保護装置で型内に異物があると型締完了LS-Cのリミット信号が入らず、細いブースタラムの金型保護圧力で、型閉めが停止し、金型損傷を防止する。

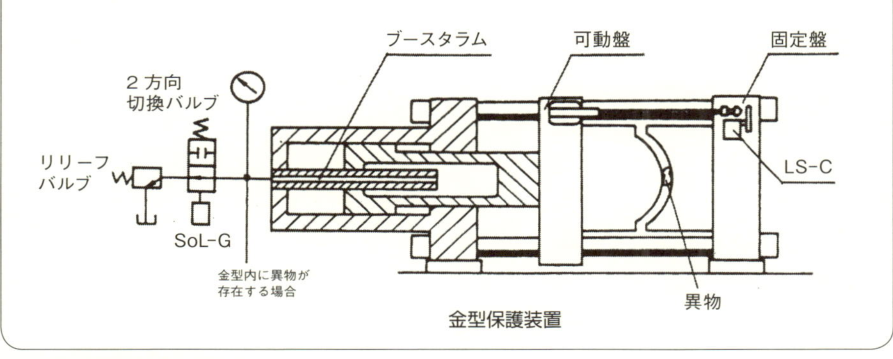

金型保護装置

型締装置に付随する装置

可動盤ガイドローラ、ガイドウエッジ

guide roller & guide shoe plate

金型重量や可動盤重量をローラーまたはシューで支えることにより、高度な型位置や台盤の平行度が維持される。またタイバーに掛かる荷重を軽減させ、機械精度を長時間維持する為のものである。一般に小型機ではガイドローラーを、大型機ではガイドウエッジ方式を採用する。

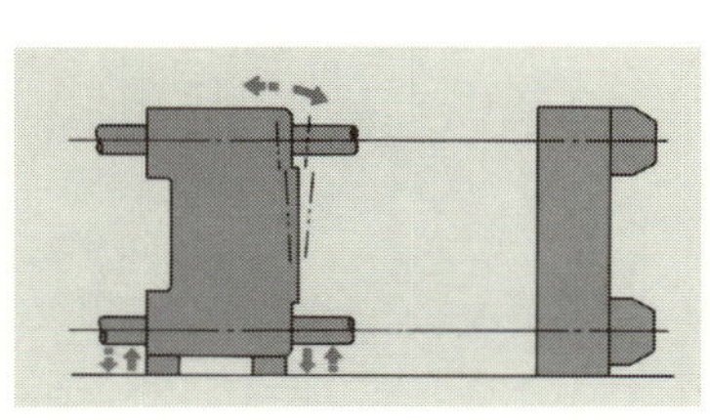

1300 トンクラスガイドシュー

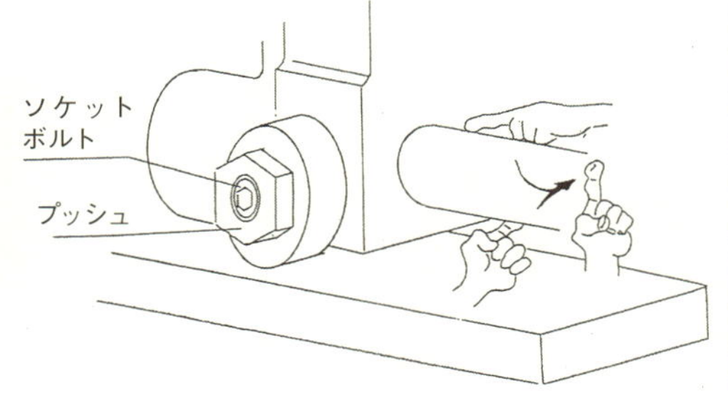

型締装置に付随する装置

型内ゲートカット装置

gate cutting device in mold

ホットランナーやピンゲート、サブマリンゲートなどを使った金型以外では、成形後のゲート処理が必要である。そこで型内ゲートカットは成形品を取出す前に型内で成形品とゲートを分離できるようにした装置である。一般に射出終了後、エジェクタを前進させゲートを切るようにした回路が成形機に組み込まれている。金型はこれに対応したエジェクタ２段突出しができる構造のものが使われている。代表的な成形品にCD、DVDディスクや硬化性の成形品に使われている。

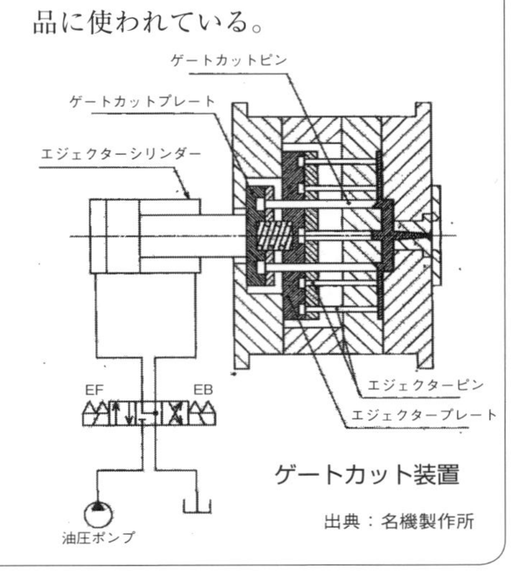

ゲートカット装置

出典：名機製作所

型締装置に付随する装置

ラックモータ回路

rack moter device

ネジのある成形品を金型から取り出す方法として、型開閉の動きを利用したラックピニオン方やラックと油圧シリンダを使った方法また可動盤や金型に取り付けられたネジ抜き装置用のラックモータとギアなどを使った方法などがある。このラックモータを制御する回路で、どのタイミングでモータを動かし、また止めるのかなどの制御が組み込まれている。

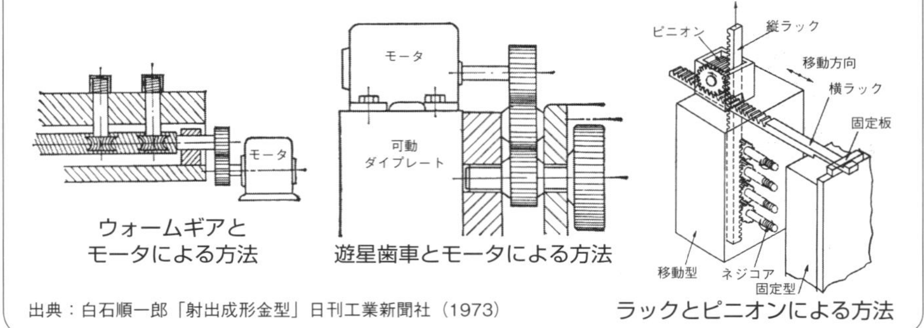

ウォームギアとモータによる方法

遊星歯車とモータによる方法

ラックとピニオンによる方法

出典：白石順一郎「射出成形金型」日刊工業新聞社（1973）

型締装置に付随する装置

金型内真空装置

vaccum device in mold

金型内のエアーや充填される樹脂から発生するガスが影響してガス焼けやショートショット、ウエルドなどの成形不良が起こる。この対策として金型にガスベントを設けまた焼結金属の使用、射出速度を遅くするなどを行なっているが対応できない場合もある。この対策として、金型内を真空にしてエアーやガスを射出時に抜くための装置で、真空ポンプを金型配管と接続する大掛かりな装置から、ベンチュリー効果を利用した簡易装置がある。

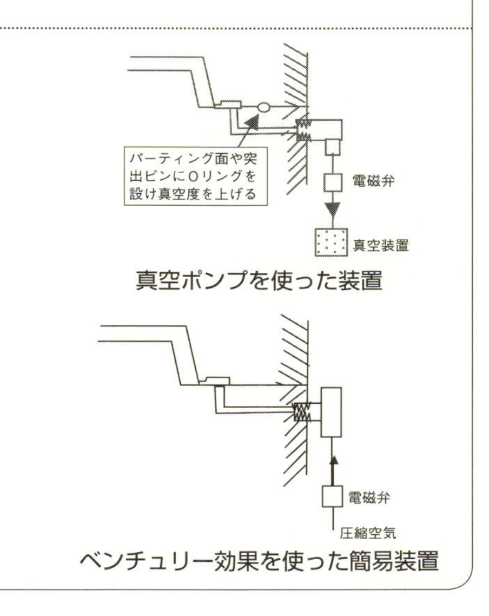

真空ポンプを使った装置

ベンチュリー効果を使った簡易装置

成形機の仕様

型締力

clamping force

型締力とは溶融樹脂が金型内に射出充填された時に発生する射出力に負けないように金型を閉めておく力で、TonfまたはkNで表す。カタログ値における型締力は金型を締め付ける力の最大値をいう。

成形における必要型締力は成形品の大きさ（投影面積）とると型内平均樹脂圧で決まる。すなわち必要型締力（F）≧投影面積（A）×型内平均樹脂圧力（P） となり、計算値に10％程大きく余裕を見込むとよい。

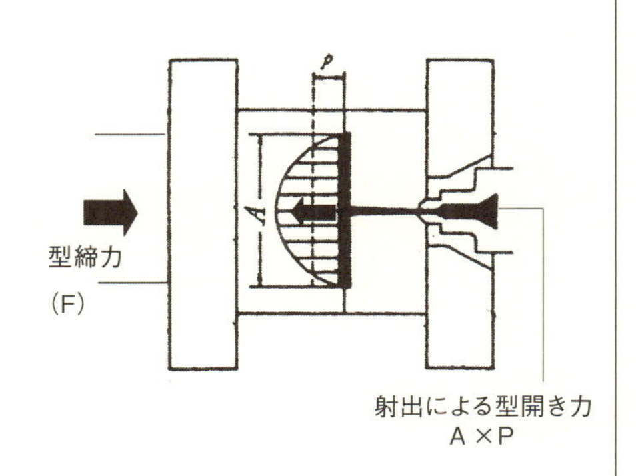

必要型締力と射出による型開き力

型内圧力

cavity pressure

金型内に樹脂が充填されたとき、金型内面に発生する圧力をいう。型内圧力は充填過程で成形品の各場所と時間経過により型内圧力は変化する。ノズルから出た溶融樹脂は金型内に充填される過程で、ランナー、ゲートの流動抵抗を受け、また時間経過によって樹脂の粘性が増していく。そのため成形品末端a型内圧力は減圧されて行き、加熱筒内a射出圧力＞スプール部圧力＞ゲート・ランナー部圧力＞成形品末端圧力となる。

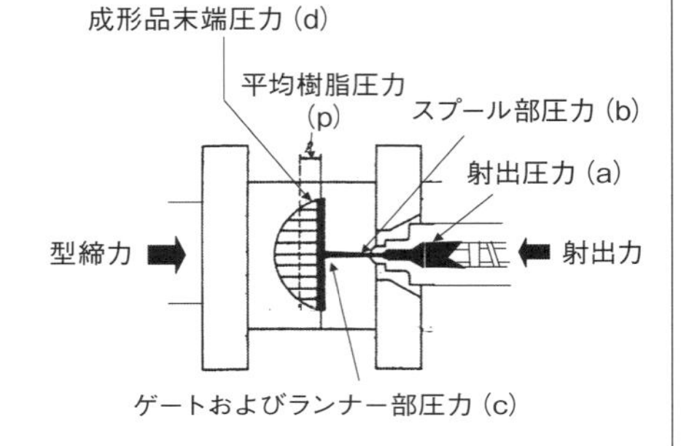

型内平均樹脂圧力

average cavity pressure in mold

充填過程で成形品の各場所の型内樹脂圧力は変化する。また成形条件などによっても変化する。型締力を算出するためにはどの型内樹脂圧力を使えばよいかわからない。そこで計算には経験に基づいて考えられた型内平均樹脂圧力の目安が使われる。この表はあくまで目安で、あり、スプルー、ランナー、ゲートの形状、また成形条件が変わればこの値もかわる。

型内平均圧力

樹脂名	通常成形	外装部品成形	精密成形
PS	26(250)	35(350)	45(450)
HIPS	25(250)	35(350)	45(450)
SAN	30(300)	40(400)	50(500)
ABS	30(300)	40(400)	50(500)
PVC 硬	30(300)	40(400)	50(500)
PVC 軟	25(250)	35(350)	45(450)
PP	25(250)	35(350)	45(450)
PE	25(250)	35(350)	45(450)
PA-6	35(350)	45(450)	60(600)
PA-66	40(400)	50(500)	65(650)
PC	40(400)	55(550)	70(700)
PMMA	35(350)	50(500)	60(600)
PPO	40(400)	50(500)	60(600)
POM	35(350)	50(500)	65(650)
PET	35(350)	50(500)	65(650)
PBT	35(350)	50(500)	65(650)
PPS	40(400)	50(500)	70(700)
PES	40(400)	50(500)	70(700)

（単位は Mpa、( ) 内は Kgf/cm^2 で示す）

成形機の仕様

投影面積

projected area

投影面積とは、型締め方向（光源）から見た、成形品の面積でこの面積に樹脂圧がかかり型が開く力が発生する。すなわち投影面積が大きい製品程、大きな型締め力が必要になる。下の図の成形品投影面積は　S（cm^2）＝A（cm）×B（cm）となる。

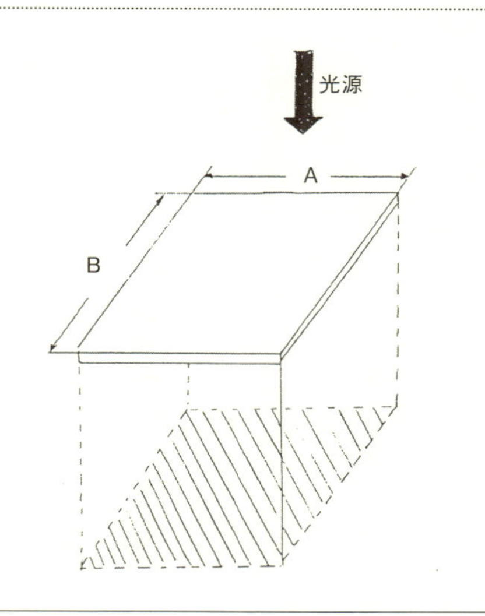

成形機の仕様

型開力

opening force

金型キャビティ内に充填された樹脂が冷却・固化後、型を開く時に発生する力をいう。深物成形品やピンゲートを成形品と切外す場合や、機械式突出し装置を使用する場合にも大きな型開力が必要となる。一般に、型開力（K N）＝型締力（K N）×0.05～0.08が機械仕様の目安となる。

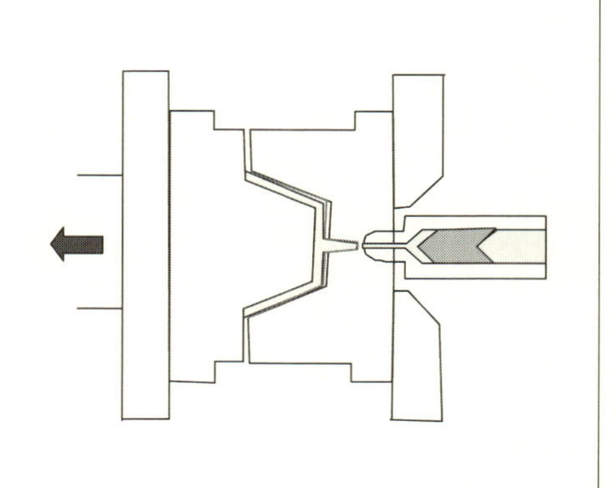

最小(最大)金型厚さ

min & max mold thickness

最小金型厚さは成形機に取り付け可能な最小金型厚さをいい、直圧式型締装置の場合、最も薄い金型という直接的な表現にかえたものである。トグル式型締装置の場合、トグル機構全体を前後に移動させて調節する。そこでダイプレート間隔の最大値はトグル機構を最も後退させたとき、トグルリンクが伸びきる必要があり、金型最大厚みも制限がある。

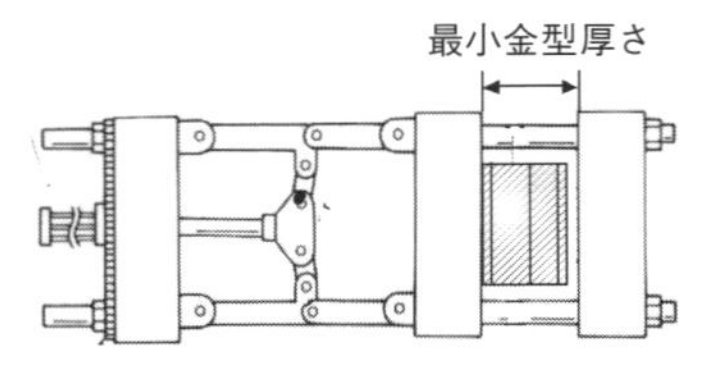

最小金型厚み以下の場合、トグルリンクが伸びきってもタイバーが伸びないので型締力が発生しない

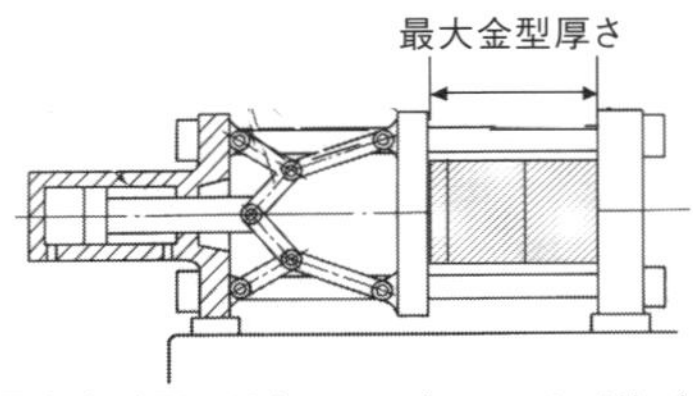

最大金型厚さ以上ではトグルリンクが伸びきらないため型締力が発生しない

最大型開間隔(デーライト・オープニング)

daylight opening

最大型開間隔(デーライト・オープニング)、最大ダイプレート間隔ともいう。可動盤が最後退限に移動した時、固定盤と可動盤との間隔が最大になった寸法を表す。最大型開間隔は直圧式型締装置の場合、最小金型厚さに型締ストロークを加えた値になる。トグル式型締装置の場合、最大金型厚さに型締ストロークを加えた値になる。

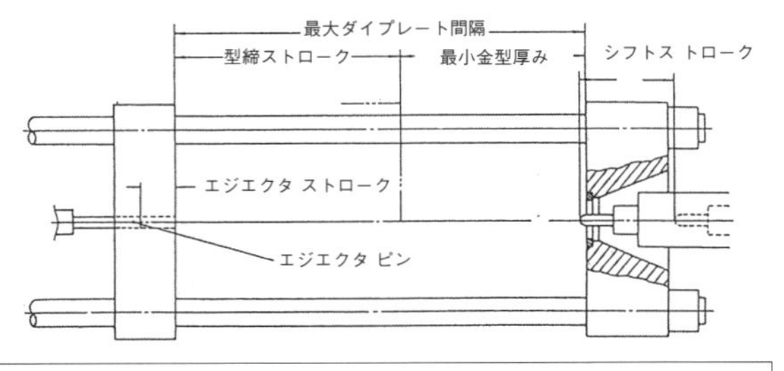

最大型開間隔 = 型閉ストローク + 最小金型厚さ　※直圧式の場合

成形機の仕様

型閉ストローク（型開きストローク）

mold clamping & opening stroke

直圧式型締装置の場合、型閉じストロークは型厚に関係し、型厚が大きいと型閉じストロークは小さくなる。機械仕様書に記載されている型閉じストロークは最小金型を取り付けた時の可動盤の最大移動距離を示す。トグル式型締装置の場合、型厚に関係なく一定である。型閉ストロークは成形品の最大深さを決定し、成形品深さの２倍以上あれば成形品は取出し可能となる。成形品を取出すためのストロークＳは

$S \geqq 2H + L + \alpha$　となる。

S：型締ストローク
H：成形品深さ
L：スプルー長さ
α：余裕長さ

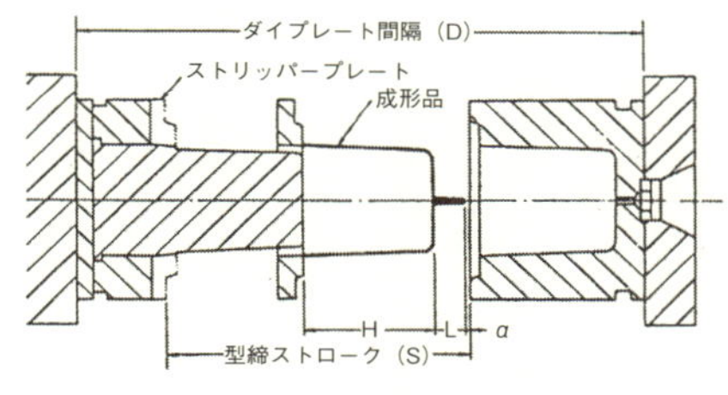

型締ストローク $S \geqq 2H+L+\alpha$

成形機の仕様

最大（最小）金型取付寸法

min & max length of mold size

最大金型取付寸法は射出成形機に取付けることができる金型の最大外寸をいい、ダイプレートの外のりとタイバーの内のりの寸法以内に収まる必要がある。

ここで、注意すべきことは、逆に取付けできる最小寸法にも制限があり、タイバー間隔×0.6　以上　が必要である。ダイプレート寸法は可動・固定盤の最大寸法を表す。（Ｈｄ×Ｖｄ）

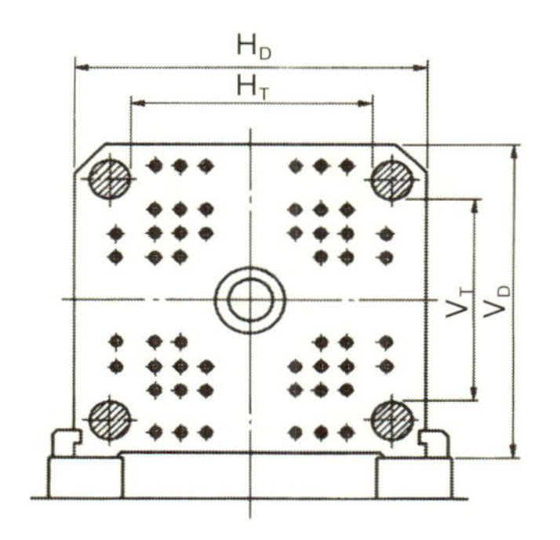

H_D、V_D：ダイプレート寸法
H_T、V_T：ダイバー間隔

ダイプレート寸法およびダイバー間隔

成形機の仕様

ダイプレート寸法／タイバー間隔

Platen size ／ Space Between tie・Rods

ダイプレート寸法は可動・固定盤の最大寸法を表す。（Ｈｄ×Ｖｄ）タイバー間隔はタイバーの内のり寸法最大値（Ｈｒ×Ｖｒ）を示し、金型取付板がこの間隔に入らないと金型が取り付かない。また最小金型取付け寸法にも関係し、タイバー間隔×0.6以上が必要であり、小さいと台盤破損の可能性が大きくなる。

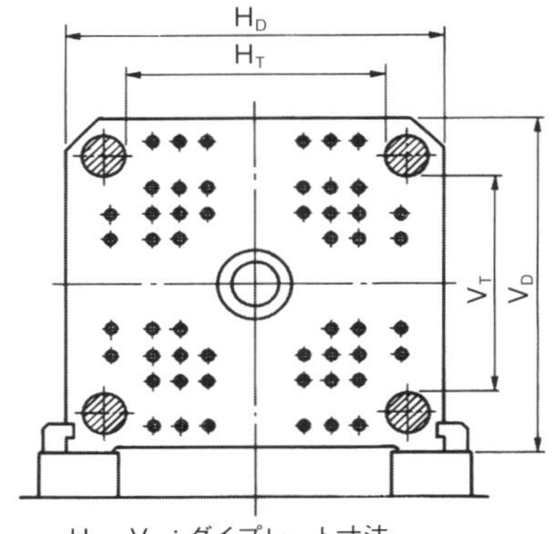

H_D、V_D：ダイプレート寸法
H_T、V_T：ダイバー間隔

成形機の仕様

ロケートリング

locate ring

固定盤にあけられた孔の内径寸法で、金型のロケートリングの外径と合わせることにより、ノズル位置やエジェクタ位置などの相互の位置決めは容易になる。

ＪＩＳで制定された寸法である。

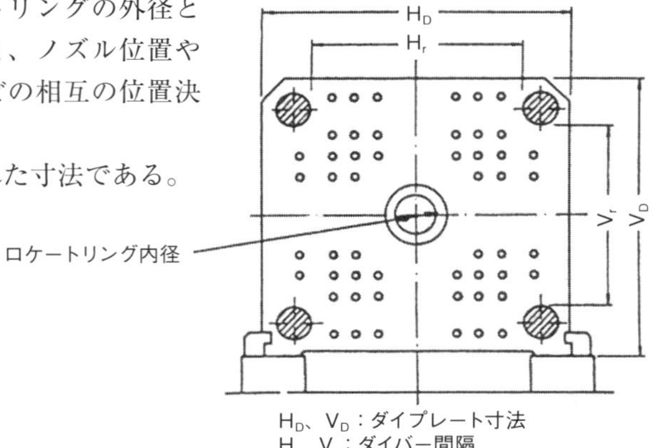

H_D、V_D：ダイプレート寸法
H_r、V_r：ダイバー間隔

成形機の仕様

射出重量

inj.weight

射出重量は1回の射出工程で射出できる材料の重量をいうが、使用する材料によって比重が異なる。一般にカタログ値に載っている仕様書では、GPPSでの最大重量を示している。実際にはGPポリスチレンの溶融比重や射出時の材料の逆流などを考慮して各メーカーが決めているため、理論射出容積が同じでも最大重量は違うことがある。実用的な射出重量W（g）と理論射出容積V（cm^3）の関係は

$W = V \times \rho \times \eta$　　ρ：比重

η：射出効率で逆止弁付では0.9

で表される。

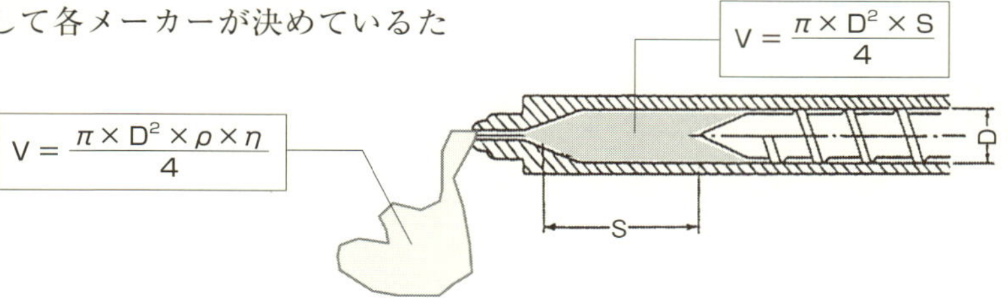

成形機の仕様

射出ストローク（計量ストローク）

injection screw stroke

樹脂を射出するときのスクリュの移動距離のこと。射出ストロークで金型に充填される射出容量が決まる。実成形では射出・保圧時の樹脂の逆流や溶融時の体積膨張などにより、理論射出容量より少なくなる。

※ 計算方法は射出重量の項を参照

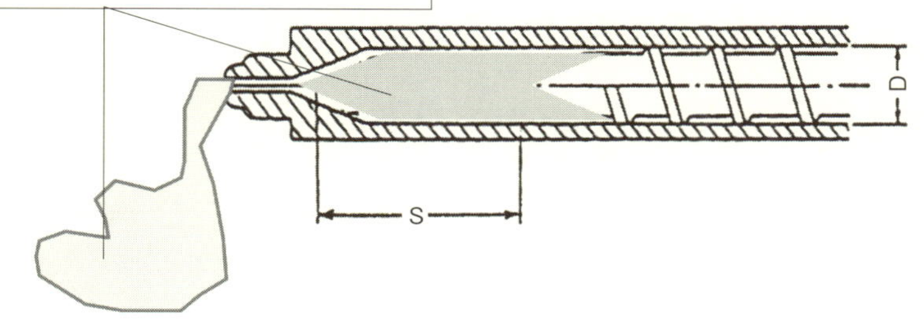

射出速度

injection speed

射出速度（cm/sec）は射出充填中におけるスクリュの前進速度をいう。油圧式成形機では射出ピストンの移動速度で射出シリンダに供給される作動油の流量で決まる。注意すべきは、射出充填中に流動抵抗で射出油圧が圧力制御弁の設定圧以上になると射出速度落ちるため、射出速度を安定するには射出充填ピーク圧に1.5 ～ 2.0MPaプラスして設定する必要がある。電動式射出成形機でも同様のことがいえる。

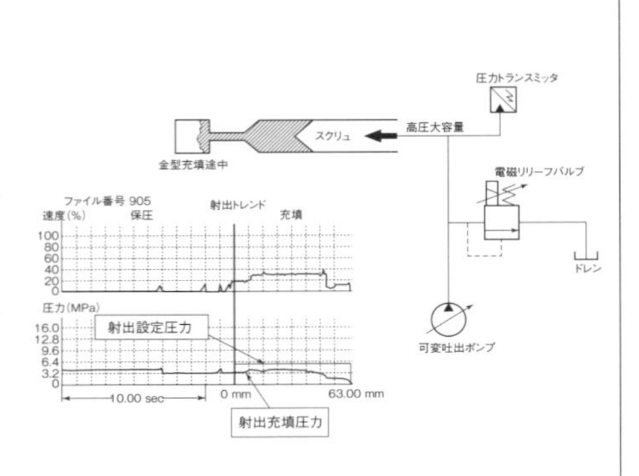

射出率

injection rate

一般にカタログや機械仕様値には射出速度は記載されていない。記載されているのは射出率で、

射出率（cm^3/sec）＝射出速度（cm/sec）×スクリュ断面積（cm^2）

で表せる。

ノズルから射出された溶融樹脂は、冷たい金型に触れると急速に粘性が増す。粘性が増す前に充填を終わらせるには大きな射出率が有利であり、大きな射出率を必要とするなら大きな径のスクリュを選択すればよい。

しかし大きなスクリュを選択すると射出樹脂圧力が下がるため高粘性材料による成形や薄肉成形品などは、機械仕様選定に注意が必要である。

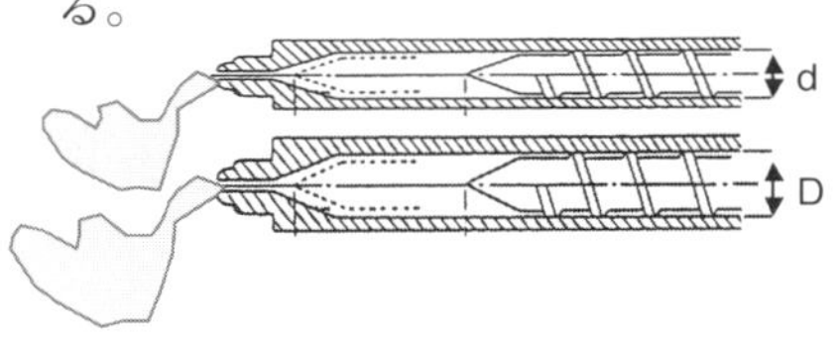

同じ速度で前進するとスクリュ径の2乗で射出される量が違う

射出圧力

injection pressure

金型の中に樹脂を流し込む圧力のこと。射出圧力には充填圧力と保持圧力がある。充填圧力は流動抵抗に打ち勝ち、キャビティに高速充填するための圧力で速度制御するためには、射出充填ピーク圧に15～20ＭＰａ加えた圧力を設定する必要がある。保持圧力は充填後のバリ対策や冷却収縮による不良対策のための圧力で、圧力制御として使われ充填圧力に比べ一般的に低圧力である。そこで速度制御（高圧）から圧力制御（低圧）に切換えは充填量の95～98％の時点で切り換える。

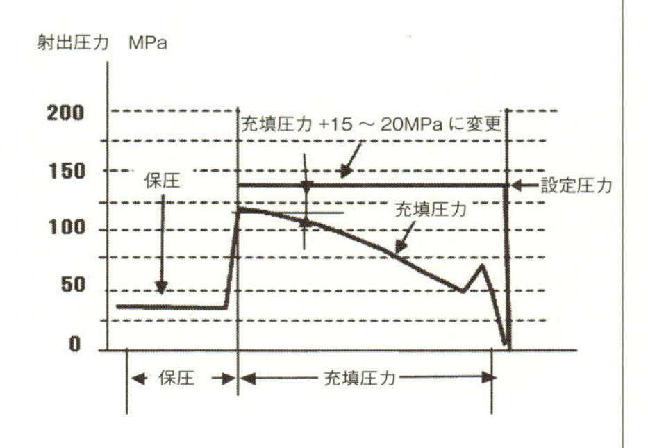

樹脂圧力

injection resine pressure

樹脂圧力はノズル側に発生する樹脂に掛かる圧力であり、油圧駆動機の場合の射出シリンダ圧力に発生する圧力との違いを明確にするための言葉である。しかし電動駆動機の場合は、射出圧力設定＝樹脂圧力設定でどちらを使っても問題ない。油圧駆動機の場合、射出シリンダー圧力設定が同じでもスクリュ径が違うと樹脂圧力が変わり、スクリュ径の２乗に反比例する。電動機の場合、「射出圧力設定＝樹脂圧力設定」となり油圧機とは違うので注意する必要がある。

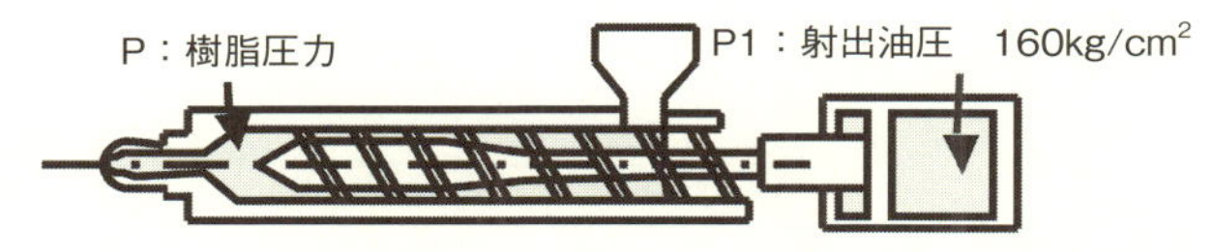

スクリュ径　４０φで樹脂圧力 2000kgf/cm² の機械に４５φを取り付けた場合、

樹脂圧は　$2000\text{kgf/cm}^2 \times \frac{40^2}{45^2} = 1580\text{kgf/cm}^2$ となる

射出保持圧力

injection holding pressure

射出保持圧力は成形品の充填量が95～98%入った時点で、射出速度制御から射出保圧の圧力制御に切換えて充填後のバリ対策や冷却収縮による成形不良（ヒケ、気泡、そりや寸法精度など）対策をするための圧力。電動式射出成形機の場合、高い射出圧力を長時間掛け続けると負荷オーバーで止まることがあり、成形機のカタログを見てみると充填圧力（射出圧力）に対して射出保持圧力が低く記載されている場合や保圧時間が制限されていることもあるので注意する必要がある。

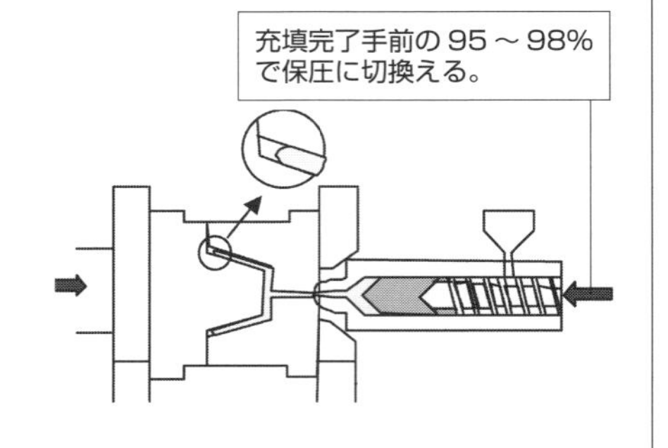

充填完了手前の95～98%
で保圧に切換える。

可塑化能力

plastisazing ability

スクリュが1時間当たりに溶かす材料の量のことで、kg／hrで表示される。カタログ、仕様書では成形材料は一般用ポリスチレン（GPPS）で最高回転速度で運転した場合の能力を示している。実成形では、高速回転するほど可塑化能力は上がるが、材料の溶融は不均一になりやすい。材料を均一可塑化と短時間で可塑化させるために ①スクリュの形状（デザイン）②スクリュ回転速度 ③背圧力 ④加熱シリンダ温度などを考慮することが重要である。

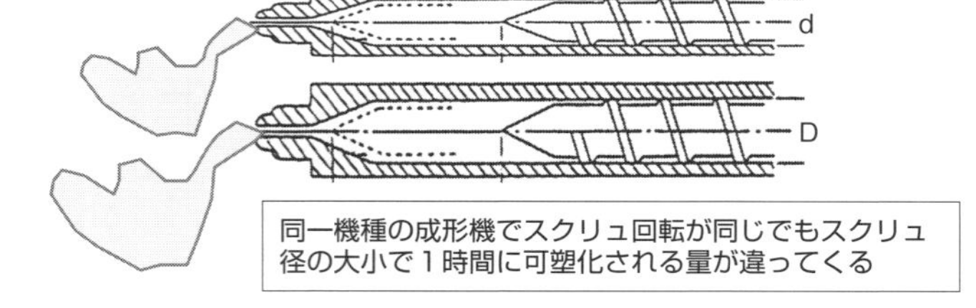

d
D
同一機種の成形機でスクリュ回転が同じでもスクリュ
径の大小で1時間に可塑化される量が違ってくる

成形機の仕様

スクリュ回転数

screw revolution

スクリュが1分間当たりに何回転するかを表す（rpm）。スクリュを回転させることによって成形材料はネジ作用でホッパー側からノズル側に熱をうけながら送られて行く。可塑化能力は回転速度に比例する。

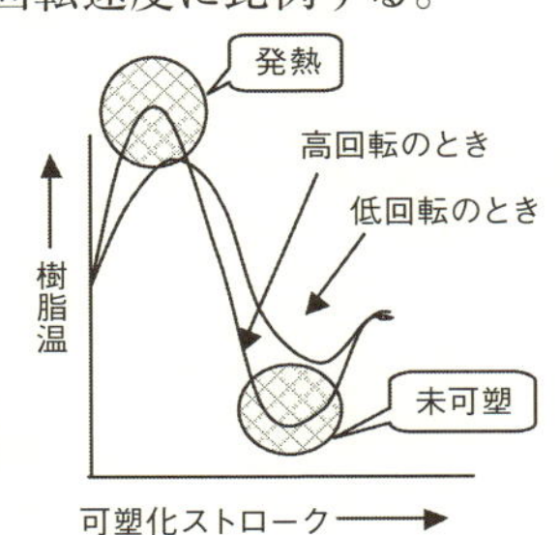

スクリュー回転数と樹脂温度の関係

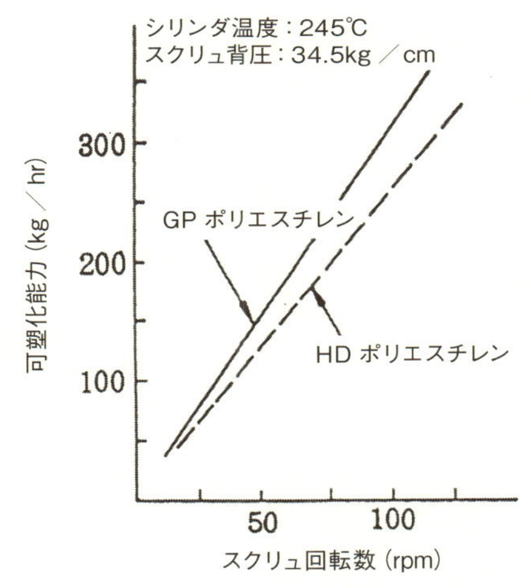

成形機の仕様

突出しストローク（エジェクタストローク）

ejection stroke

成形品を金型から突出す距離をいい、機械カタログに書かれているストロークは突出しできる長さの最大値が書かれている。一般にはこのストローク以下で使用される。しかし深物の成形品には突出しストロークが足りない場合もあり検討しておく必要がある。

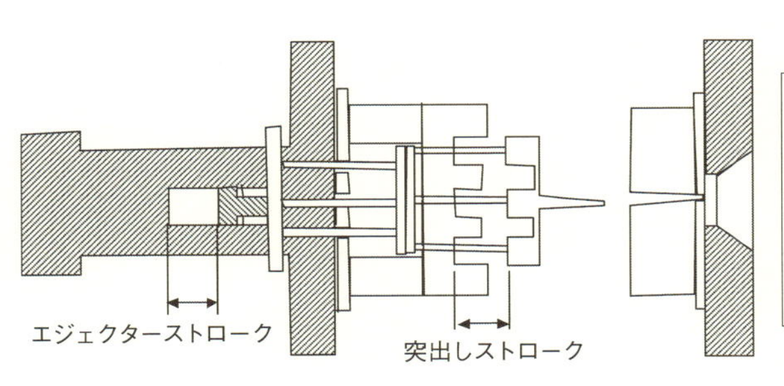

ホッパー容量

hopper capacity

樹脂がホッパーに貯蔵される時の最大貯蔵量を表す。これには容積と重量で表すことができるが、重量は樹脂の比重によって異なるため通常は容積で表す。容積を重量に換算するには、

重量（kg）＝容積（L）×かさ比重

で計算できる。ただし、かさ比重は樹脂の粒度によって異なり目安と考えた方がよい。汎用樹脂ではだいたい0.5～0.6とみてよい。

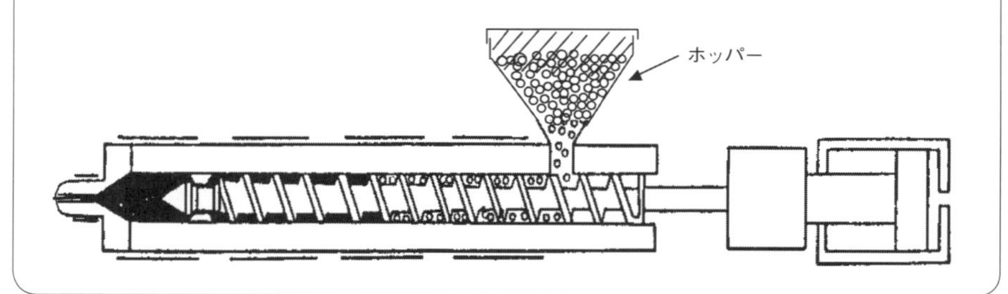

ドライサイクルタイム

dry cycle time

1サイクルは①機械の作動（型開閉、スクリュの前進・後退など）②材料の溶融③成形品の冷却・固化の3つの速度で決まる。②は可塑化能力③は材料、成形条件、成形品の形状、金型構造などの機械以外の要素できまる。ドライサイクルは材料を使わず空運転したときの運転作動時間の最小値をいい、成形機の能力を表示する1つの指標である。特に、トグル式型締装置を持つ機械は型開閉速度を表示できないため、一般的にドライサイクルで示される。

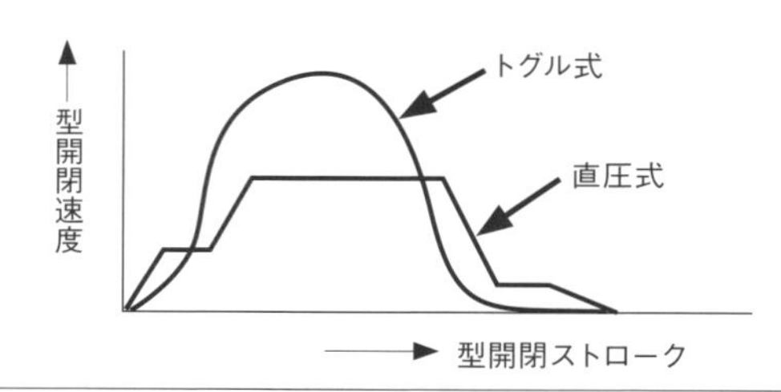

その他

アクチュエータ
Actuator

アクチュエータとは、入力されたエネルギーを直線運動や回転運動などへ変換して仕事をする機器をいう。その動力源により油圧アクチュエータ、空圧アクチュエータ電動アクチュエータ などがある。射出成形機に使われている油圧シリンダや空圧シリンダ、電動モータとボールネジのの組み合わせが直線往復運動に変換するアクチュエータである。連続回転運動に変換するアクチュエータにはオイルモータがある。

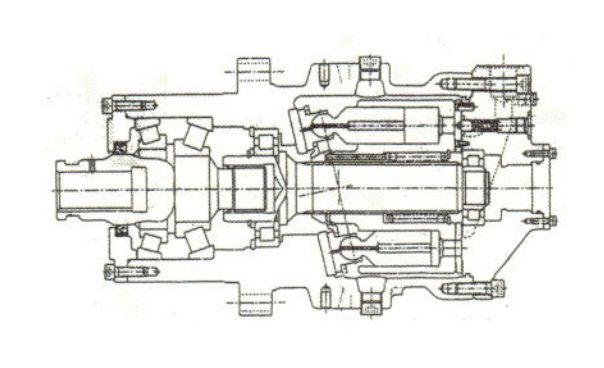

油圧モータ

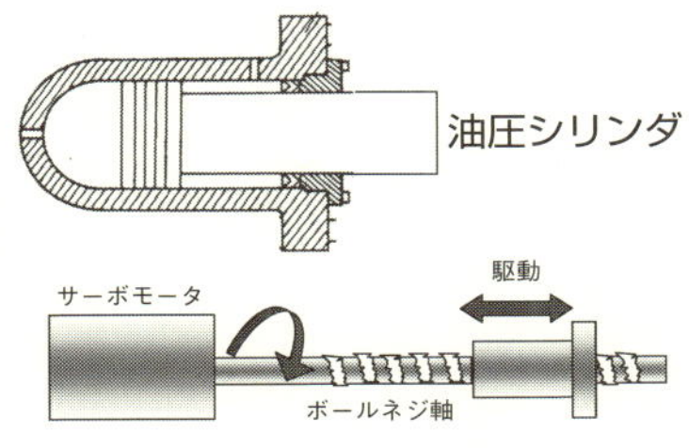

サーボモータ・ボールネジ

その他

アキュムレータ（蓄圧器）
Accumulator

アキュムレータは回路内の油圧ポンプの余力を利用して油圧エネルギーを容器内に蓄積する装置（容器）である。油圧エネルギーを必要なときに短時間に開放させることでポンプのみの回路より、立ち上がり応答性の向上、高速・高圧射出成形が可能になり、超薄肉成形などで使われる。

アキュムレータは構造によりプラダ（気体袋）式、ピストン式、ダイヤフラム式があり、容器内にチッソガスが封入され油圧とバランスさせることで蓄圧する。

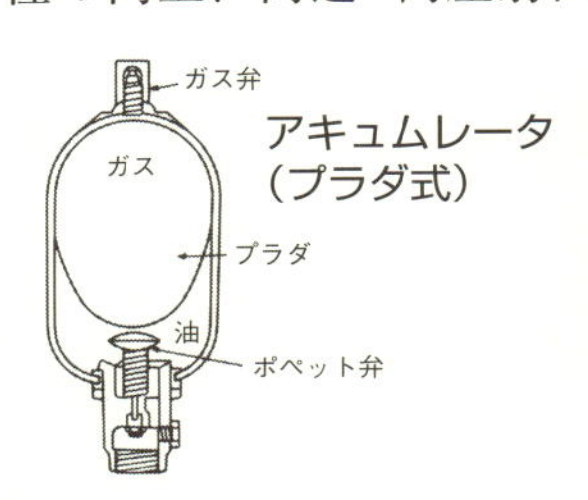

アキュムレータ（プラダ式）

スピーカーコーン

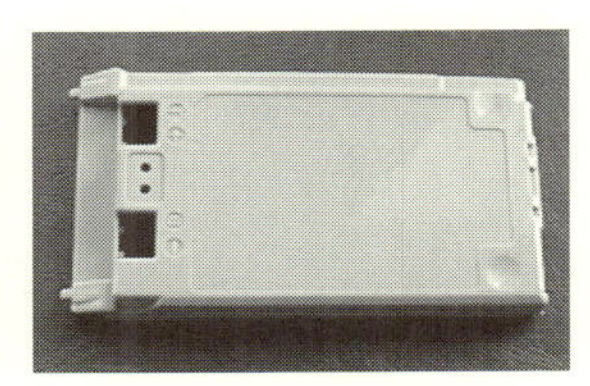

バッテリーケース

その他

射出速度・圧力応答性

injection speed & pressure responsability

成形における寸法バラツキや成形不良の原因は外乱だけでなく、成形機の射出速度や圧力の応答性によっても発生する。また超薄肉成形品では射出速度の立ち上がり・立下りの応答性が重要で、応答性が悪いと充填不足やバリが発生し安定しない。

油圧機の場合、バルブ切換や油を圧縮して動きだすので電動機より応答性は劣る。最近ではシーケンサーの応答速度（スキャンタイム）が速くなり射出速度や圧力の応答性も良くなっている。

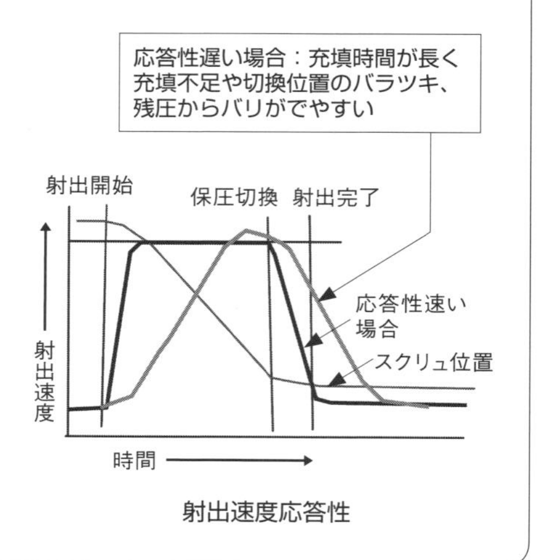

射出速度応答性

その他

インターロック（インターロック回路）

safety lock of electric circuit

危険防止のための安全保護回路で、ある作動をさせると同時に別の作動をさせようとする回路が入ってくると問題が起こる場合、先に入っている回路を優先させて作動させる回路である。射出成形機には、金型の破損、機械の操作ミス、および人に対する安全のためインターロック回路が組み込まれている。例えば安全扉を開けると型開閉作動が停止する、取出し機のアームが下降中は型閉じができないなどのインターロック回路が組み込まれている。

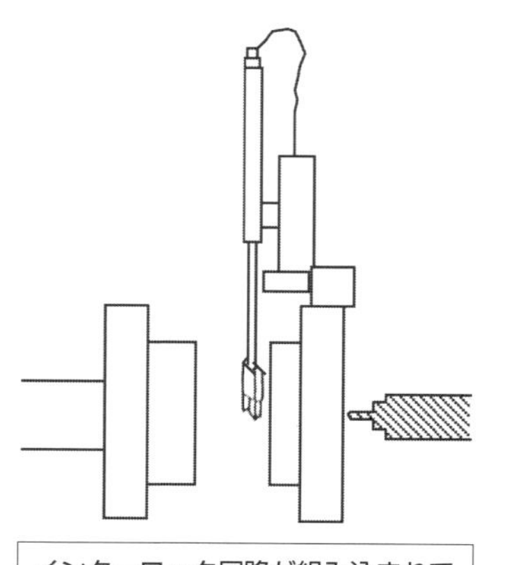

インターロック回路が組み込まれて
アームが下降中は型閉じできない

その他

オープンループ制御・クローズドループ制御

open & closed loope control

オープンループ制御は圧力や流量を設定値通りに出力させて圧力や流量の制御を行なうが、外乱の影響で実際値の圧力や流量が変化してもこれに伴う調節機能のない（フィードバック機能が無い）制御のことである。このため外乱の影響を受けやすい。クローズドループは、圧力や流量を設定値通りに出力させながら実際値を検出し差が出た場合、設定値通りになるように出力を変える調節機能が有る（フィードバック機能が有り）制御のことである。外乱の影響を受けにくい。

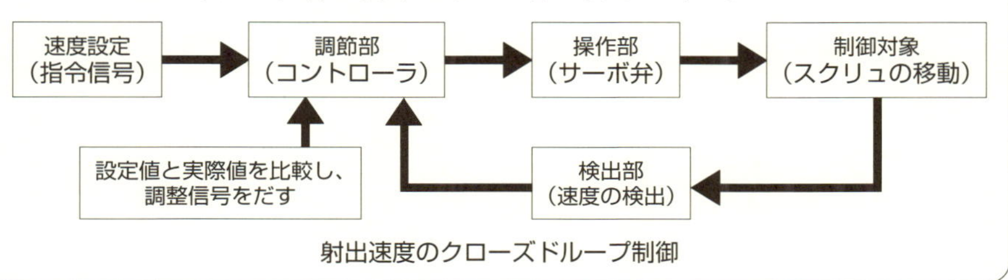

射出速度のクローズドループ制御

その他

PID制御

proportional-Integral-Derinative Control

被加熱体（加熱筒や金型など）の温度制御をオン・オフの比例制御で行なう設定値とズレがでてオフセット（設定値と測定値のズレ）が生じる。これに対しPID制御はP作動（比例作動）、I作動（積分作動：操作部の偏差を時間で積分した値に比例して動かす）、およびD作動（微分作動：外乱などが入った時、速く安定させる）を内蔵したマイクロコンピュータで行なうことで速い応答性で高精度の制御ができ、現在の射出成形機に広く使われている。

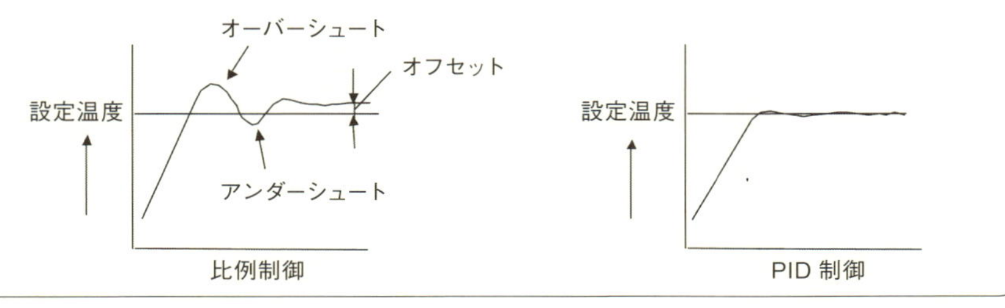

その他

射出プログラム制御

injection programing control

射出プログラム制御には、射出充填工程の射出速度プログラム制御と充填後の射出圧力プラグラム制御がある。射出速度プログラム制御は射出速度4速が基本であるが、成形品によって1～8速使用することがある。射出圧力プラグラム制御の基本は射出3圧であるが、4～5圧使用することもある。

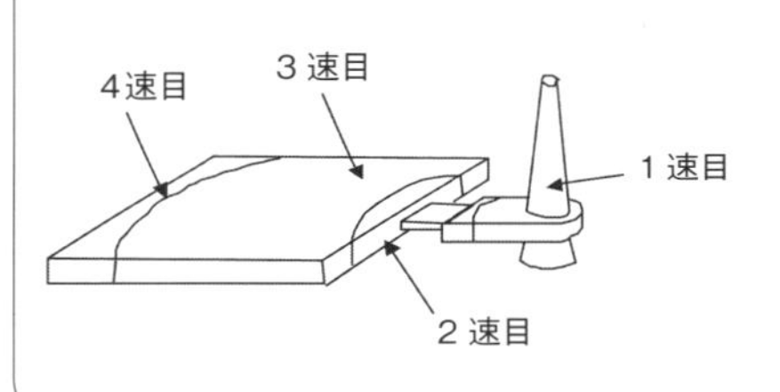

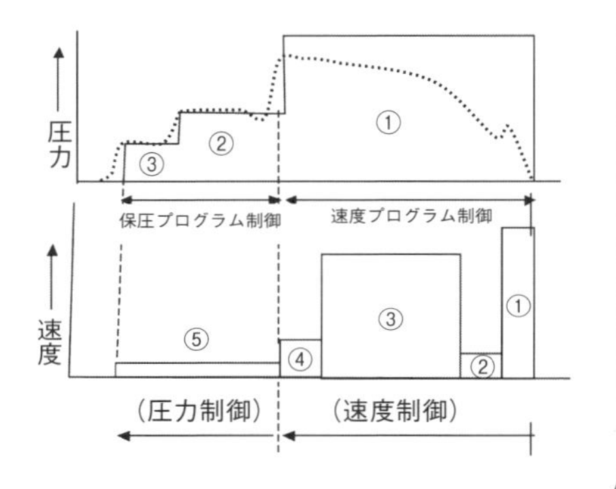

その他

エンコーダ

encoder

射出成形によく使われている光学式エンコーダは回転スリット板のスリット数を光学的にカウントしパルス信号（デジタル量）に変換することで､アナログ量である運動量（モータの位置、速度）をデジタル電気信号に変換して検出するセンサーである。モータの位置検出精度はスリット数で決まる。1回転あたりの発生パルス数は数千パルスが一般的である。光学式の他に磁気式もある。エンコーダはサーボモータを正確に制御するためには不可欠なものである。

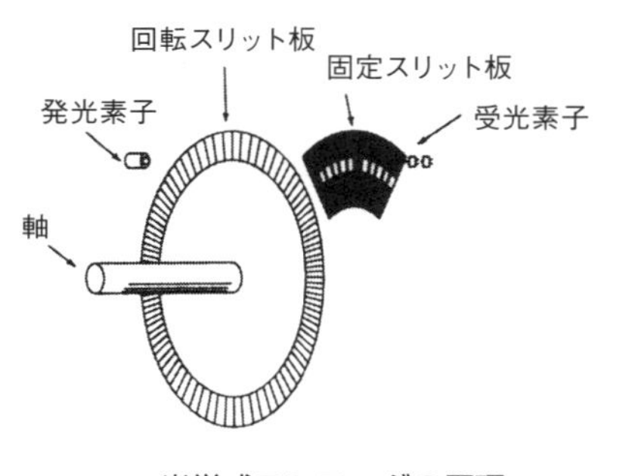

光学式エンコーダの原理

ボールネジ

ball screw

ボールネジはモータの回転運動を直線運動に変換する働きをする（正作動）。また直線運動を回転運動に換える場合（逆作動）もある。小さな回転力を大きな推力に増幅し、直線方向の正確な位置決めができる。

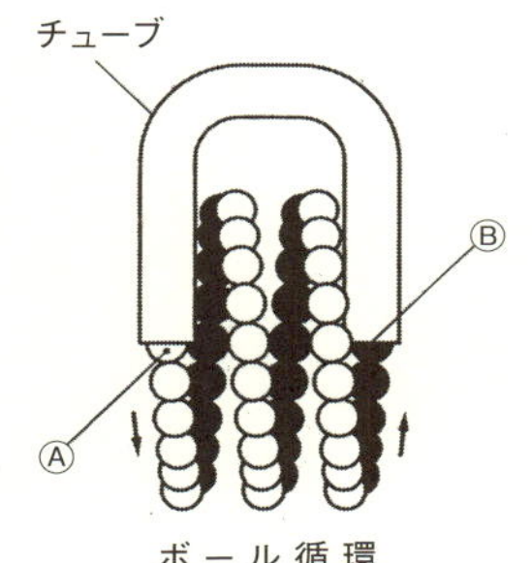

ボール循環のサーキット2.5巻きの例

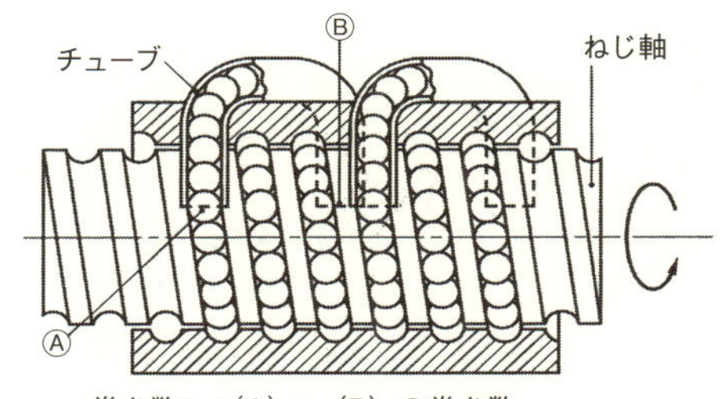

巻き数 i_1：(A) ～ (B) の巻き数
サーキット数 i_2：チューブの数
総巻き数 i_0：$i_0 = i_1 \times i_2$

第2章

射出成形および加工技術

金型取付けボルト

size of mold clamping bolt

成形機の型締力が高いほど、取付けられる金型寸法が大きくなり、重量も重くなる。このため、取付けボルトは太くなっていく。型締力300ton以下の機械の取付けボルトではM16、300～600ton以下ではM20、600ton以上ではM24のボルトが使われている（各成形機メーカのカタログ参照）。金型取り付け時の注意すべきことはネジ込み深さで、ボルトサイズ(直径)の1.5程度を目安にすると良い。

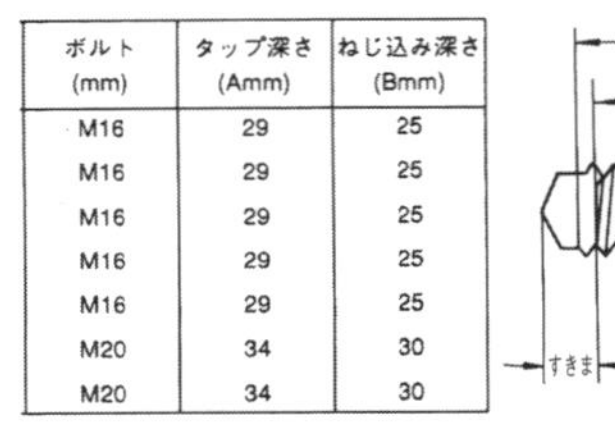

ボルト (mm)	タップ深さ (Amm)	ねじ込み深さ (Bmm)
M16	29	25
M16	29	25
M16	29	25
M16	29	25
M16	29	25
M20	34	30
M20	34	30

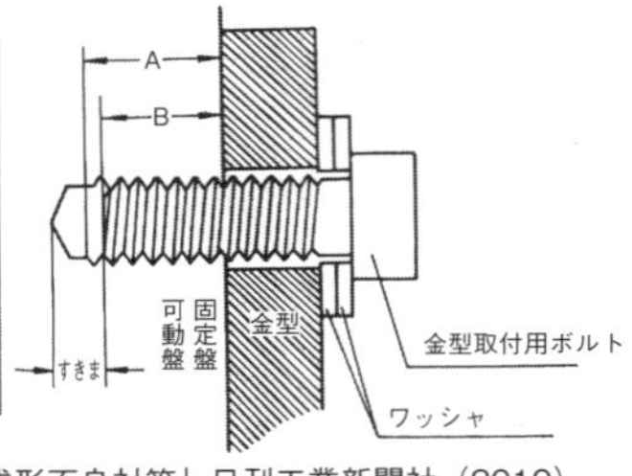

出典：北川和昭、中野利一「射出成形不良対策」日刊工業新聞社（2010）

金型取付け金具

mold clamping tool

金型を取付けるには、直付けと取付け金具を使う方法がある。直付けは金型取付け板に直接金型をボルトで取付けるが、金型取付け板と台盤のネジ穴のピッチが違う場合や穴がない場合はつめと呼ばれる金型取り付け金具を使用して取付ける。金型取り付け金具にはU字型の金具にライナを取付けるものや取付け金具とライナと一体となったものがある。

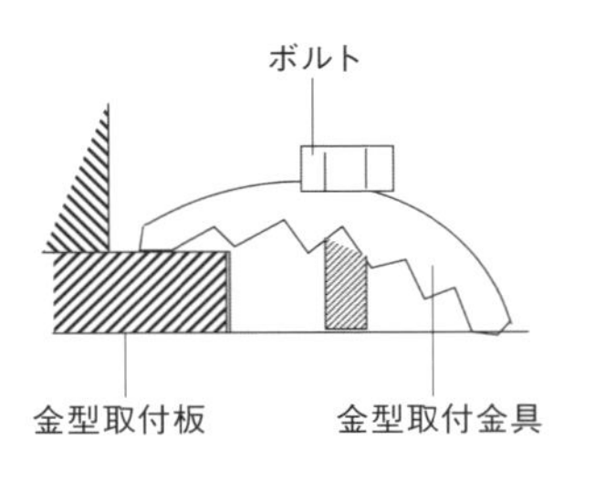

資料提供：マテックス

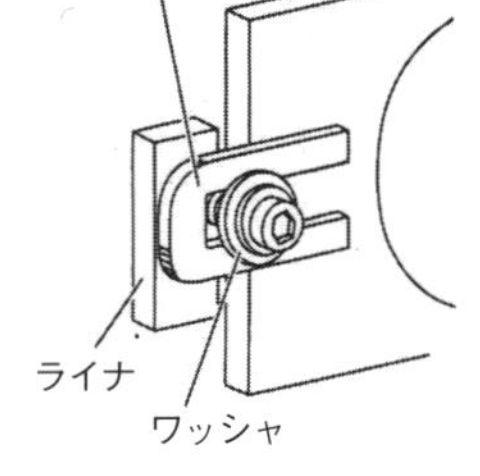

成形機取扱

インチング
inching

油圧駆動の射出成形機において、ポンプ起動の際、ポンプと停止ボタンを数回ＯＮ、ＯＦＦを繰り返し行なう操作で、ポンプ入口のパイプ内の空気を取り除き、ポンプ起動する方法でポンプ保護のために行なう。

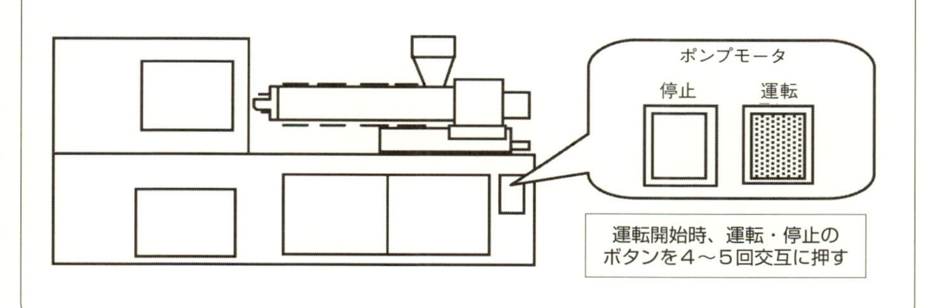

成形機取扱

ノズルタッチ
nozzle touching action

ノズルが金型スプルーブッシュ面に圧接することをいい、ノズルタッチが不十分な状態で射出すると、タッチ面より樹脂もれを起こす。このためノズルが前進限度の位置に達した時、またはノズルタッチ力が発生したと確認した時、射出が可能となるようにインターロック回路が組み込まれている。金型取付け時、ノズルとスプルブッシュの形状（ノズル球面Ｒと口径ϕ）に問題がないか、センターが合っているか確認する必要がある。

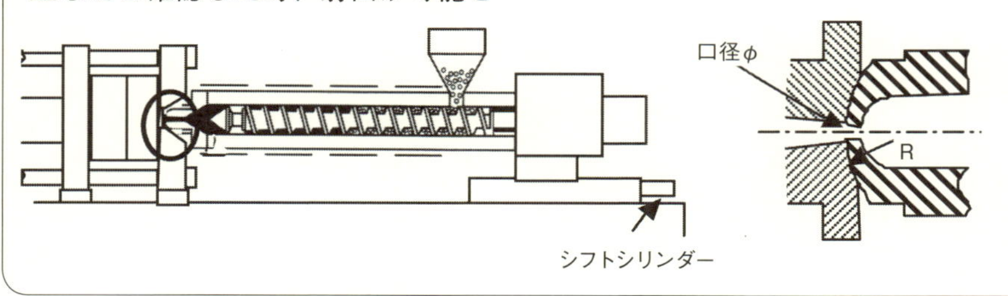

要求品質
quality of demand

要求品質は成形品の用途や顧客の品質の考え方によって異なる。例えば、工業部品では主に寸法精度や物性、外観などの品質を求められることが多いが、雑貨品ではコストを重視し、より安価に、より速く、より高品質が求められることが多い。顧客からの要求項目を把握して要求される項目の優先順位を決定することにより、成形条件の組み立て方も異なる。

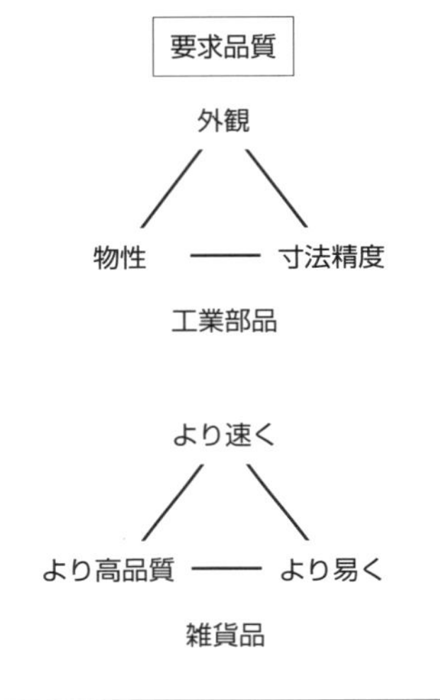

成形条件
injection molding record

成形条件とは、成形品に要求される品質を満足させ、かつ生産効率をいかに高めるかである。この目的に対し材料特性、金型構造、成形機能力の3つの基本的要因と、これらを制御する温度、圧力、時間の3つの基本要素と時間を細分化した速度、長さ（ストローク）を効果的に組み合わせたものである。これらを組合せると多く条件が成り立つ。

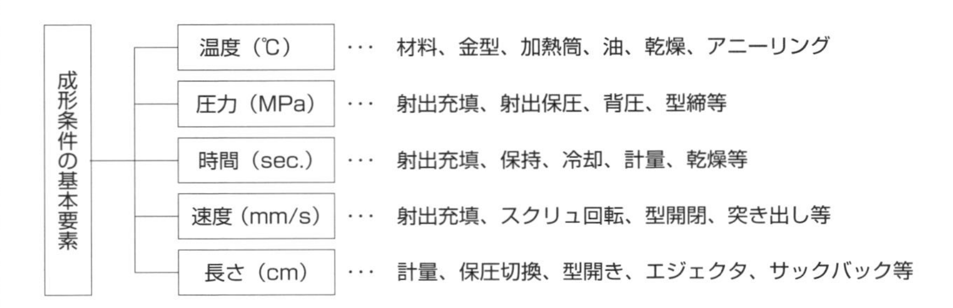

成形機取扱

温度設定

tempetature setting of heating cylinder

加熱筒温度設定は一般に小型機ではノズル側（前部）、中央部（中部）、ホッパー側（後部）の３ゾーンとノズル、加熱筒ヘッドで行なわれている。大型機では中・後部ゾーンがさらに細分化され、温度設定ゾーンが増える。加熱筒温度設定は成形条件を決める上で最も重要で、これによって射出速度や射出圧力速度切換位置などの成形条件や成形品不良にも影響する。加熱筒温度設定は樹脂によって違いがあるが、同じ樹脂でも計量ストロークや成形サイクルや機械によっても違う。

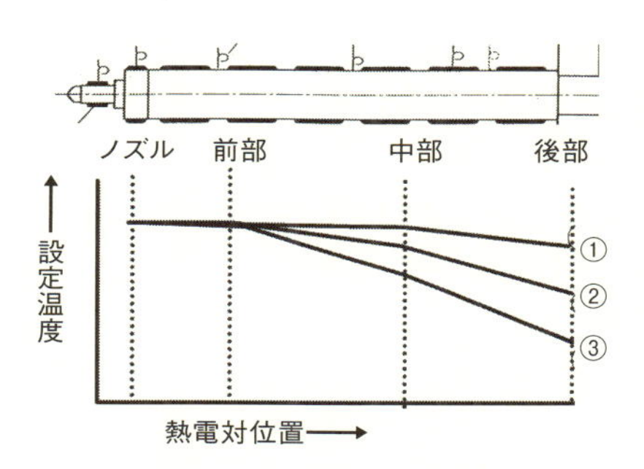

①計量多・サイクル短・結晶性樹脂
②一般成形時
③計量少・サイクル長・非晶性樹脂

成形機取扱

材料パージ

purging of rasin

材料パージとは、新たに成形する材料をスクリュ回転して可塑化させ、ノズルの後退位置で空間に向かって射出して、これを繰り返して加熱筒内にある材料から新しい材料に置換えることである。また成形立ち上げ時、材料の加熱筒内での滞留時間が長いために起こる黄変や焼け・黒点不良を防止する目的でも材料パージを行なう。最近の成形機には、効率よく材料パージができるような自動パージ回路が組み込まれていることが多い。

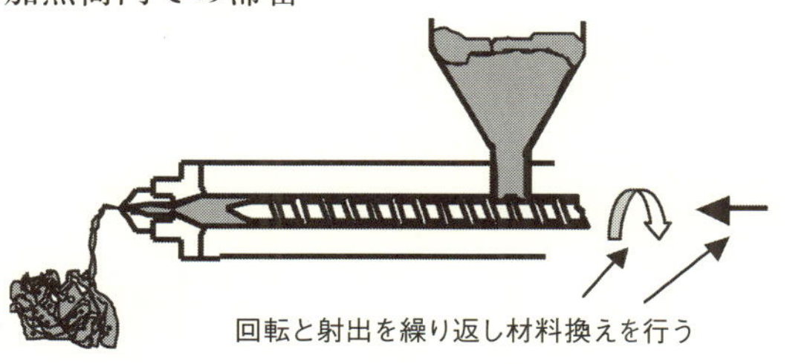

回転と射出を繰り返し材料換えを行う

成形機取扱

金型温度設定

temp.setting of mold

金型温度はヒケ、気泡、ソリ、外観つやなどの多くの成形不良の要因になり、成形立ち上がり時の不良率にも影響する。特に結晶性樹脂の場合、寸法や物性にも大きく影響する。金型温度は条件出しの段階では樹脂メーカの推奨温度から設定を始め、ある程度条件がでた段階で微調整をする。温調用ホースの接続回路にも注意する必要がある。

樹脂	金型温度℃
ポリエチレン	35 ～ 65
ポリプロピレン	20 ～ 80
ポリスチレン	40 ～ 70
AS樹脂	40 ～ 80
ABS樹脂	50 ～ 70
メタクリル樹脂	50 ～ 70
ポリ塩化ビニル	50 ～ 70
ポリアミド(66)	60 ～ 120
ポリアセタール	60 ～ 100
ポリカーボネート	70 ～ 120
変性PPE	80 ～ 120
PBT	50 ～ 120
PPS	120 ～ 150
PES	110 ～ 150

一般的な金型温度設計

成形機取扱

乾燥温度設定

drying temp.setting of rasin

成形前の樹脂は一般に吸湿している。この樹脂を、温度を上げて成形すると成形品に色々な不良が発生する。主な不良としてはシルバーストリーク、気泡、加水分解による物性低下などの問題がでる。樹脂によって乾燥温度と時間は異なる。樹脂メーカのカタログに記載されている乾燥温度と時間を設定するのが良い。またPA(ナイロン)やPMMA、PC樹脂は何度も乾燥を繰返すと黄変するので注意すること。

プラスチック名	許容される水分	乾燥温度(℃)	乾燥時間(Hr)
ポリスチレン(一般用)	0.1 以下	70 ～ 80	2 ～ 4
AS 樹脂(〃)	〃	80 ～ 90	〃
ABS 樹脂(〃)	〃	80 ～ 90	〃
PMMA 樹脂(〃)	〃	70 ～ 75	4 ～ 6
PMMA 樹脂(耐熱用)	〃	80 ～ 90	〃
ポリカボネイト	0.015 ～ 0.03 以下	100 ～ 125	4 ～ 10
変性 PPO(ノリル)		100 ～ 115	2 ～ 4
POM		80 ～ 90	〃
ポリアミド(ナイロン)	0.1 ～ 0.2 以下	80 ※	3 ～ 4 ※
PBT 樹脂	0.05 以下	120 ～ 130	3 ～ 5
FR-PET 樹脂		120 ～ 130	4 ～ 5
PPS 樹脂		120	3
ポリサルフォン		120 ～ 130	
PEEK 樹脂		150 ～ 160	
ポリエチレン		70 ～ 80	1 多くの場合乾燥しない
ポリプロピレン		70 ～ 80	1

成形材料の予備乾燥条件

出典：深沢勇「プラスチック成形技能検定の解説」三光出版(2012)

ショートショット法

short shot process method

初めての金型を使って成形する場合、正確な計量位置や保圧切換位置、射出圧力、速度などの条件がわからない。この状態で、最初から高速・高圧で成形するとオーバーパックして金型を壊すことがある。これを防ぐために、計量位置から保圧切換位置を徐々に減らして（充填量を増やし）、充填量の95～98％程度充填したら低い保圧に切換て充填させる成形方法をいう。ただし、ショートショットでは成形品突き出しができない場合もあるので注意が必要である。

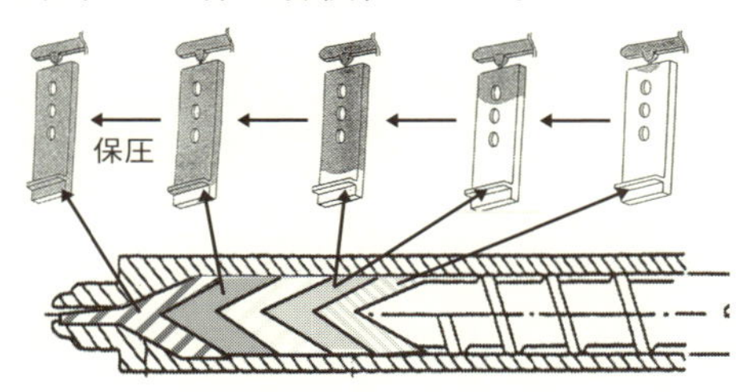

計量位置設定

setting of plasticizing position

初めての金型を成形する場合、金型図面から体積を算出するか、また成形品重量がわかれば目安の射出ストロークが計算できる。この射出ストロークに押し残し量を加えた値を計量値とする。この計量値を使い保圧切換値を徐々に減らしていくショートショット法で成形するのがよい。最終的な計量値は充填量と押し残し量をみて値を修正すればよい。ショートショットで製品突き出しができない場合は、この計量値を使い、押し残し量より少し大きき目の数値を保圧切換値として一気に充填させると良い。保圧設定は0としておく。

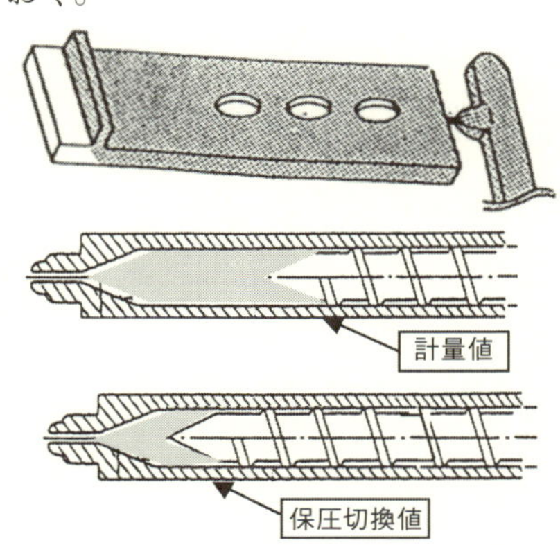

成形機取扱

最大・最小射出量

min & max inj.capacity

一般にカタログに記載されている最大射出量を連続して安定成形ができるかというと無理であり、逆に最大射出量の10%以下での連続成形も無理である。一般成形品を安定成形するには最大射出量の10～90%の範囲内で成形し、また外装部品や精密成形品では20～70%の範囲で成形するのが望ましい。表はカタログ値（GP-PS樹脂）算出された樹脂別の最大・最小射出量を比重換算した参考値を示す。

	最大射出量	安定成形可能量	
材料名	カタログ値比（%）	最大（%）	最小（%）
PVC	125	115	13
PS	100	90	10
AS	100	90	10
ABS	100	90	10
PMMA	110	100	12
PC	115	105	10
PPO	100	90	10
PE	80	70	8
PP	80	70	8
PA	105	95	10
POM	125	115	12
PET	120	110	11
PBT	120	110	11

樹脂別最大射出量の比較

成形機取扱

可塑化

Plasticization

可塑化とは、射出成形ではプラスチックに可塑性を付与することをいう。つまり、可塑化とは加熱筒内で熱を与え、またスクリュ回転によるせん断熱によりプラスチック材料を溶融（可塑化）させることをいう。成形において重要なことは、可塑化状態が不均一な場合、ショートショットや色ムラほか色々な成形不良の原因となるので注意することである。

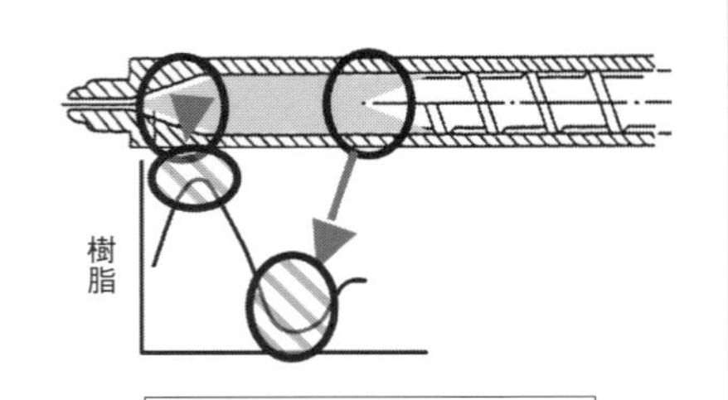

樹脂温度が高すぎると焼け、黄変などの原因となる

樹脂温度が低すぎるとショートショット、シルバー、などの色ムラなどの原因となる

成形機取扱

スクリュ回転設定

setting of screw revolution

成形立上げ時に最初から高速回転でスクリュを回すとスクリュやスクリュヘッドのかじりや折損が起こる可能性があり、小型機50rpm、中型機40rpm、大型機30rpm以下で回転を行なう必要がある。成形時では回転数が速いと可塑化中に空気やガスを巻き込み、シルバーストリーク、焼け、可塑化不良によるショートショットや色ムラなどの問題も起こりやすい。逆に回転が遅いと冷却時間より可塑化時間が長くなり1サイクルが長くなる。成形安定性面から回転は遅い方が良い。

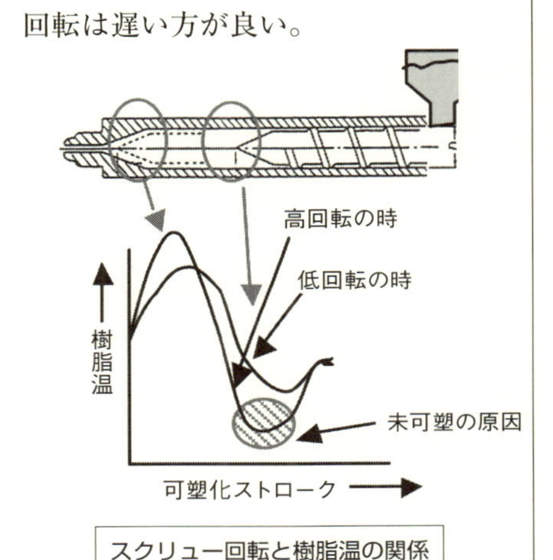

スクリュー回転と樹脂温の関係

成形機取扱

可塑化（計量）時間

plasticizing time

可塑化能力はスクリュ回転数にほぼ比例し、可塑化時間に反比例する。すなわち高速回転になるほど可塑化時間は短くなるが、これに伴って1ショットあたりの樹脂温度ムラが大きくなり成形不良が発生しやすくなる。工業部品の成形は雑貨品の成形に比べて比較的可塑化時間を長く取れるが、雑貨品の成形では冷却時間内に収まらず高速回転が使われることが多く色ムラや未可塑の問題も多い。大きな可塑化を必要な場合はスクリュの大径を選択するのが良い。

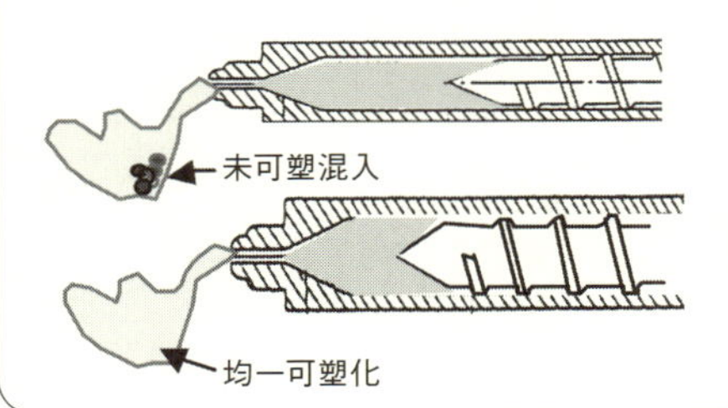

同じショット量を冷却時間内に可塑化すると大径は計量ストローク短くスクリュ回転は低く小径は計量ストローク長くなり高速回転で未可塑が出やすい

成形機取扱

背圧力設定

screw back pressure

背圧力が高すぎる場合、可塑化能力が落ち計量時間が長く発熱で樹脂温が上がりすぎる。低すぎる場合、計量が不安定になり、またガス、空気など脱気不良を起こしシルバーストリークやショートショット、また混練不足による色ムラや未可塑が発生しやすくなる。背圧力の設定はノズルを閉鎖した状態で、樹脂圧力が5 〜 13Mpa（50 〜 130Kgf ／ cm^2）程度になるように設定する。

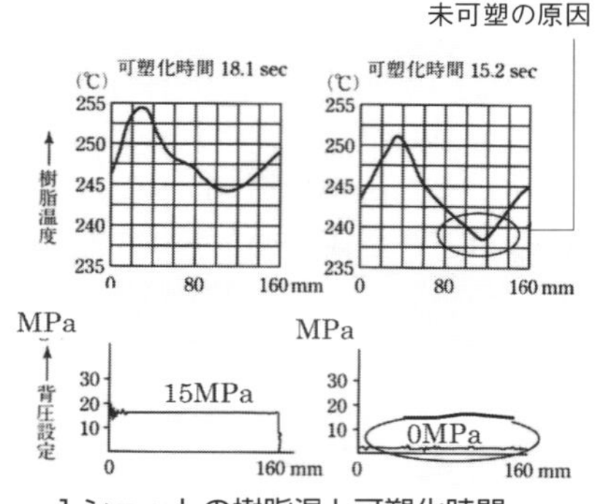

1ショットの樹脂温と可塑化時間

※ ABS 樹脂　成形機 100ton
スクリュ径　40 φ
スクリュ回転　150rpm
温度設定　240℃

成形機取扱

射出圧力設定

setting of inj.pressure

条件が出ていない金型で、最初から射出圧力を高く設定するとバリやオーバーパックして金型を壊す恐れがある。逆にある程度充填しなければ成形品突出しができなくなることがある。計量値は成形品重量や図面と理論射出容量から決めると良い。成形始めは射出圧力を最高値に、保圧は0MPaにして保圧切換位置を少しずつ0mmに近づける。充填量の95%時点を保圧切換位置とし、充填ピーク圧力を確認後、射出（充填）ピーク圧力＋15 〜 20MPaを射出圧力設定にする。

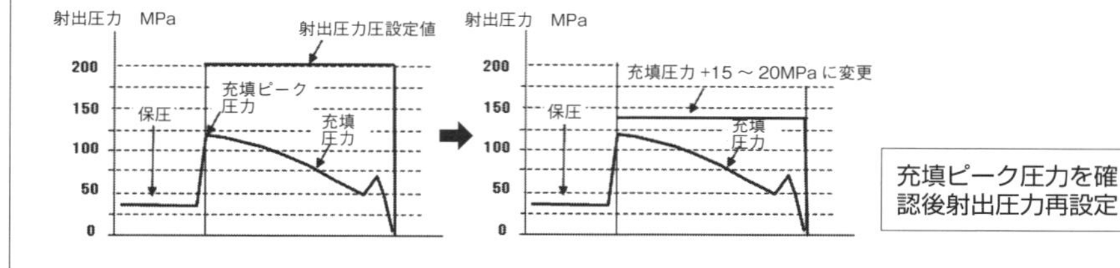

成形機取扱

充填圧力

filling pressure

樹脂が金型に充填されるときに発生する圧力を射出充填圧力という。充填圧力が高くなるほど金型内に樹脂が充填しにくくなり、ショートショットの原因にもなる。充填圧力をさげる方法として、金型温度や樹脂温度を上げる、また薄肉成形品などの場合は射出速度の立ち上がりをよくすることも必要である。スーパーエンプラなどの高粘性樹脂を成形する場合、小径の高射出圧力タイプの成形機を選択し、場合によっては成形品肉厚の検討も必要である。

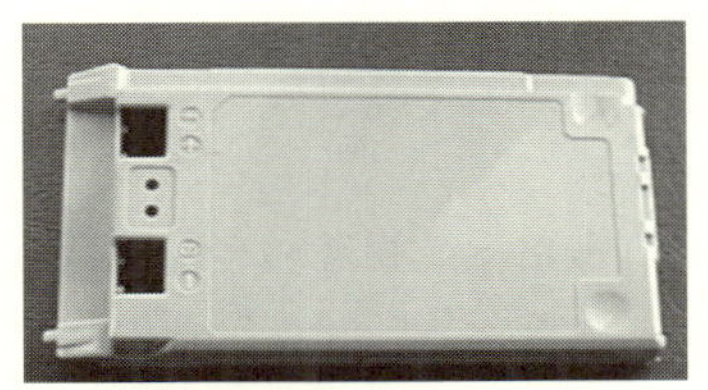

電池ケースやスピーカーコーンなどの超薄肉成形には高射出圧成形機を使用し射出速度の立ち上がりを良くすることも重要

成形機取扱

射出（充填）ピーク圧力

filling peak inj.pressure

射出充填過程で充填圧力が一番高くなった射出圧力をいう。射出速度設定に充填速度を近ずけるために射出圧力設定はこの射出ピーク圧力を確認して、射出ピーク圧力＋15～20MPaを射出圧力設定にする。ノズルのつまりや外乱などの影響で、射出ピーク圧力が設定圧に近づくと充填速度急激に落ちショートショットが発生するので注意が必要である。

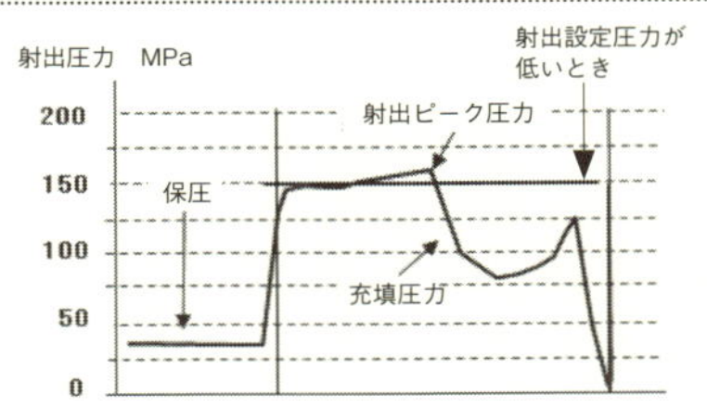

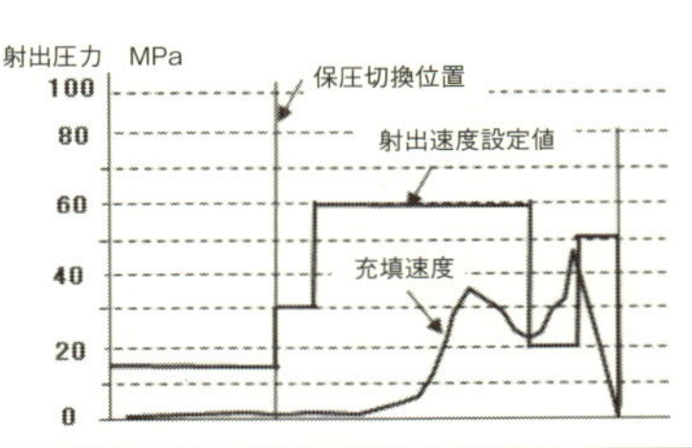

ピーク圧力が設定値に近づくと充填速速度が落ちる

保圧（射出保持圧力）

inj.holding pressure

保圧は金型に成形品の95～98%程度充填された後、ゲートが固化するまで掛け続ける圧力をいう。保圧を行なうことで樹脂の冷却収縮を補い、ヒケや気泡、ソリなどの成形不良対策や寸法・勘合などの調整を行なう。保圧が高く、保持時間が長すぎるとバリやオーバーパック、残留応力による割れの原因になる。充填工程では速度制御し、保圧工程では圧力制御で基本は2圧となる。

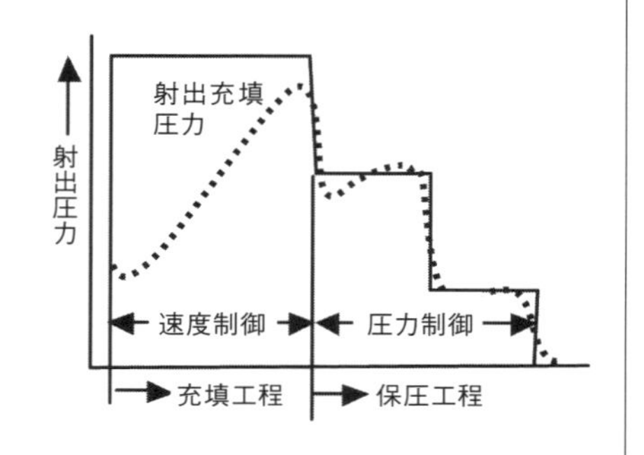

保圧１次圧力：オーバパック、バリ防止
保圧２次圧力：徐々に下げソリ、内部応力防止

射出圧力プラグラム制御応用例

example of inj.pressure setting program

保圧工程での圧力制御の基本は2圧である。保圧１次圧目はオーバーパックやバリの防止のため圧力を下げ、寸法・勘合などの調整を行なう。またヒケや気泡、ソリなどは保圧時間と併せて対策する。保圧2次圧目は成形品の内部応力による歪を防止し離形不良やクラック対策をするため保圧１次圧より下げる。射出圧力プログラム制御の応用例で、ソリやバリに対して保圧１次圧を極端に下げ、タイミングを取ってから保圧２次圧を上げて対策する方法もある。

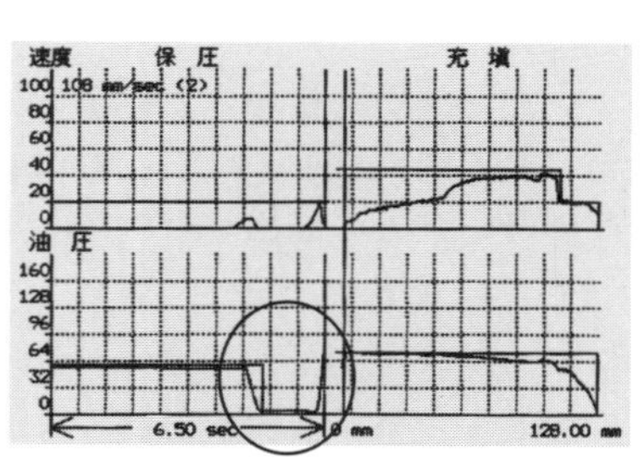

保圧１次圧を下げソリ対策した例

射出速度プラグラム制御
example of inj.speed setting program

射出充填過程では速度コントロールが重要で、多段射出速度プログラム制御が使われ、この基本的は４速であるが成形品によって８速も使われることがある。
１速目：ゲートまでの流動層確保のため、高速
２速目：ゲート付近の不良対策(ジェッティングなど)のため、低速
３速目：成形品の光沢やフローマークなど対策した速度
４速目：バリやガス焼け対策のため、低速
が基本となる。

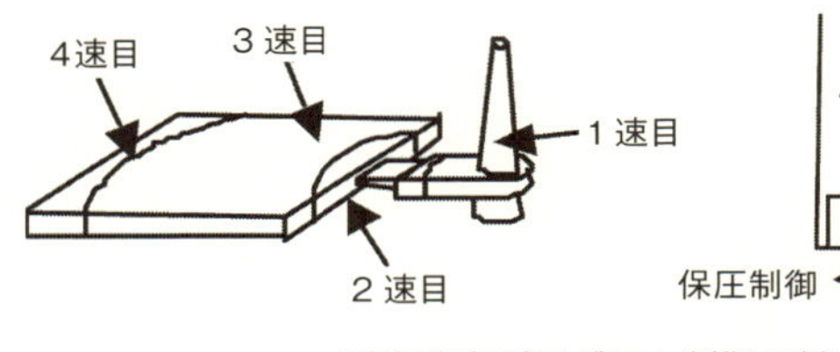

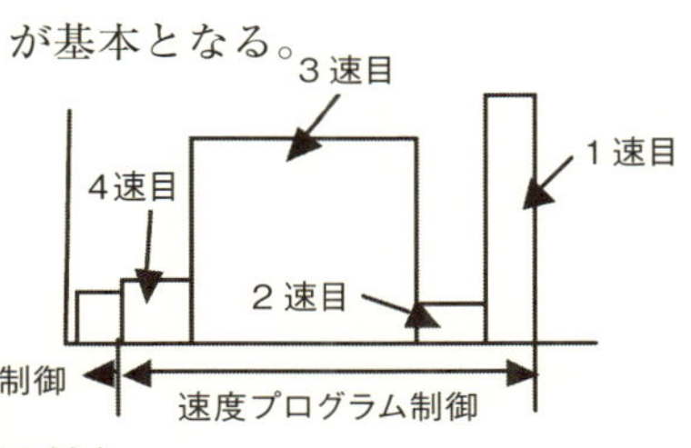

射出速度プログラム制御の基本

射出速度プラグラム制御応用例
example of inj.speed setting program

射出速度プラグラム制御の基本は前述したが他の応用例は下記の通りである。

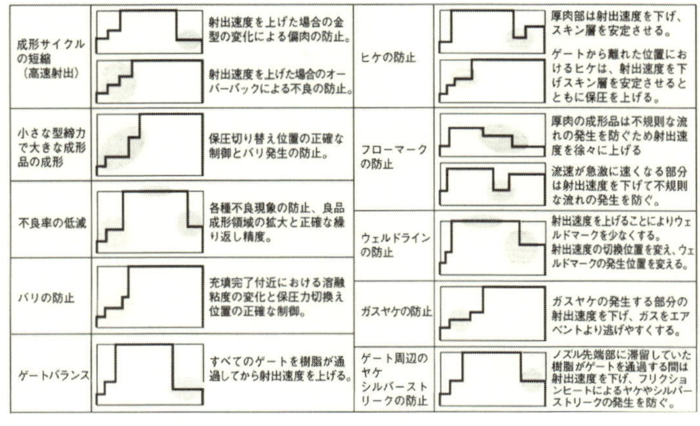

成形サイクルの短縮（高速射出）	射出速度を上げた場合の金型の変化による偏肉の防止。 射出速度を上げた場合のオーバーパックによる不良の防止。
小さな型締力で大きな成形品の成形	保圧切り替え位置の正確な制御とバリ発生の防止。
不良率の低減	各種不良現象の防止、良品成形領域の拡大と正確な繰り返し精度。
バリの防止	充填完了付近における溶融粘度の変化と保圧力切換え位置の正確な制御。
ゲートバランス	すべてのゲートを樹脂が通過してから射出速度を上げる。
ヒケの防止	厚肉部は射出速度を下げ、スキン層を安定させる。 ゲートから離れた位置におけるヒケは、射出速度を下げスキン層を安定させるとともに保圧を上げる。
フローマークの防止	厚肉の成形品は不規則な流れの発生を防ぐため射出速度を徐々に上げる 流速が急激に速くなる部分は射出速度を下げて不規則な流れの発生を防ぐ。
ウェルドラインの防止	射出速度を上げることによりウェルドマークを少なくする。 射出速度の切換位置を変え、ウェルドマークの発生位置を変える。
ガスヤケの防止	ガスヤケの発生する部分の射出速度を下げ、ガスをエアベントより逃げやすくする。
ゲート周辺のヤケ シルバーストリークの防止	ノズル先端部に滞留していた樹脂がゲートを通過する間は射出速度を下げ、フリクションヒートによるヤケやシルバーストリークの発生を防ぐ。

射出速度プログラム制御の応用による例（日本ジーイープラスチックス㈱資料より）

射出速度設定

setting of inj.speed

充填過程では射出速度制御、保圧過程では圧力制御が一般的に行なわれる。射出速度の遅い場合フローマークや充填不足、光沢不良、速い場合はジュッティング、シルバーストリーク、焼けなどが発生する。複雑な形状の成形品の場合は1速では対処できないため、最近の機械には射出速度プログラム制御が使われている。条件を出す場合、成形機仕様の20～30％の速度から始め充填後、不良箇所をショートショットで確認しながら再度速度設定・切換え位置設定をすると良い。

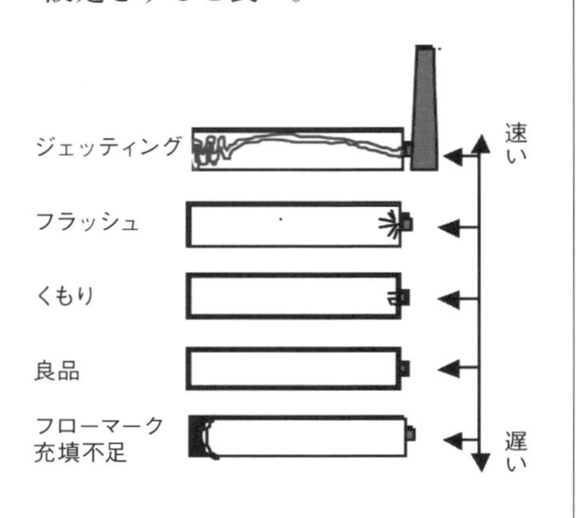

保圧切換位置設定

change position of inj.holding pressure

充填過程から保圧過程に切換える位置をいう。成形条件出しの時は正確な計量値や充填圧力がわからない。オーバーパックやバリが発生する可能性があるという理由で流動圧力より低い射出圧力設定を行い成形すると射出速度が失速してキャビティに充填できなくなる。そこで射出圧力を少し高めに設定し、オーバーパックやバリが起こらないように、保圧を0設定にして計量値と保圧切換位置の距離を短くして充填量の95％前後を保圧切換位置設定とするよい。

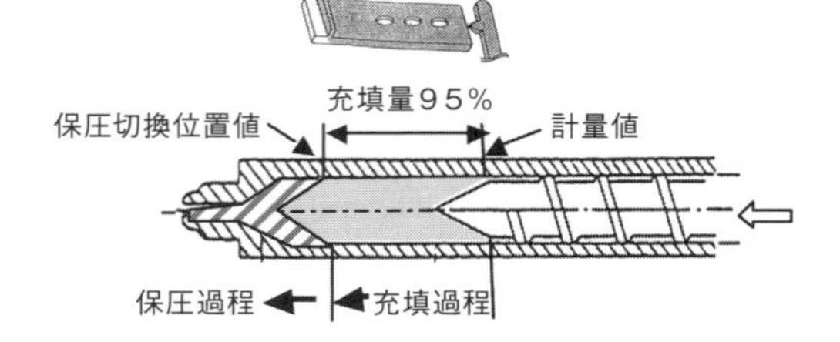

成形機取扱

射出時間設定

setting of inj.time

射出時間は充填時間に保圧時間を加えた時間をいう。成形機メーカーによって充填時間と保圧時間をわけて、充填時間を射出時間としている場合もある。射出時間設定が短いとショートショットやヒケが起こり、長すぎるとオーバーパックやゲート付近でのクラックが起こりやすい。条件出しの時は短めの設定から始め、充填後少しずつ長くしてゲートシール時間より少し長めに設定するとヒケや寸法安定性が良くなる。

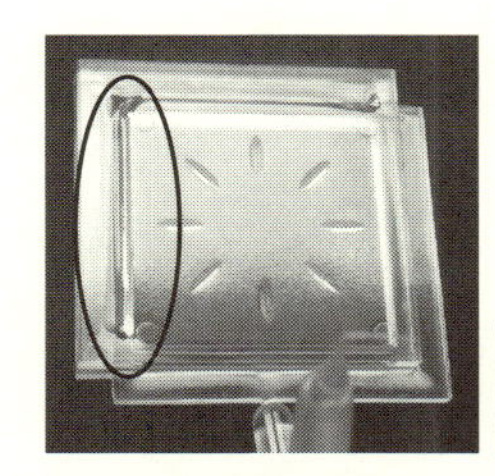

保圧時間 3sec のときヒケ大

保圧時間 6 sec のときヒケなし

成形機取扱

ゲートシール時間

time of gate seal

ゲートシール時間は、射出してもゲート部が固化してキャビティに樹脂が充填していかなくなる時間をいう。ゲートシール時間の目安は計算式から算出できるが、現実的には保圧時間を少しずつ延ばし、成形品重量を測定するとわかる。保圧時間を少しずつ延ばすと成形品重量は増えていくが、ある時点を境に重量変化が見られなくなる。その時間がゲートシール時間と考えられる。このゲートシール時間に1～3 secを加えた時間を保圧時間にすると良い。

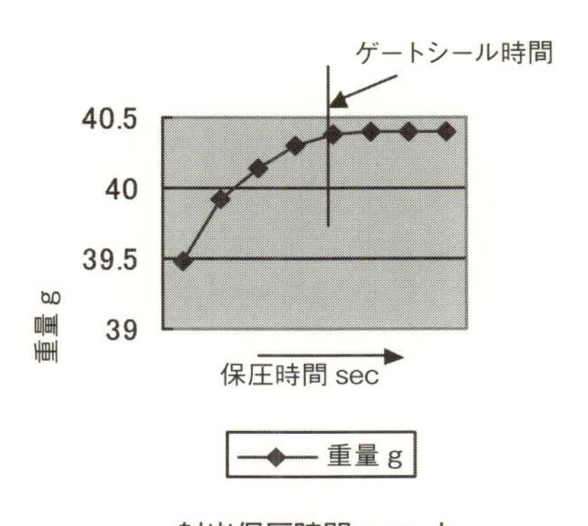

射出保圧時間 sec. と成形品重量 g の関係

成形機取扱

冷却時間設定

setting of cooling time

冷却時間は溶融された樹脂が金型内固化し、突き出しピンによって金型外に突出されても変形やひずみが起こらない温度まで金型内で冷却するまでの時間をいい、これが完了すると型開きが始まる。ただし可塑化完了していない場合は、可塑化時間が優先される。冷却時間を短く設定した場合、成形品にソリや変形、ヒケ、寸法不安定などの問題が起こり離型できなくなる場合もある。冷却時間を長く設定した場合、1サイクルが長く成形品単価にも影響する。

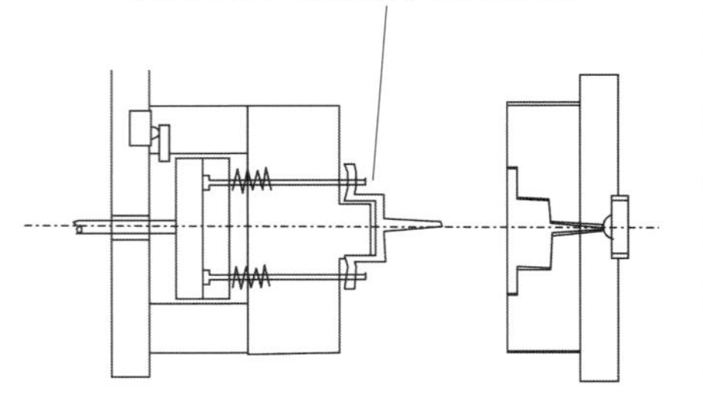

冷却時間が短い場合、成形品をエジェクタピンで突き破ることもある。

成形機取扱

中間時間

interval time

中間時間は金型から成形品を取出す時間で金型へのインサートを挿入する時間や離型剤塗布などの操作時間も含まれる。取出し機を使う場合、中間時間を長くとると取出し機のインターロックが解除されても中間時間経過後にしか型閉じが始まらないので、インターロックが解除されるまでの時間に設定するとよい。

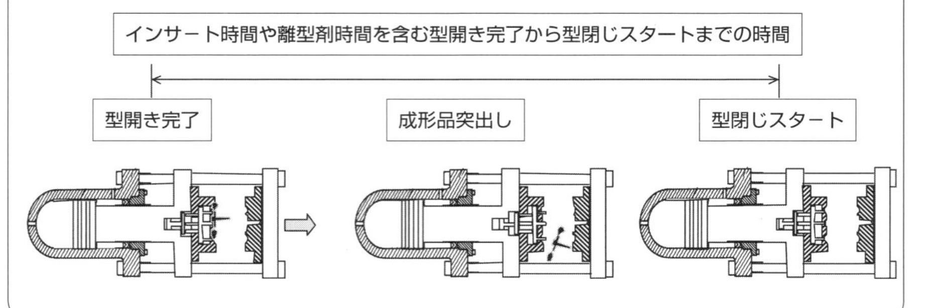

インサート時間や離型剤時間を含む型開き完了から型閉じスタートまでの時間

型開き完了 → 成形品突出し → 型閉じスタート

成形機取扱

クッション量（スクリュ最前進位置）

screw cushion position

クッション量とは材料の押し残し量のことで、射出中のスクリュの最前進位置をいう。この量がばらつくと成形品の重量や寸法、ヒケなどに影響する。重量や寸法バラツキが起こった場合、まずクッション量をチェックする。クッション量は成形者が設定するものではなく、成形した結果としてでる実行値である。クッション量が変わる原因として逆止弁（リングバルブ）の閉まりや加熱筒やスクリュの磨耗、可塑化状態などがある。

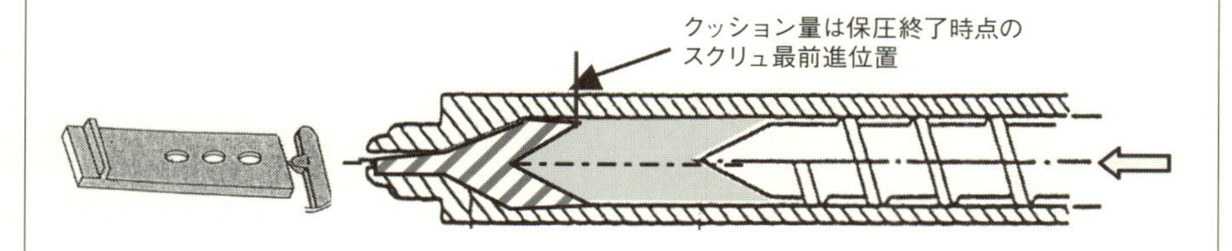
クッション量は保圧終了時点の
スクリュ最前進位置

成形機取扱

サックバック

suck back

スクリュ回転を行なうと樹脂はスクリュ先端に送り込まれ、その反力でスクリュが後退し計量する。この時スクリュ先端部に樹脂圧力が発生しスクリュを後退させようとする力が発生する。この状態で金型を開くと樹脂圧によりノズルから樹脂が金型内に入り込み成形バラツキや金型破損の原因になり連続運転ができなくなる。これを防止するため計量完了後、スクリュを数ミリ間強制後退させスクリュ先端部の樹脂圧を下げることをいう。

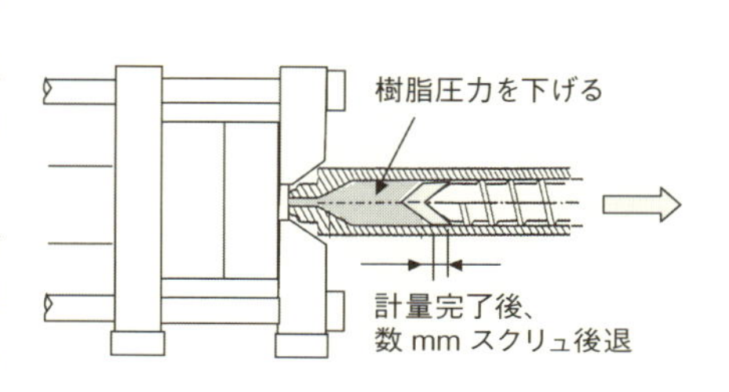
樹脂圧力を下げる
計量完了後、
数 mm スクリュ後退

ドローリング（ハナタレ）

drawing

可塑化計量すると加熱筒内に残圧があり、開放されたノズルから樹脂がたれ落ちることをドローリング（ハナタレ）という。また樹脂の膨張も原因となる。ノズルタッチした状態で成形をするとドローリングした樹脂が金型内に入り、ゲート詰まりやショートショットなどの成形不良や金型破損につながる。ノズル反復の状態で成形をすると、ノズルを樹脂で覆ってしまい機械の損傷につながる。この対策としてサックバック制御やノズルの温度調節が必要となる。

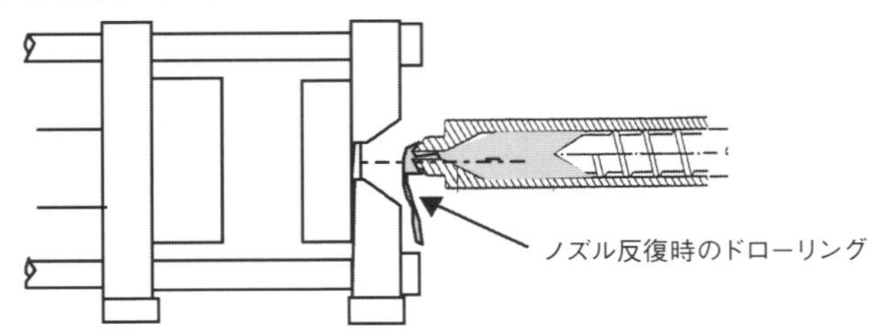

バックフロー

back flow of screw

射出することで逆流防止弁よりノズル側の樹脂圧力は高くなり、リングバルブがウエアープレートを押さえてシールし逆流を防ぐが、リングと加熱筒内壁のクリアランスから一部逆流することをバックフローという。この量が多くなるとクッション量が小さくなり、成形品の寸法バラツキやヒケ、ショートショット、シルバーストリークの原因にもなる。この場合、リングバルブや加熱筒の磨耗がないか調べる必要がある。

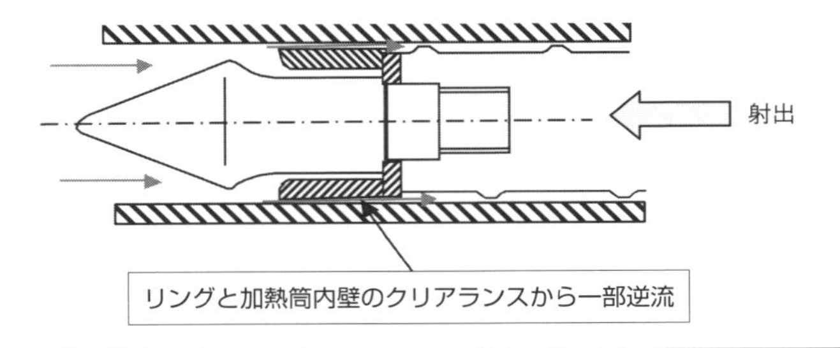

成形機取扱

自動パージ回路

auto purjing program

成形開始時に加熱筒内に滞留して黄変している樹脂を新しい樹脂に交換するため、可塑化・射出を繰り返し行なう操作をいう。また材料換えや色換えを行う際にも行なう。最近ではこの作業を効率よく自動でできるようにした自動パージ回路が組込まれている。

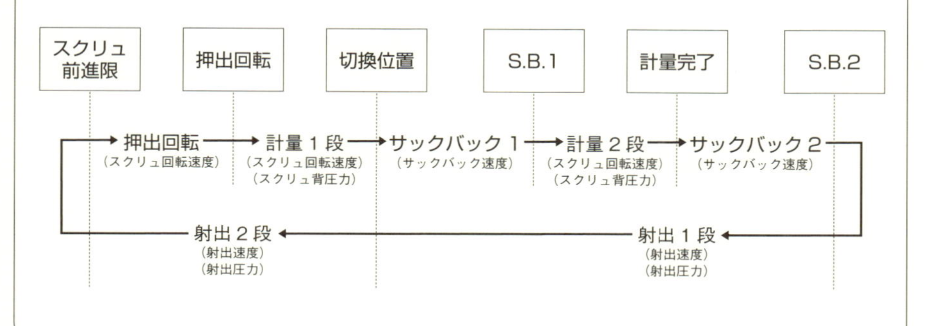

成形機取扱

エアーショット（空打ち）

air shot

可塑化された樹脂を加熱筒内から吐出すためにノズルをバックして射出することをいう。この目的は、材料換え作業、樹脂の可塑化状態の確認や乾燥状態の確認、可塑化時に問題となるエアー巻きこみ、加熱筒内での焼け、未可塑混入の確認などを行なうためである。材料換え作業だけでなく、成形を行う上でエアーショットは成形不良の原因を推測する重要な作業の1つでもある。材料パージも同じことを行なうが、樹脂換えや色換えを目的とするときに使用する。

可塑化状態の確認

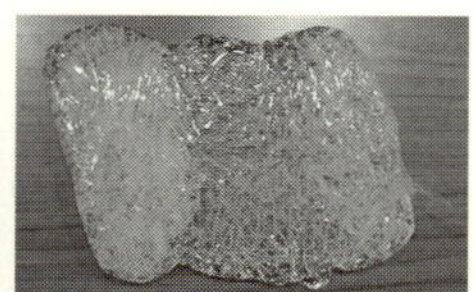

可塑化中のエアー巻き飲み確認

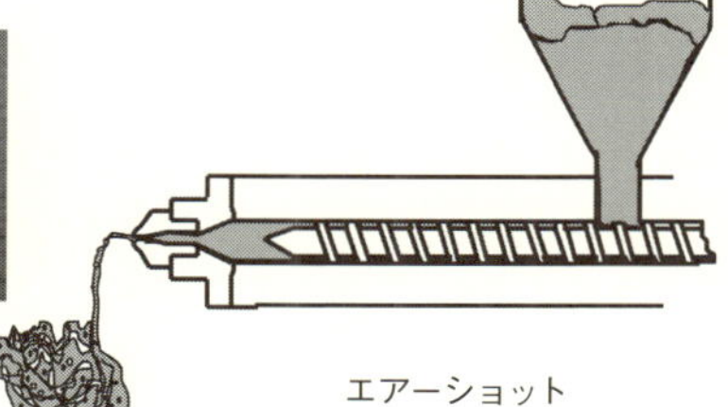

エアーショット

成形機取扱

限度見本

sample of quality limit

限度見本は顧客の要求される品質を満足させる最低限守るべき状態を示した見本である。当然、工業部品と雑貨品では要求品質は異なり、工業部品では寸法精度、物性、外観などを重要視し、雑貨品ではより安く、より速く、より高品質が要求される。外観に関しては人によって判断基準に違いが出るためにその判断基準を決めておくことも成形する上で重要となる。

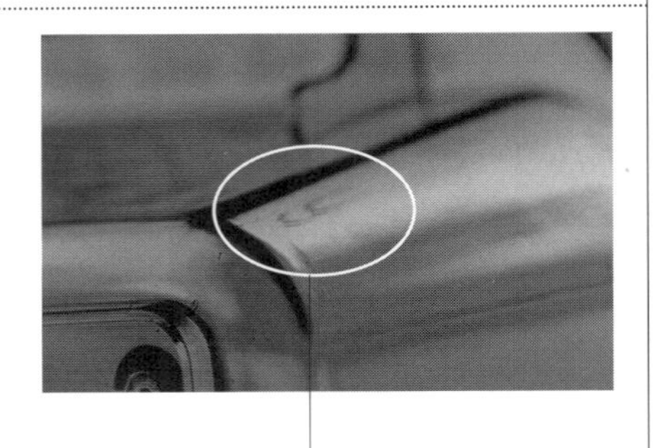

一例:2mm 以下のシルバーストリークなら良品でこのサンプルが限度品

成形機取扱

成形監視機能

inj.date watching program

自動・半自動成形を行うと、成形環境や成形機のバラツキ、材料ロットによるバラツキ、金型のバラツキなどで不良品が良品と混入する場合がある。そこで安定したときの良品条件での実行値に対してある監視幅を超えると自動的に有人運転の場合は警報を鳴らし、無人運転の場合はノズルを後退させ材料パージ後、過熱筒ヒータを切るような機能をいう。監視項目として、1サイクル時間、計量時間、充填時間、クッション量などがある。

監視項目の一例

項目		サイクル時間	射出時間	計量時間	クッション位置	射出圧力	背圧力	計量完了位置
単位		s	s	s	mm	Mpa	Mpa	mm
検出モード		1回	1回	1回	1回	1回	1回	1回
上限		15.74	1.58	3.00	5.40	140.0	13.3	42.50
測定値		10.41	1.48	2.46	4.83	131.4	12.3	42.00
下限		13.74	1.38	2.00	4.20	120.0	11.3	41.50
アラーム	34	14.74	1.48	2.42	4.87	130.3	12.2	42.00
	35	14.75	1.48	2.41	4.88	130.4	12.3	42.00
	36	14.74	1.48	2.45	4.83	130.4	12.4	42.00
	37	14.74	1.48	2.46	4.84	130.4	12.3	42.00
	38	14.74	1.48	2.42	4.86	130.6	12.3	42.00

成形条件表

molding date record

成形を行った時の、各作動の温度や速度、圧力時間、位置、回転数などの条件設定に必要な項目が記入された表をいう。最近の機械には条件メモリ機能（本体内部や外部メモリ）が付いているが、成形条件票にまとめておくと違う機械で成形する場合などには便利である。記入のポイントは必要な条件はいうまでもなくクッション量や1サイクルなどの実行値や成形不良対策にポイントなどを記入した方が良い。

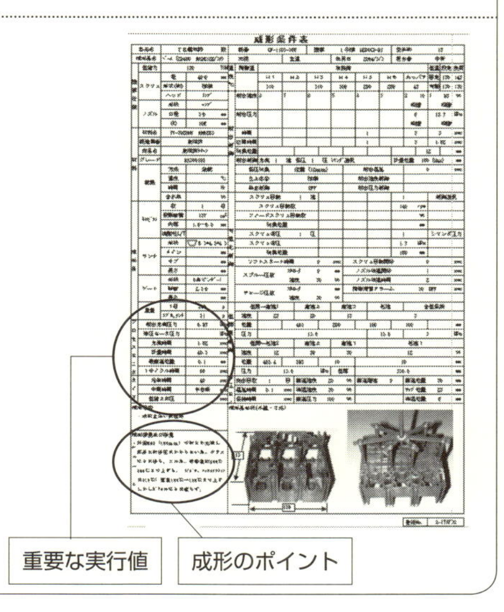

作業手順書

manual

金型取付け・取り外しや量産のための成形立上げなどを誰が行っても間違いなく、また見落としがないように1から順番に作業内容を書いたものをいう。作業手順書は見やすく、解りやすく作る必要があり、写真や図を添付し、また作業のポイントなども一目でわかるように作成することが重要である。

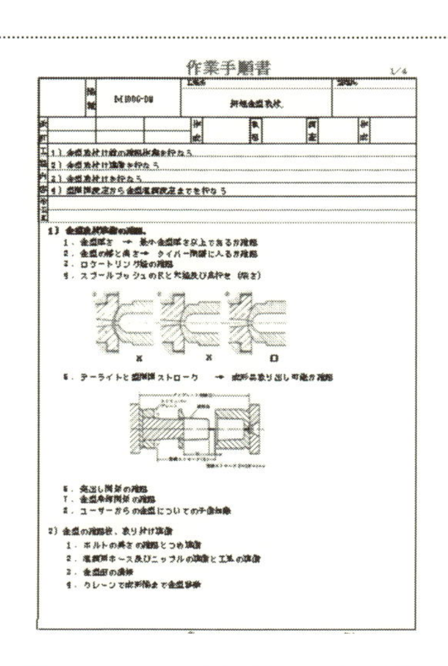
作業手順書　1/4

1）金型取付け前の確認作業を行なう
2）金型取付け準備を行なう
3）金型取付けを行なう
4）型開閉設定から金型温調設定までを行なう

1）金型取付準備の確認
1．金型厚さ → 最小金型厚さ以上であるか確認
2．金型の幅と高さ → タイバー間隔に入るか確認
3．ロケートリング径の確認
4．スプルーブッシュのRと穴径及び当り（高さ）
5．デーライトと型開閉ストローク → 成形品取り出し可能か確認
6．突出し関係の確認
7．金型冷却関係の確認
8．ユーザーからの金型についての予備知識

2）金型の確認後、取り付け準備
1．ボルトの長さの確認とつめ準備
2．温調用ホース及びニップルの準備と工具の準備
3．金型面の清掃
4．クレーンで成形機まで金型移動

L／T（流動比）

fluidity ratio

L／Tはある条件で成形品平均肉厚に対して、どの程度の距離まで先端部が冷却固化しないで流動可能かといった指標である。金型設計の段階でそれを知ることでゲート数や配置、ランナー配置などを考慮する目安となる。L／Tは射出圧力、樹脂温度、金型温度が高いほど大きな値を示す。

各種成形樹脂のL/Tと射出圧力の関係

材料樹脂名	射出圧力 kg/cm²	$\sum_{i=1}^{i=n} \frac{Li}{ti}$
ポリエチレン	1,500	280～250
〃	600	140～100
ポリプロピレン	1,200	280
〃	700	240～200
ポリスチレン	900	300～280
ポリアミド（ナイロン）	900	360～200
ポリアセタール（デルリン）	1,000	210～110
スチロール	900	300～260
硬質塩化ビニル	1,300	170～130
〃	900	140～100
〃	700	110～70
軟質塩化ビニル	900	280～200
〃	700	240～160
ポリカーボネート	1,300	180～120
〃	900	130～90

オーバーライド特性

characteristic of override

油圧駆動の成形機に使われているリリーフ弁の性能を表す言葉で、射出圧力や背圧などの設定圧力に対して何％まで有効に流量を利用できるかを示す。例えば射出圧力設定値に流動圧力が近づくと前漏れが始まり射出速度が下がり始めるのはこれが原因。前漏れしないようにするには射出圧力設定を流動圧＋15～20kgf/cm²（油圧設定）にする必要がある。

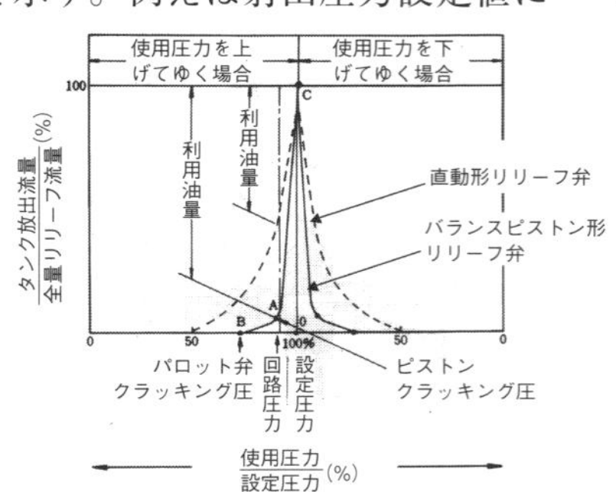

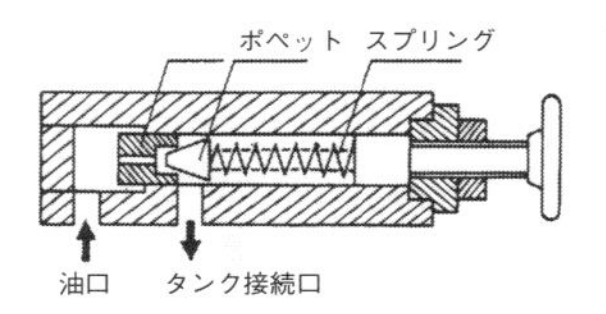

直動形リリーフ弁で設定圧より低い圧力から前漏れが始まり、ピストンを動かす流量が少なくなる

成形不良

成形技術

injection molding technology

成形技術とは、樹脂の知識を含めた成形品設計技術、金型設計・製作技術、成形機および周辺機器を知り、それを道具として使い切る成形条件設定技術を含めたトータル的な生産技術といえる。このどの技術が欠けても要求される品質を安定して生産し、要求コストに見合った成形品を得ることはできない。

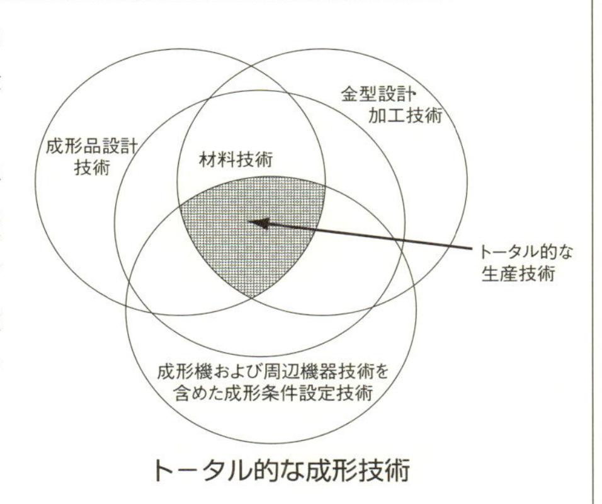

トータル的な成形技術

成形不良

成形不良発生部位

article of inferior quality

成形不良の発生は主に可塑化工程、充填工程、保圧工程、取り出し工程などで起こる。また成形品の部位で見ればゲート付近に発生するもの、流動中に生じるもの、充填の完了付近に発生するものに分けられる。またその他に成形品を離型する際に発生するもの、成形後の成形品管理によるものなどがある。

一般的な成形不良と発生部位の関係

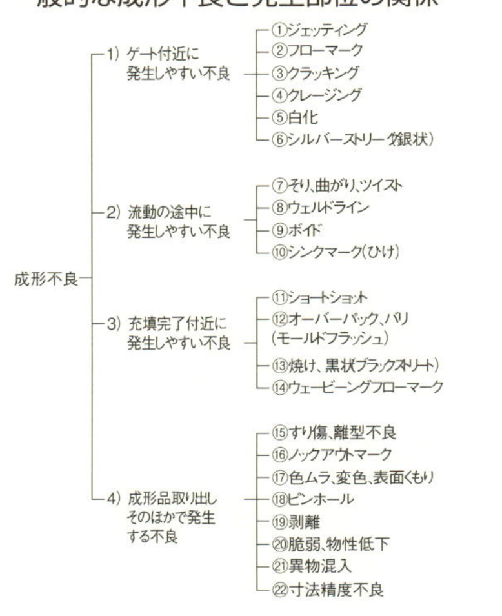

成形不良

ジェッティングマーク

jetting mark

ゲートを樹脂の流れる流動方向に切った成形品の場合、ゲートを通過した溶融樹脂は抵抗のないキャビティ空間にストレートに入り、中にはゲートの反対側の壁に当たって奥から充填される。キャビティ内に先に入った樹脂と後から入った樹脂の融合が悪く蛇行したような流動痕が表面に残って冷却固化してしまう現象である。対策として ゲートの形状や位置の変更や射出速度の調整、型温・樹脂温を上げるなどがある。

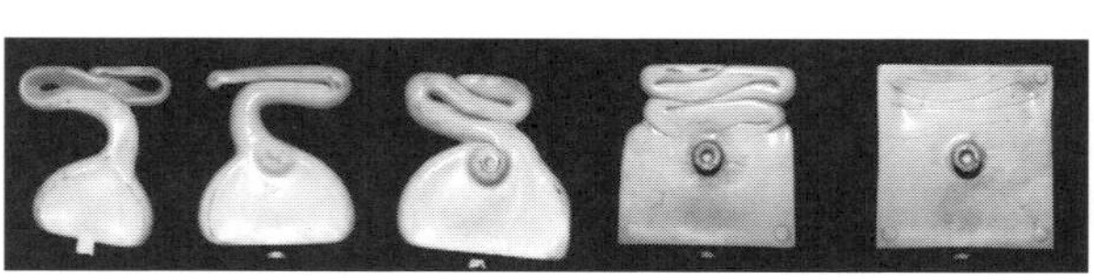

ジェッティング発生過程

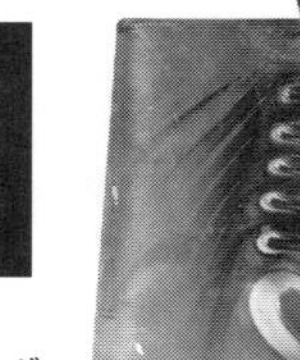

ジェッティング

成形不良

フローマーク

flow mark

キャビティ内に射出された樹脂は粘性が高くなり、流動性が低下し固化が始まる。その表面層が後から流入した溶融樹脂に押されて流動するのを繰り返しながら、キャビティ内を充填されていく過程で樹脂は年輪状のさざ波模様となって成形品表面に残る樹脂の流れ模様をいう。また肉厚変動が大きい場合や充填速度変化が大きい場合にも表面層の樹脂のずれが起こりフローマークが発生する。

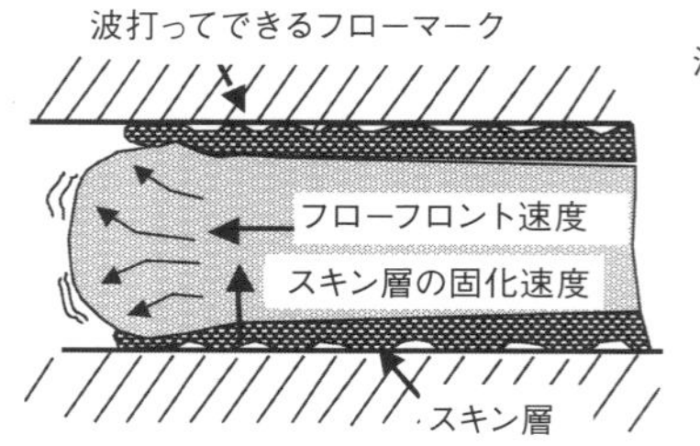

流動性低下によるフローマーク

充填速度変化よるフローマーク

成形不良

ジャンピングフローマーク

jumping flow mark

フローマークの一種で樹脂の流動途中に肉厚変動があると、充填速度が速い場合、スキン層Aは先に充填され、スキン層Bは後から充填される。この結果、スキン層Bはスキン層Aに比べスキン層の形成も遅れ、後から充填された樹脂により、スキン層Bの固化し始めていた樹脂がずらされるてフローマークが出る現象をジャンピングフローマークと言う。ゲート近くや肉厚変動が大きいところに出やすい。対策としては、充填速度を落とす、肉厚変動を小さくするなどがある。

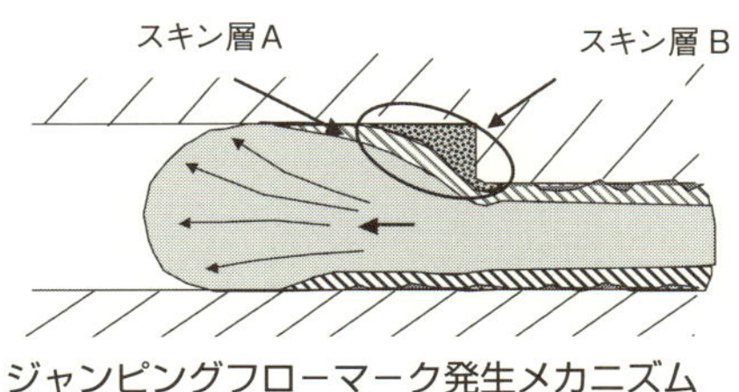

ジャンピングフローマーク発生メカニズム

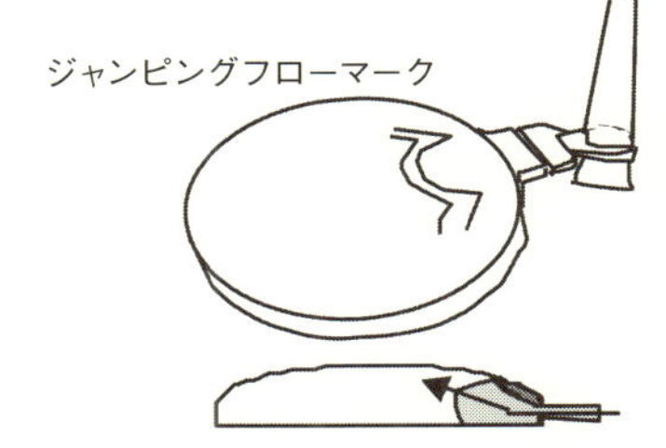

成形不良

クラック（割れ）

crack

成形品に高い射出保圧や保圧時間をかけ過ぎたりすると過充填のため残留応力が生じたまま固化する。これが歪みとなって現れ、型開き時や製品突き出し時に製品の一部が破損したり、割れが出る現象をクラックという。他に金具をインサートする成形品の場合、樹脂と金属では熱膨張率が10倍程度の差があり、クラックを起こしやすい。対策として、①射出保圧を低くまた保圧時間を短くする ②型温・樹脂温を上げる ③抜き勾配大きくし、金型の磨きをよくする、などがある。

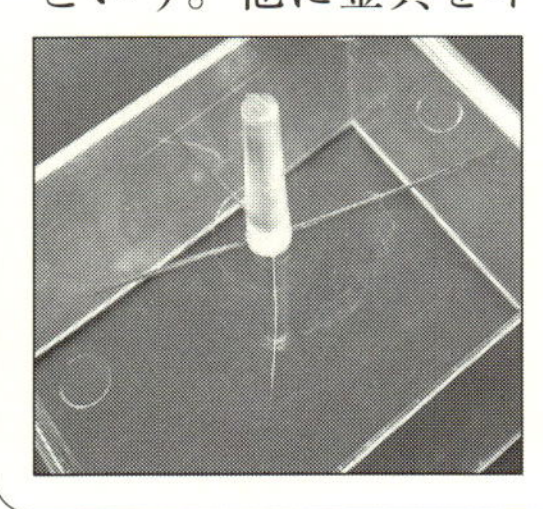

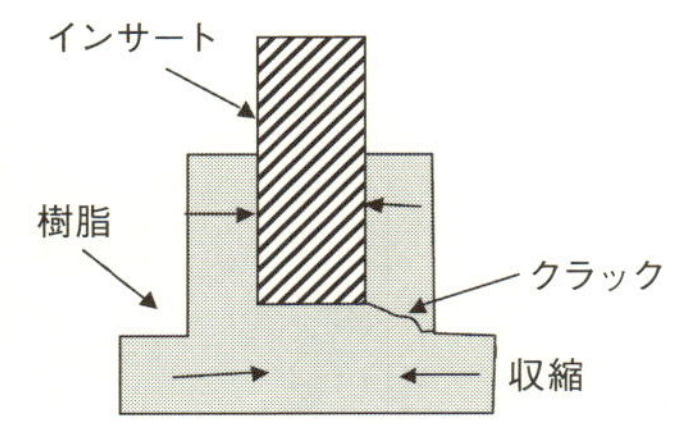

インサート成形品の内部応力によるクラック

成形不良

クレージング

crazing

成形時に生じた残留応力が長期間、環境変化を受けることにより成形品の表面層が膨張したり収縮したりして小さな亀裂が入り、表面層全体に細かいひび割れが生じる現象。ＰＭＭＡ、ＰＳ樹脂に起こりやすく、ＰＰ、ＰＥ樹脂などは起こり難い。図の成形品は同じ時期に成形したものであるが、急冷された方は表面層に内部応力が残り、この内部応力が長期にわたって解放され、表面層と内部とのずれが起こりクージングが発生したと考えられる。

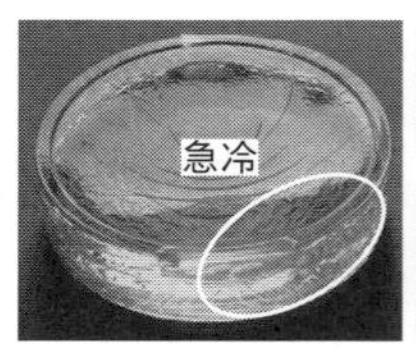

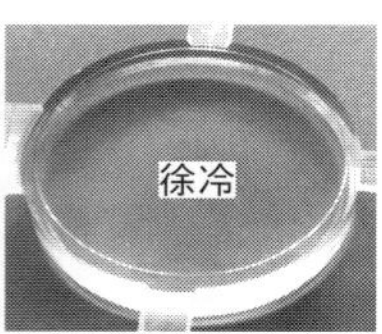

左：急冷によるクレージング　右；徐冷　良品

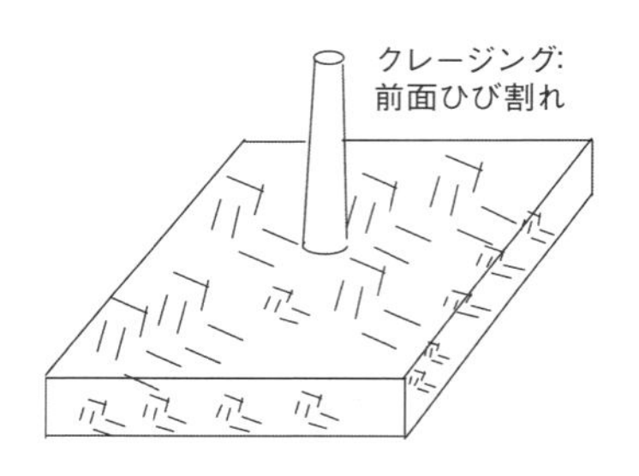

成形不良

白化

whitening、cloding

成形品に高い射出圧力のかけ過ぎや抜きテーパーが少ない成形品などを無理やり突出すると、突出しピン周辺に局部的に応力がかかり、ＰＰ樹脂のような剛性のない樹脂ではこの周辺の樹脂が延伸して白化現象が生じる。ＰＳ樹脂やＰＭＭＡ樹脂ではクラックとなりやすい。対策として①突出しピンを増やしバランスを考慮した位置にピンをもうける　②金型を磨く　③抜きテーパを取りアンダーカットは避ける　④保圧と保圧時間を必要以上掛けない　⑤冷却時間を長くする、などがあげられる。

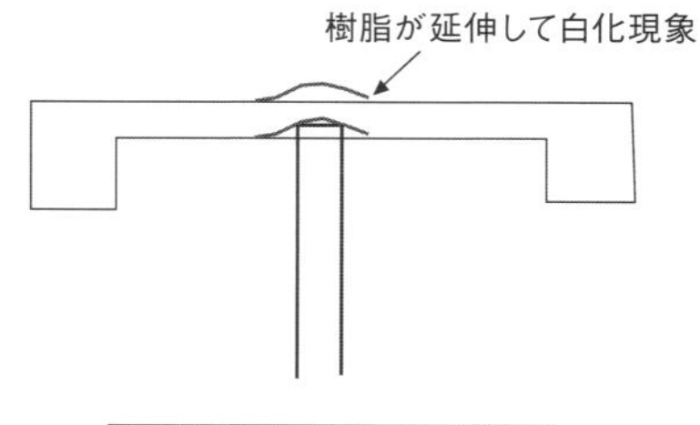

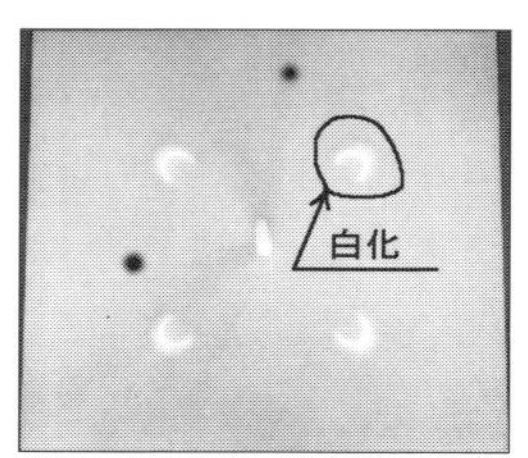

白化

成形不良

銀条（シルバーストリーク）

silver streak

シルバーストリークとは樹脂内に発生した泡が引き伸ばされることにより成形品表面にできる筋状のキラキラした銀状の流動痕である。その原因は材料乾燥不足、加熱筒内の脱気不良（水分、エアー、揮発分など）、滞留焼け、加熱分解、金型内のエアーの巻き込み（製品の肉厚変動なども含む）などが原因である。シルバーストリークの発生する場所や出方、大きさなどを確認して対策する必要がある。

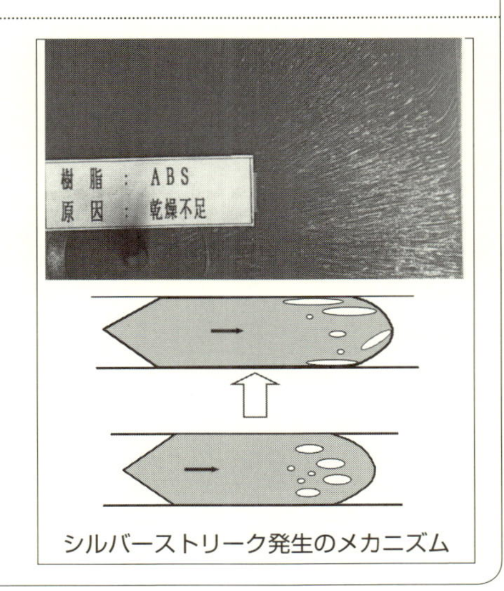

シルバーストリーク発生のメカニズム

成形不良

ソリ

warp

剛性が高い樹脂を使った成形品は、残留応力があっても大きな変形は表れにくいが、ＰＰ、ＰＥなどの結晶性樹脂は柔らかく成形収縮が大きいため、変形が起きやすい。成形品の応力緩和や収縮により平面板の辺に平行方向に変形したものをソリという。特に箱形成形品の場合、コア側とキャビティ側の冷却速度差で内側にソリやすい現象を内ソリという。成形条件対策として、①残留応力を極力減らす条件の検討　②キャビとコアの温度差をつける　③保圧の掛け方の検討、などがある。

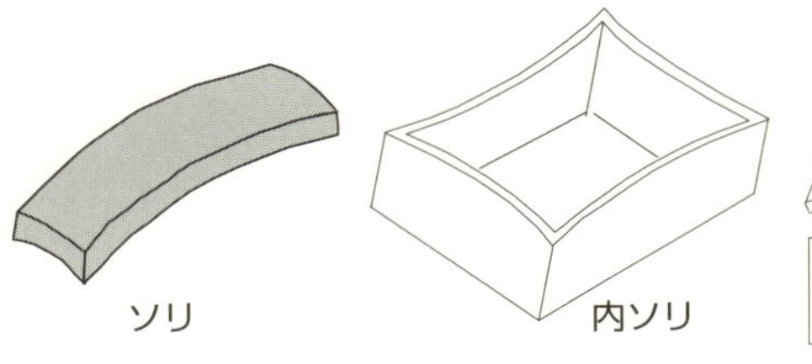

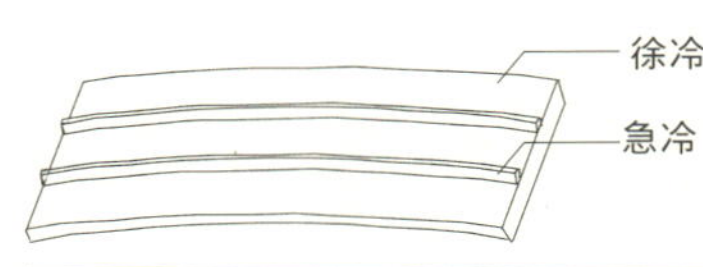

薄いリブのある成形品のソリ
※リブの肉厚によりソリの方向が変わる

成形不良

ツイスト

twist

　樹脂の配向性により流れ方向と直角方向では樹脂の成形収縮が異なり、これにより成形品の対角方向に変形したものをツイストという。ＰＰ、ＰＥなどの結晶性樹脂は柔らかく成形収縮差が大きいために起きやすい。対策として ①樹脂温・金型温度を上げる ②射出速度を上げる③射出保圧をできるだけ低くする ④ゲート形状や位置を変える、などがある。

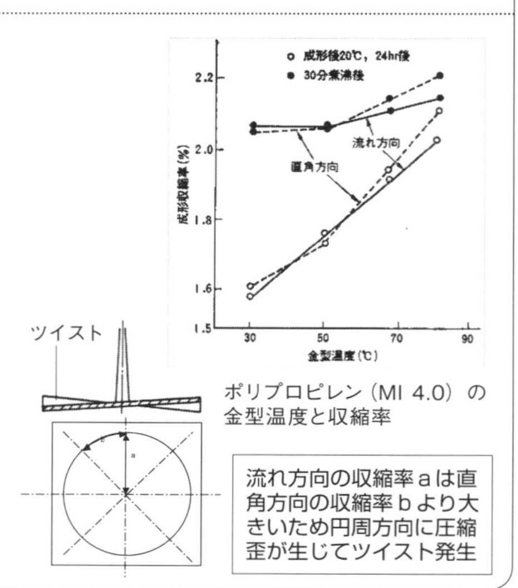

ポリプロピレン（MI 4.0）の金型温度と収縮率

流れ方向の収縮率ａは直角方向の収縮率ｂより大きいため円周方向に圧縮歪が生じてツイスト発生

成形不良

ウェルドライン

weld line

　ウエルドラインとは樹脂の充填途中に何らかの障害物があり樹脂が別れ再び合流するか、多点ゲートを使用した時に樹脂が合流する部分に、線状の模様を発生する融合不良現象である。外観的にも悪く、強度的にも脆弱となる。一般的に成形条件でウェルドラインを薄くすることはできるがなくすことはできない。薄くする対策として、①型温・樹脂温をあげる ②射出速度を上げる ③ガス逃げのベント溝をつける ④射出圧を高くする⑤金型にタブを設ける⑥ゲート形状や位置の変更、などがある。

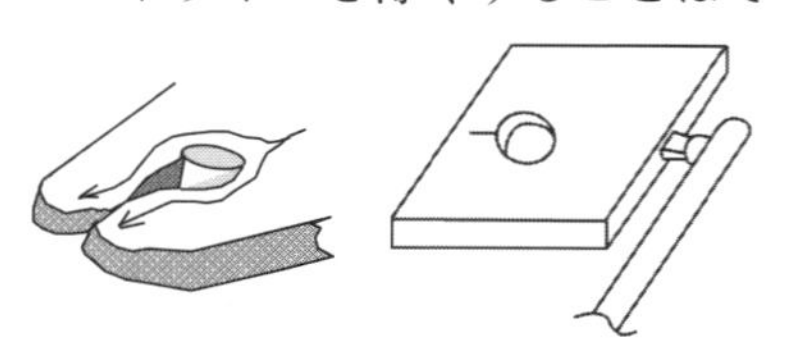

a 充填途中の障害物によるウエルドライン

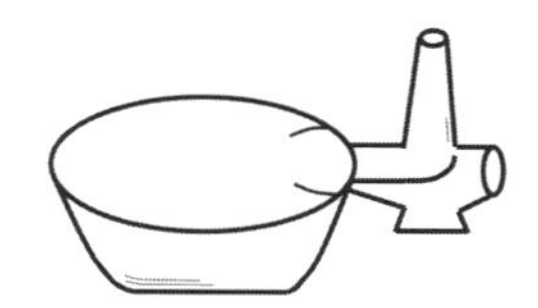

b 肉厚部の変動によるウエルドライン

成形不良

ボイド

Void

肉厚成形品に多く出る不良で、肉厚部の中心は成形品表面に比べ冷却が遅れるので、早く冷えて収縮の起こる表面の方に材料が引き寄せられ、収縮がその中心部に集中した結果、中心部に空洞が生じる。成形品表面と肉厚中心部の冷却速度差が大きいとボイドが発生し、遅いと成形品表面にヒケとなって現れる。対策として①型温を下げる　②射出保圧を上げる ③保圧時間を長くする ④樹脂温を下げる　⑤射出速度を下げる、などがある。

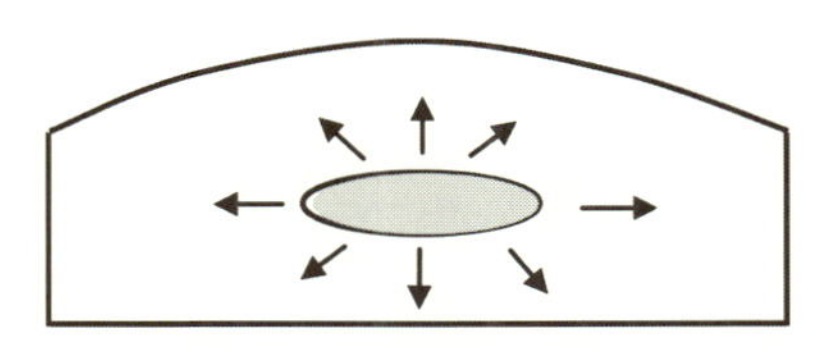

成形品表面に中心部の溶融樹脂が引寄せられて真空ボイドが発生する

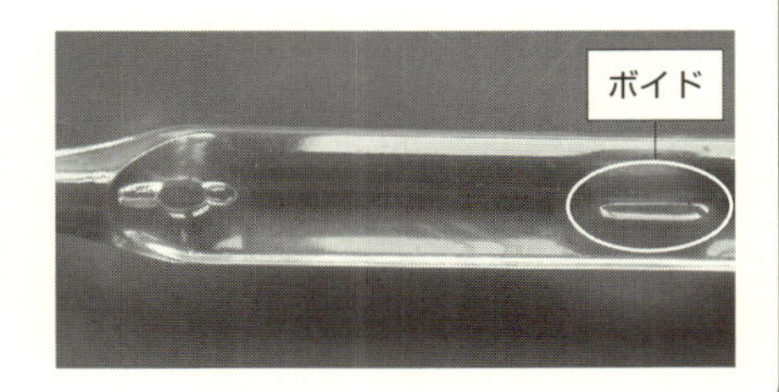

成形不良

ひけ（シンクマーク）

sink mark

ヒケは体積収縮量の大きいに肉厚部の成形品表面に凹状に発生する。成形品は冷却過程で体積収縮が発生し中心部に向かって収縮しようとする力と表面のスキン層の剛性とのバランスでスキン層が弱いと成形品中心部に引き寄せられヒケとなり、強いと成形品中心部にボイドとして発生する。ヒケ対策として、①射出保圧を上げ、保圧時間を長くする ②樹脂温をさげる ③型温は一般に下げるが上げる場合もある ④肉厚差を少なくし肉ぬすみをする、などがある。

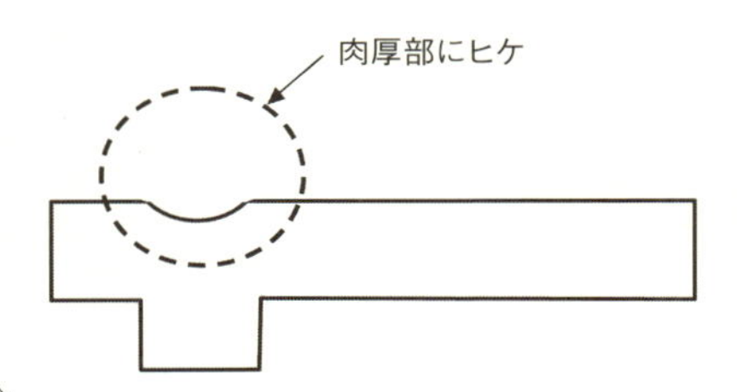

保圧　3 secの時ヒケ

保圧　6 sec以上の時ヒケなし

成形不良

ショートショット（充填不足）

short shot

成形品の一部が充填不足のため欠ける現象をいう。充填中の金型の金型温度、樹脂温度、射出速度の影響をうけ、樹脂の粘性が高くなり、流動が停止する現象と金型内のエアーが抜けなくて、成形品の一部が充填不足のため欠ける現象がある。対策として、①型温・樹脂温を上げる ②射出速度をあげる ③射出圧と保圧を上げ時間を長くする ④エアーベントを設ける、などがある。

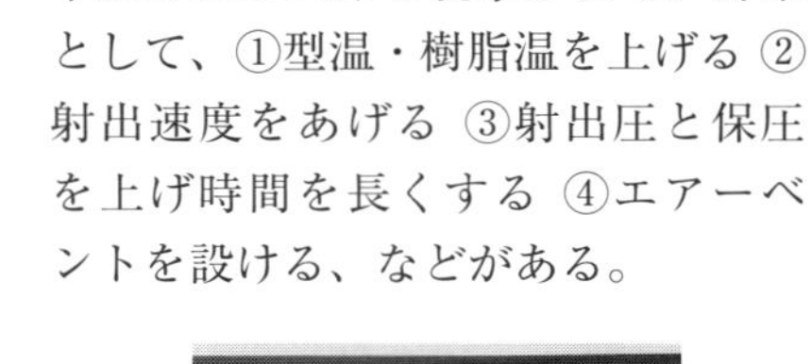

粘性が高くなり
ショートショット

金型のエアーが抜けず
ショートショットになる。

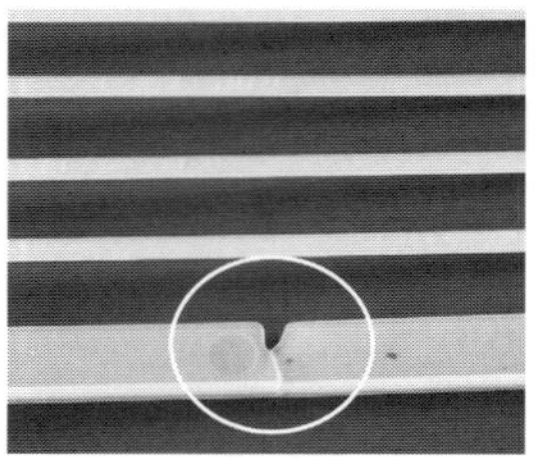

金型のエアーが抜けず
ショートショットになった例

成形不良

バリ

burr,flash,fin

バリは ①型締力不足 ②突合せ不良 ③型バリ ④金型や台盤強度および剛性不足、などが原因で金型のパーティングライン（ＰＬ）に材料がはみだす現象で成形品にバリとなって現れる。またバリが発生すると金型を壊すこともあり注意する必要がある。バリの発生する現象をよく見てみると、製品全体にバリがでる場合と、製品のある決まった場所にバリがでる場合に分かれ、前者は①が原因で主に成形機の能力や成形条件に問題があり、後者は②③④が原因で主に金型に問題がある。

①型締力不足によるバリ

②突合せ不良や型バリよるバリ

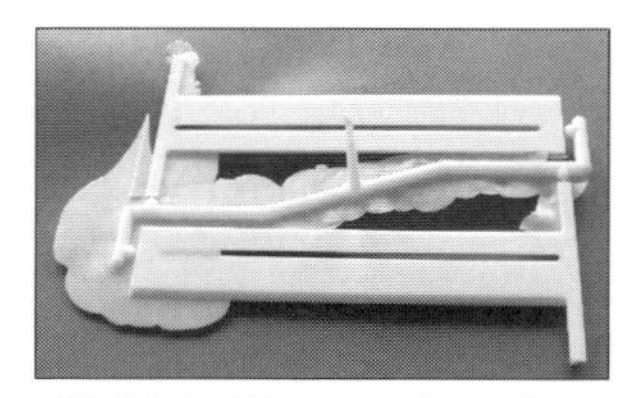

①型締力不足によるバリの例

成形不良

オーバーパック

over pack

オーバーパックはキャビティー内に過充填されて材料が入りすぎることをいい、バリや突出し不良、クラックなどが発生し、また型開きが出来なくなったり、金型の破損に至ることもある。原因は過充填させたことであるが、間接的には金型強度やコア倒れなどの金型の問題もある。対策は、①条件だしはショートショットから始める ②保圧切換位置（V-P）の確認と保圧は下げる ③射出圧力設定は充填圧ピーク圧+15～20MPaにするなどがあるが金型の見直しも重要である。

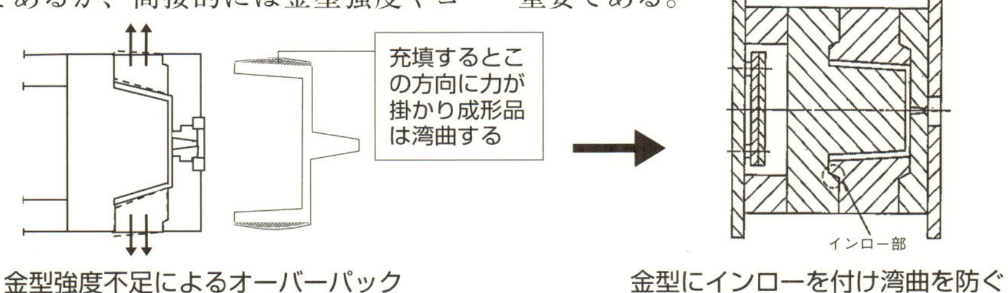
充填するとこの方向に力が掛かり成形品は湾曲する
インロー部

金型強度不足によるオーバーパック

金型にインローを付け湾曲を防ぐ

成形不良

焼け

burning、burned

ガス焼けは溶融樹脂がキャビティ内に射出されるときに金型内の空気や樹脂から出るガスが断熱圧縮されて高温となりこの熱で樹脂が焼ける現象でいう。この対策は、①ガスベントを設ける ②充填完了手前で射出速度を遅くする ③ガスや空気を逃げやすくするために型締力を落とす ④型内真空を行なう、などがある。

樹脂名	ガス抜き溝深さ
PE	0.02
PP	0.01～0.02
PS	0.02
ABS	0.03
AS（SAN）	0.03
POM	0.01～0.03
PA	0.01
PA（G）	0.01～0.03
PBT	0.01～0.03
PC	0.02～0.03

ガス抜き（ベント）溝深さ

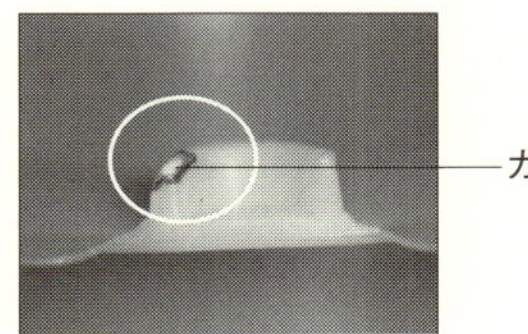
ガス焼け

成形不良

黄変

yellowing

黄変は樹脂が光や熱や空気中の酸素などの影響で黄色く変色することをいう。成形では樹脂に熱を加えるために黄変が促進される。PC、PMMA、ポリアミド樹脂（ナイロン）などは乾燥を何度も繰り返すだけで黄変する。成形では加熱筒温度設定を高く、また滞留時間が長いと黄変がきつくなる。対策としては①加熱筒温度設定は必要以上に上げない　②加熱筒内での滞留避ける　③パージする　④加熱筒内真空装置や窒素ガス発生装置の使用　④真空乾燥機の使用、などがある。

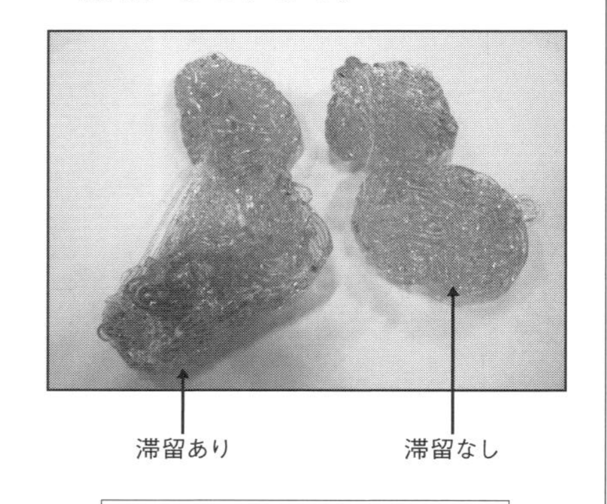

ＰＣ樹脂を空打ちした黄変の違い
左：黄変有り　右：黄変なし

成形不良

擦り傷

aseratch

成形品の表面などに見られるこすり傷のことであるが、原因としては①抜き勾配が小さい ②パーティングの打痕によるアンダーカット　③金型磨き不足　④金型強度不足によるコアの倒れ　⑤突出し不良(均等に突き出さないなど)　⑥オーバーパック、などがある。対策として①射出圧力を低く、保持時間を短くする　②金型温度・樹脂温度を高くする　③　射出速度を速くする　④冷却時間を充分に取る⑤　金型の磨き、金型強度、抜き勾配などの検討、などがある。

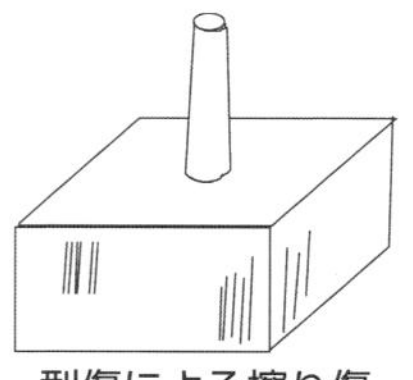

型傷による擦り傷

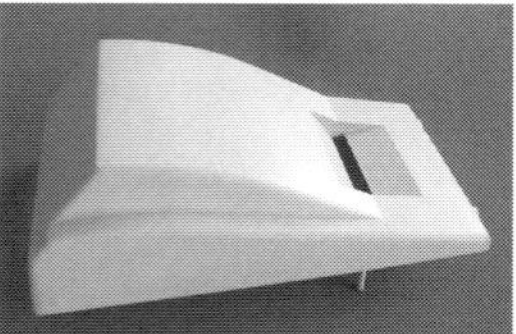

サブマリンゲート

コア倒れによる擦り傷

成形不良

離型不良

inferior stick out in the mold

金型から成形品が離型できなくなる不良現象で、無理やり離型すると成形品にクラックが入ったり、成形品をぶち抜いて突出しピンだけが出てしまうこともある。原因としては、①射出圧力の掛け過ぎ ②突出しピンのバランスが悪い ③冷却時間が短い ④金型磨き不足 ⑤抜き勾配が小さい ⑥金型強度不足によるコア倒れなどがある。対策として ①射出圧力や保圧を掛け過ぎない ②冷却時間を長く取る ③ 金型（磨き、抜き勾配、強度など）の検討がある。

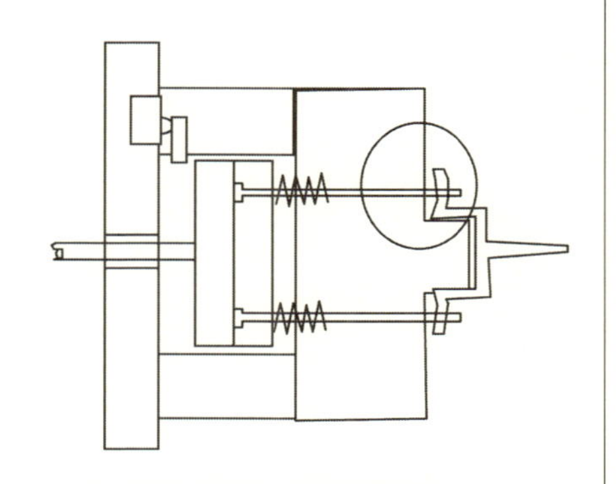

射出圧力が高く冷却時間が短いと突出しピンだけが出てしまう

成形不良

ヒートマーク（離型不良）

inferior stick out in the mold/heat mark

成形開始時は良いが、途中から離型の悪いところと良いところの境目に線状の模様がでる現象をいう。例えば、密着したものを剥がすときに出る剥がし斑のようなものと考えてよい。冷却回路が付けられない細いコアやホットランナーやゲート付近などの型の一部で温度高くなるところにでる。この対策として、①冷却時間を長くとる ②サーモパイプなどを使って冷却できるようにする ③型開き時のエアーなどを使って冷やす、などがある。

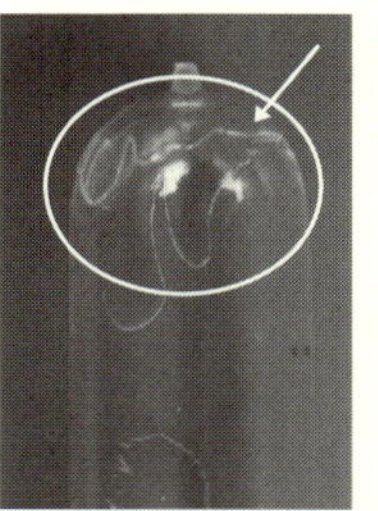

採血管：PET
ゲート周りにヒートマーク

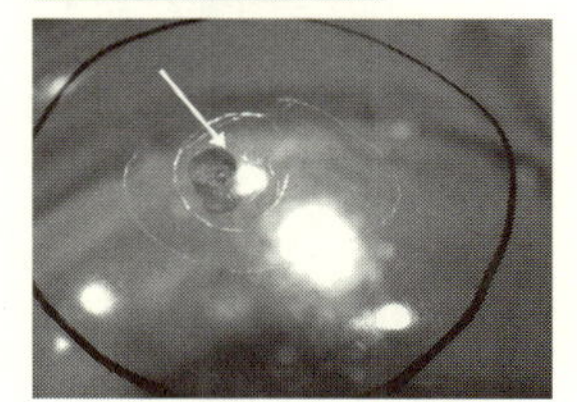

ＰＣ： ゲート周りに出るヒートマーク

成形不良

色ムラ

inferior quality of color stability

成形品に色ムラが出る現象で、結晶性樹脂で計量ストロークが長く、またハイサイクルの成形品によく観られる。原因は着色剤の選定ミス、マスタバッチ等の混合の不適当、可塑化時の混練不足等があげられる。マスタバッチとバージン材の混合割合が３％以下では成形品に色のうねり（濃い、薄いが周期的に出ること）があるので注意を要す。対策として、①加熱筒温度を上げる　②背圧を上げる　③スクリュ回転をさげる④着色剤の選定、マスタバッチ等の混合の検討　⑤スクリュデザインやミキシングノズルの採用などがある。

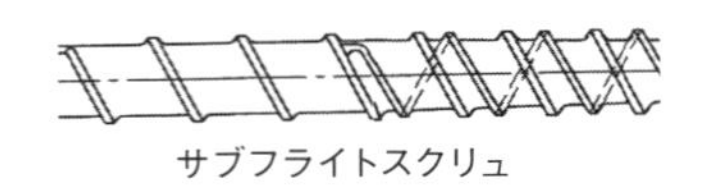

サブフライトスクリュ

フルフライトスクリュ

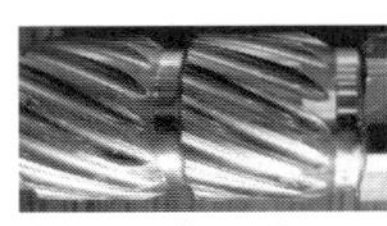

ミキシングヘッド

色ムラ

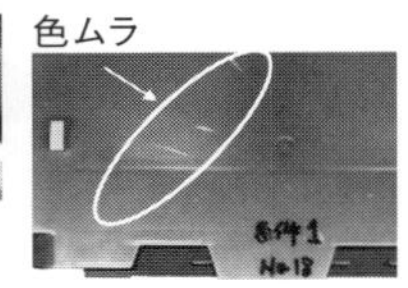

成形不良

表面くもり（光沢不良）

haze

成形品表面につやがなく、表面の不明瞭なくもり状の外観不良をいう。主な原因として、①固化し始めたスキン層が後からくる樹脂にずらされて起こる ②成形ガスや離型剤により転写不良 ③金型磨き不良（特に透明樹脂の場合）などが上げられる。対策としては、①金型温度を上げる②射出圧力を上げる　③射出速度を調整する（転写不良は上げる樹脂のずれの場合は下げる方が良い）④金型の磨き ⑤ガスベントをつける　などがある。

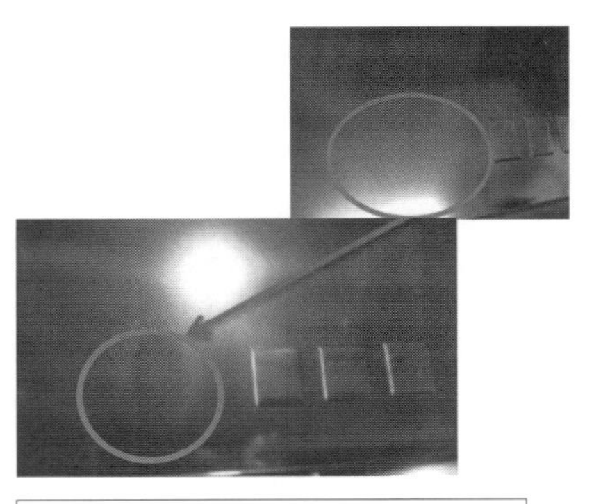

金型裏面の出っ張り部を取り射出速度と保圧を上げて直った（上）

成形不良

転写不良

inferior quality of surface

シボ加工や細かい凹凸が施されている金型で成形したとき、成形品に金型形状と同じシボや細かい凹凸が転写されない不良のことである。この原因として、①射出圧力が低い ②冷却不足で転写された凹凸がコア層に引かれて転写不足になる ③ガス逃げが悪く転写不良を起こす ④型温が低い ⑤樹脂温度が低い ⑥射出速度が遅い（ガス逃げ不良による場合は逆）などがある。対策は射出圧力、速度、型温、樹脂温を上げることと、ガスにげ対策が必要となる。

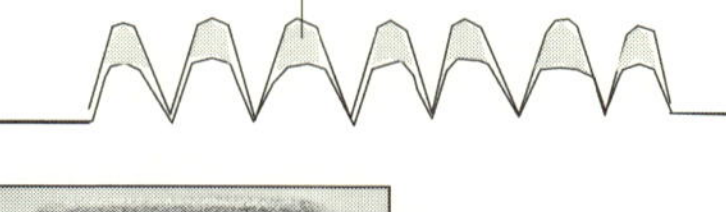

速く充填させる事により固化を防ぎ、射出圧がかかるようになり、またガス逃げ対策をして解消する

成形不良

剥離（デラミネーション）

delamination

材料が層状に重なった現象で、無理に剥すと雲母や和紙のように層状に分離する。これは異種材料が混入した場合等に発生する。フッソ樹脂ではゲートまわりによく見られる現象でスキン層とコア層にズレが生じて起こる。意匠品に使う貝殻模様（マーブル模様）の成形品の場合、ＰＣとＰＭＭＡ混ぜて剥離現象を利用する場合もある。対策として、①異種材料が混入していないかチェック②背圧力を調整して可塑化時の混線を均一に行う③射出充填速度を下げる、などがある。フッソ樹脂の場合、射出充填速度は微低速を使う。

異種材の混入により成形品が層状になっている

黒条

black streak

黒条（ブラックストリーク）は成形品の表面や内部（透明品）に樹脂の流れる方向に黒く焼けた筋状の現象をいう。原因として ①スクリュやノズルなどのネジ部の緩みや加熱筒内壁の傷で樹脂の一部が滞留分解した場合 ②可塑化中にガスやエアーを巻き込んだ樹脂が射出された場合 ③材料換えに問題がある場合 ④逆止弁やスクリュフライト部にかじりが出た場合 ⑤冷えた樹脂がピンゲートなどで強いせん断作用を受けた場合、などがある。①②⑤はシルバーストリークを伴うことも多い。

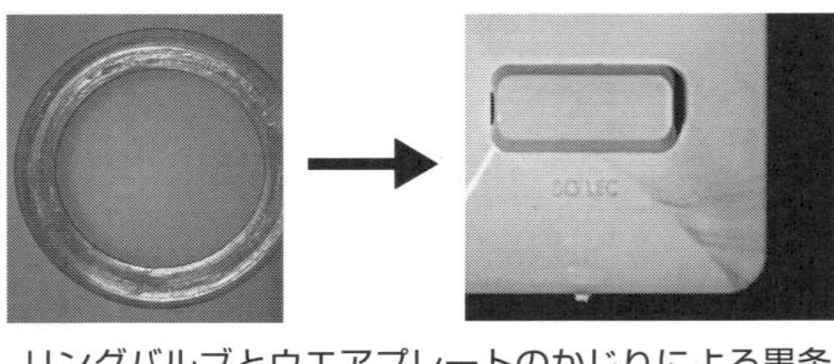

リングバルブとウエアプレートのかじりによる黒条　可塑化中のエアーを巻きよる黒条

黒点

burning resin

黒点は加熱筒やスクリュに樹脂の一部が滞留し長時間、熱を受け黄変から黒化へと進んでいきスクリュ表面など付着して、その黒化した樹脂が剥がれて、成形品に黒点として出る現象をいう。ＰＣやＰＭＭＡ、ＰＥ、フッ素樹脂などにでやすい。対策として①加熱筒温度中、後部を上げ過ぎない ②材料パージをする ③スクリュの材質などの検討 ④ヒータを切らずに保温にするなどがある。直らない場合はスクリュの掃除が必要となる。

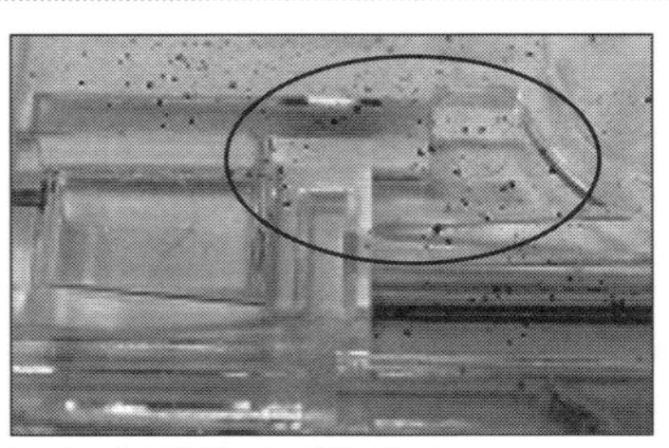

PC、PMMA などに多い
成形立上げ時の黒点

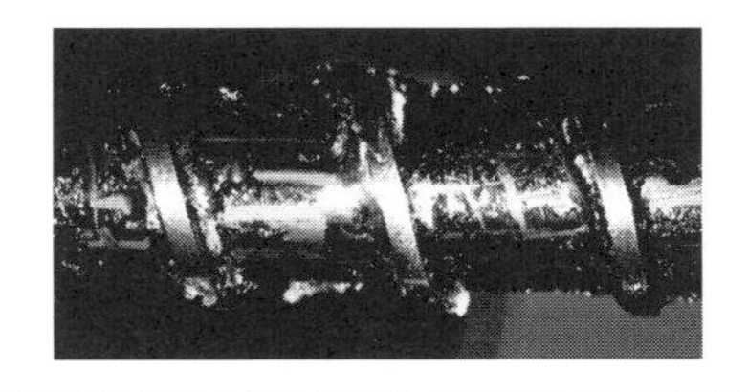

成形不良

異物混入

another rasin mixing

異物混入は正規の樹脂以外のゴミ、金属粉、異種の材料が混入した状態をいい、外観不良や物性低下が起こる。特に、電機部品などは注意が必要。異物混入は樹脂が可塑化される前の混入と、成形機中にスクリユや加熱筒の摩耗、破損による金属粉の混入とがある。対策として、①樹脂の管理、成形機の保守点検や色換えに注意　②粉砕材を使用する場合、金属粉混入の可能性があり、ホッパーマグネットを使用　③成形立上げ時や材料換え時は低速回転からスタート、などがある。

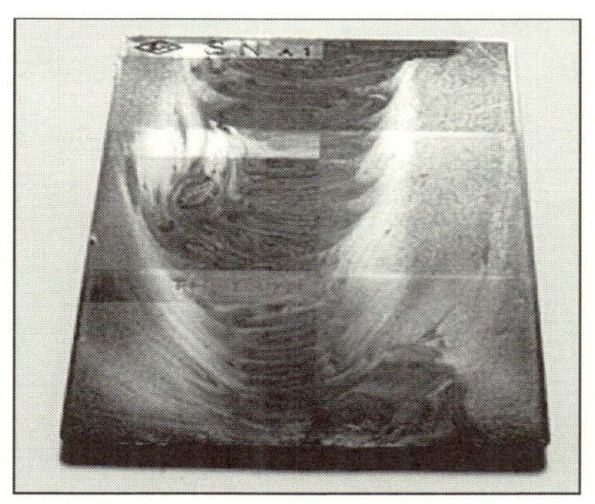

異種材の混入による樹脂分解とシルバーストリーク

成形不良

コールドスラッグ

cold slug

金型に最初に入ってスプールやランナーを通るときに冷やされた樹脂やノズルからドローリングしり、ノズルで冷えた樹脂が後から来る樹脂に押されゲートを通過してキャビティ内に入り込みゲート周りに曇り状にでたり、異物が入ったような状態で成形品に現れる現象である。この対策として、①型温・樹脂温を上げる　②ハナタレ対策を行なう　③スプール下やランナーの末端にコールドスラッグウエル（溜まり）を設ける　④ゲート通過時の速度を落とすなどがある。

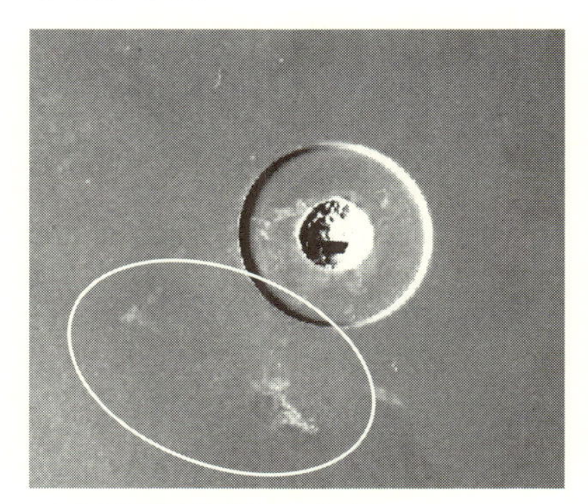

ノズル温度が下がったときに発生したコールドスラッグ

寸法不良（寸法バラツキ）

inferior quality of dimensioval stability

寸法精度が要求される工業用部品の成形品では指定寸法精度を維持、安定させることが非常に重要である。寸法精度不良の主因は体積収縮のバラツキであるがその、要因として樹脂、金型、環境、成形機、その他に成形条件のバラツキがあげられる。寸法精度維持のポイントとして、機械作動のバラツキは成形機の速度、圧力に影響を与える油圧作動油の温度の管理、金型温度に影響を与える冷却水の管理、成形工場内の環境温度の管理などが重要となる。

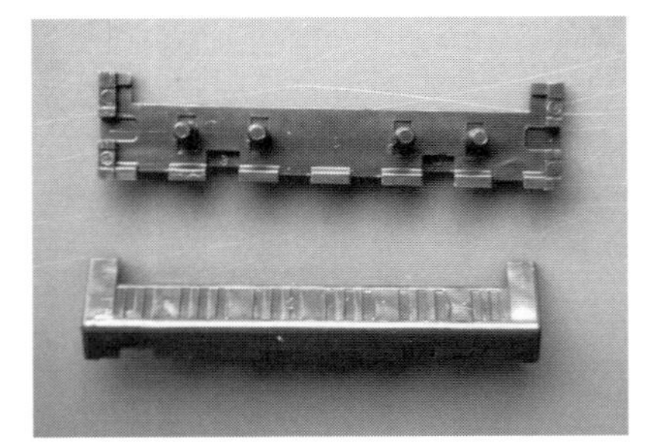

ノズル温度のバラツキでバリとショートショットが周期的に出た例

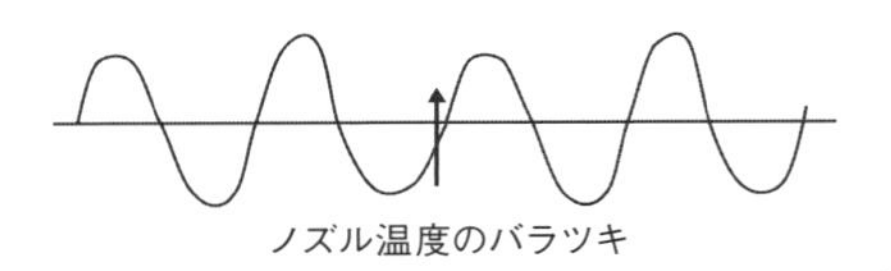

ノズル温度のバラツキ

寸法誤差発生要因①

a couse of inferior quality

寸法精度や製品バラツキは使用される樹脂に関連する要因や他に金型に関連する要因や成形条件の要因、加工後の要因などに影響される。下記はそれらをまとめたものである。

要因の分類	細目	関連するもの
金型に関連する要因	1）金型の基本的な構造設計に基づくもの	・金型強度、ゲート形状ゲート形状、キャビの設置など
	2）金型設計の収縮率の見込み違い	・材料、肉厚、流れ方向など流れ方向などによる収縮差
	3）金型の摩耗及び変形	・材質、成形材料、ゲート形状、強度など
	4）金型加工加工誤差	・多数個取りのキャビティ間の加工誤差
	5）金型のランナー及び冷却システム	・ランナー及び冷却システム
成形材料に関連する要因	1）成形材料の種類、（樹脂、充填材、強化材など）の収縮率に関連するもの	・結晶性と非結晶性材料、結晶化度
		・充填材、強化材の種類と割合、配向性
	2）成形材料のロットのばらつき	・充填材、強化材のバラツキ
	3）再生樹脂の混入、着色剤などの添加剤の影響	・充填材、強化材のバラツキ
成形工程に関連する要因	1）成形条件に関するもの	・樹脂乾燥、加熱筒、型温度、射出
		・回転、冷却・中間時間などの条件
	2）成形環境に関するもの	・室温、油温、設置場所、水圧・電圧
	3）機械に関するバラツキ	・逆止弁のしまり、充填・可塑化時間等のバラツキ
	4）取り出し及び後処理に関連するもの	・離型、突き出し時の塑性変形、弾性回復
		・取り出し後の置き方、アニーリング、調質処理等
成形加工後の要因	1）使用時の環境に関連するもの	・使用時の温度、湿度など
	2）結晶化の自然進行による後収縮	・アニーリング、使用環境など
	3）成型時の残留応力の緩和や外力による変形	・成形条件や使用環境など

成形不良

コア倒れ

fell down core

成形品のデザインが偏肉している、金型のコアの取付け、ゲートの取付け位置や成形条件の問題などでコアが傾く現象をいう。これにより成形品がより大きく偏肉し、偏肉が原因のオーバーパック、焼け、ショートショット、擦り傷などの成形不良が起こる。対策としては、成形品デザイン、コアの取付け方法、ゲートの取付け位置、成形条件の見直しなどを行う。

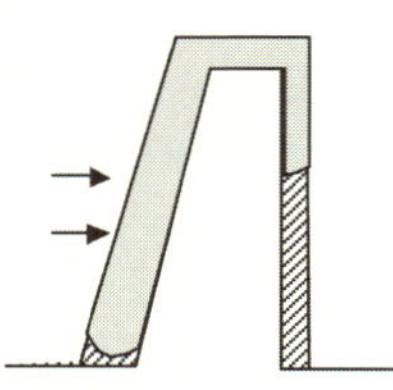

肉厚部が先に充填しコア倒れが起きる

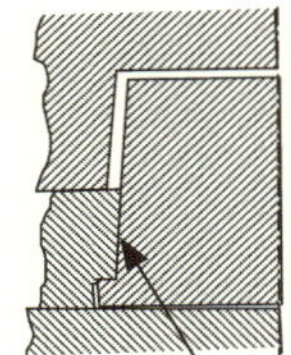

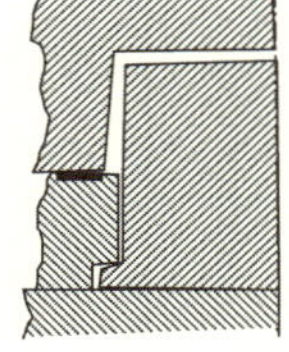

入れ子をテーパで押さえ込んだ方がコア倒れは少ない

偏芯による成形品

成形不良

ふくれ

blister

硬化性樹脂成形でよくでる不良で、射出終了後に樹脂内部のガスがスキン層を押しあげて、成形品表面にふくれがでる現象をいう。硬化性樹脂成形では対策として、①硬化時間を長くとる ②ガス抜きを行なう ③型温を低くする ③材料が吸水していないかを調べる、などがある。熱可塑性樹脂の場合の対策として、①乾燥を十分に行なう ②冷却時間を長く取る ③ガスベントを取る ④射出速度やスクリュ回転・型温を下げる ⑤射出圧力を上げ、保圧時間を長く取る、などがある。

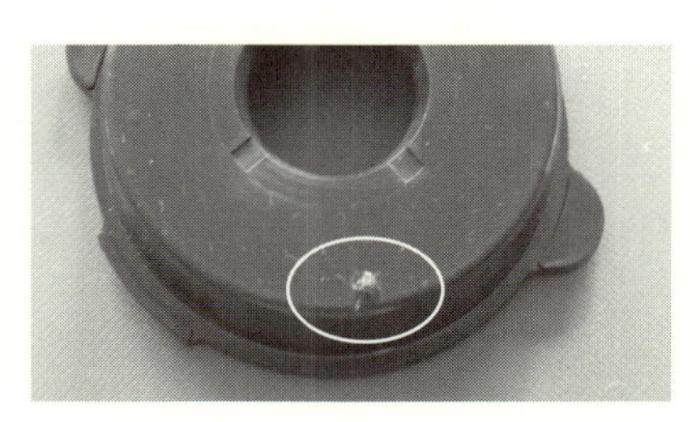

乾燥不足によるふくれ PBT 樹脂

成形不良

食い込み不良

inferior plasticizing

スクリュ回転しても樹脂の食込みが悪く冷却時間内に計量完了しない現象をいう。非晶性樹脂の場合、スクリュ後部に樹脂がおこし状に融着して、後から来る樹脂をブロックして起こる。結晶性樹脂の場合は未可塑樹脂が逆止弁を通過し難いのが原因である。対策として非晶性樹脂の場合は ①加熱筒後部を下げる（結晶性樹脂は上げる）②冷却時間に間に合う程度にスクリュ回転を落とす③計量ストロークが最大ストロークの20 ～ 75%に収まる成形機に載せ換える、などがある。材料ブリッヂにも要注意。

※後部温度を下げ、回転数を落とし直った

成形不良

あばた

crater pit

金型に付着した異物（離型剤、ガスやに、樹脂かす、モールドデポジットなど）や金型腐食による打痕により成形品表面に小さな凹状のものが現れる現象である。離型剤の場合は成形すると直っていくが、ガスやに・モールドデポジットは金型洗浄する必要があり、また金型腐食による打痕は金型修理を要す。成形終了後、金型洗浄及びさび止め剤の塗布などの日常の金型メンテが必要である。また型内真空を設けることも対策の一つである。

※モールドデポジット（金型に付着した汚染物質のこと）

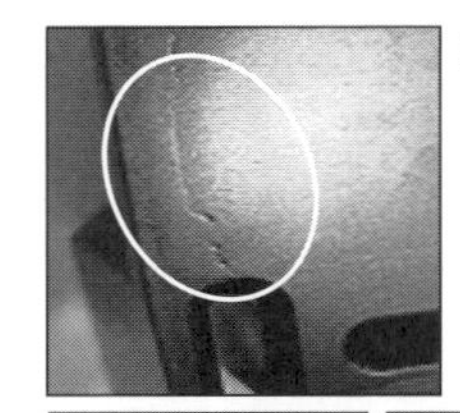

ガスヤニによるあばた

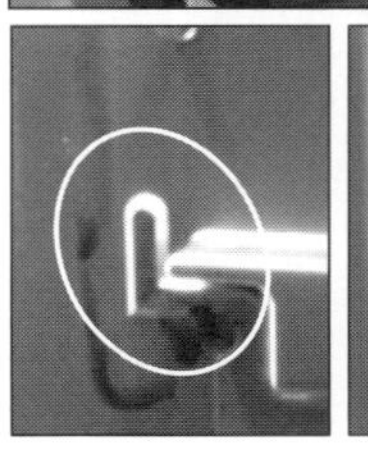

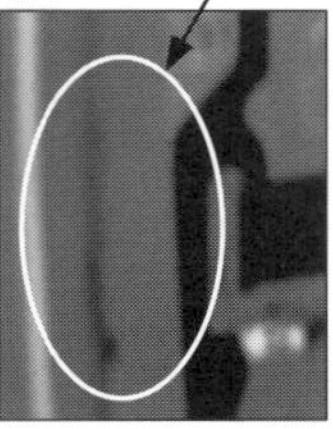

成形不良

物性低下（強度不足）

inferior quality of strength

成形時、樹脂が必要以上の熱を受け、分子量低下を招き成形品の強度や剛性が本来の材料が持つ強さより、はるかに弱くなる現象を言う。その他の原因として、射出充填時の体積圧縮による成形品内部の残留応力（歪）、流動時のせん断応力や結晶化度の影響による配向歪、冷却中の温度の不均一による温度勾配で発生する冷却歪等が考えられる。対策としては、①加熱筒温度、滞留及び乾燥状態チェック②アニーリングを行なう③射出圧力・速度、型温などの成形条件の見直しがある。

S2000（分子量 2.5×10^4）

吸水率（%）	成形品分子量	落球衝撃破壊率（%）			成形品外観
		延性破壊	脆性破壊	全破壊率	
0.014	2.5×10^4	0	0	0	良好
0.047	2.4	30	0	30	良好
0.061	2.4	50	0	50	良好
0.067	2.4	90	0	90	銀条若干発生
0.200	2.2	20	80	100	銀条、気泡発生

（注）落球衝撃試験は重さ 2.13kg、先端が 10mmR の重錘を 10m の高さから落下させるものである。
（三菱ガス化学資料による）

成形不良

残留歪（内部応力）

residual strain

材料の過充填によるもの、形状や肉厚差による冷却時間の差で生じる体積収縮および結晶化度の差、配向性などで残留応力が発生する結果、クラック、ソリ、曲がりの原因となる。内部応力の程度を知る方法としては、偏光板による方法、溶剤によるクラック促進テストなどがある。

射出圧縮成形と標準成形の応力比較

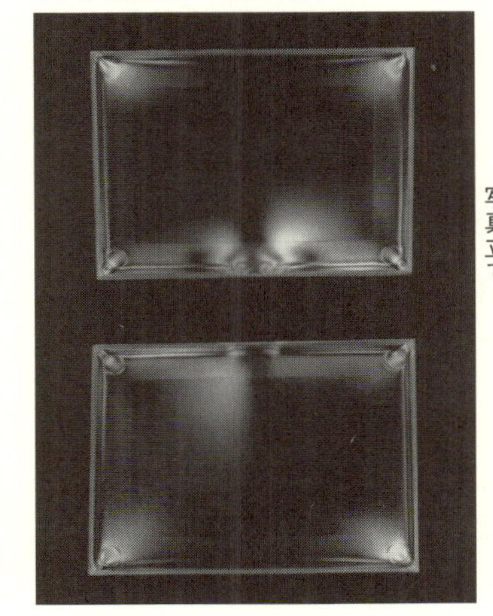

M100C／DM・PC・板厚5mm 写真立て

上・・・標準成形の偏光写真
下・・・射出圧縮成形の偏光写真

成形不良

糸ひき

stringiness

ノズルの形状やノズル温度などの影響で成形品を取り出す時にスプールから糸を曳いたような状態になることを言う。これが長くなると成形品が落下しない状態で型内に残り次の型が閉じた時、はさみ込んで金型が損傷するので注意すること。対策としてはノズル温度をさげ、サックバックをとる。また糸ひきが出難いノズルに交換する方法もある。

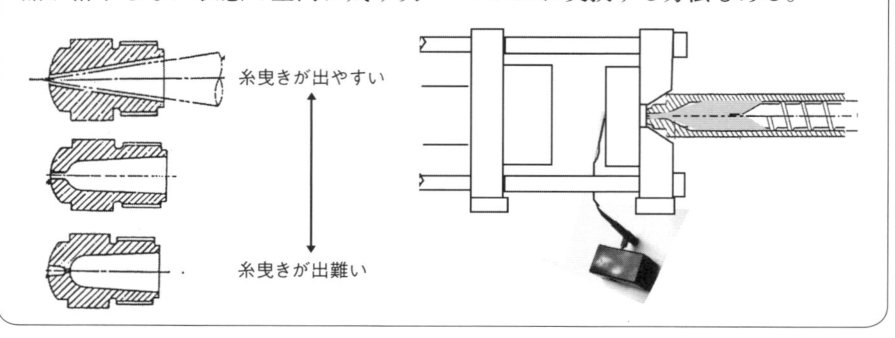

成形不良

アニーリング

annealing

成形品の残留応力による歪の除去、変形の修正、改質、寸法安定性向上の目的で行なう熱処理を言う。アニーリングの条件は一般にその材料の荷重たわみ温度より5℃～10℃低い温度で数十分～数時間加熱した後徐冷する。加熱方法は、循環熱風気浴（乾燥機）、恒温槽等を使用。場合によっては、熱油、流動パラフィン等に浸漬する場合もある。ＰＣ、ＰＯＭ、ＰＡ等の工業部品に行なうことが多い。

荷重たわみ温度とアニーリング効果

プラスチック名	成形方法	金型温度（℃）	荷重たわみ温度（℃）		アニーリング温度（℃）4h
			アニールせず	アニールずみ	
ポリスチレン（一般用グレード）	圧縮成形	—	84	94	86
	射出成形	51	77	94	
	〃	66	84	94	
	〃	94	88	95	
ポリスチレン（耐熱グレード）	圧縮成形	—	88	97	91
	射出成形	62	83	97	
	〃	97	89	97	
メタクリル樹脂（一般用グレード）	圧縮成形	—	65	75	65
	射出成形	55	65	73	
	〃	86	68	74	
AS 樹脂	射出成形	68	83	94	
	〃	99	88	95	

出典：深沢勇「プラスチック成形技能検定の解説」三光出版（2012）

第3章

プラスチック材料

プラスチック
plastic

分子量10,000以上からなる、溶かして、流して、固めて、形を作る、人造の高分子化合物である。プラスチックの種類は熱可塑性プラスチックと熱硬化性プラスチックに分けられる。特徴として①軽くて強い ②錆びたり腐食したりしない ③色々な形状の物ができる ④着色し易い ⑤電気を通しにくい、などがある。反面、①熱や光に弱い ②柔らかくて傷がつき易い ③ほこりや汚れがつき易 ④変形し易い ⑤再生処理、廃棄物処理がむつかしい、などの欠点もある。

プラスチックの色々

分子量
Molecular weight

物質を構成する分子の質量比較値で炭素の質量12とし、これを基準とした分子の相対的質量。分子量で区別すると 1)低分子：分子量 1,000以下 2)中分子：分子量 1,000 ～ 10,000以下 3)高分子：分子量10,000以上、でプラスチックは10,000以上で高分子化合物である。分子量が高くなるにつれて、気体→液体→固体、もろい固体→強靭な固体（材料）になる。（順次 沸点bp・融点mpが高くなる）

パラフィン同族列の分子量と性状

名称	炭素数 n	分子量	所在	性状
メタン	1	16	天然ガス、都市ガス	気体 bp －162℃
リグロイン	6 ～ 8	86 ～ 114	襟ふき、溶剤	蒸発しやすい液体 bp 90 ～ 120℃
ワセリン	18 ～ 22	254 ～ 310	医薬品、化粧品、保革材	半個体、グリース状 bp 300℃以上
固形パラフィン	20 ～ 30	282 ～ 422	ロウソク、蝋人形	もろい個体 mp 45 ～ 60℃
ポリエチレン	2,000 ～ 20,000	28,000 ～ 280,000	フィルム、バケツ	強靭な個体 mp 137℃

a) リグロイン、ワセリン、固形パラフィンは化合物の名称ではなく炭素数の異なるものの混合物の名称である。また bp と mp はそれぞれ沸点、融点を表わす記号である。

出典：横田健二「高分子を学ぼう」高分子材料入門 化学同人出版

プラスチックの基礎

熱可塑性樹脂

Thermoplastic resin, Thermoplastics

加熱すると軟らかくなって溶融し、流動性を持つようになるが冷却すると固まる性質をもっている。化学変化は伴わないので繰り返し使用できる。熱可塑性樹脂には図のような樹脂がある。

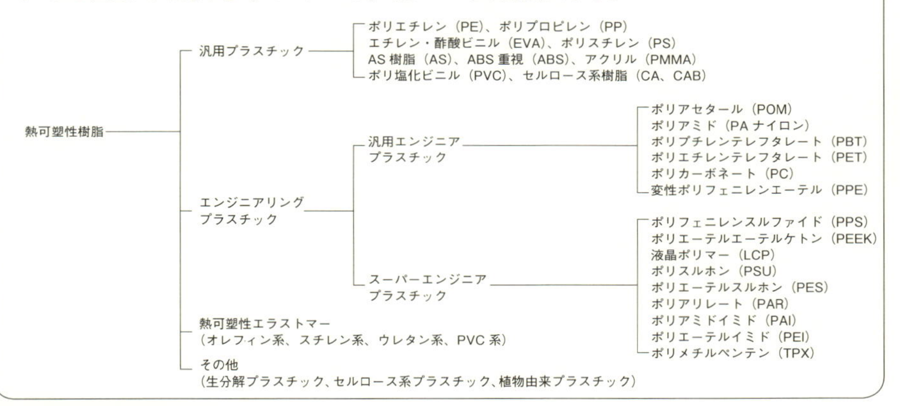

プラスチックの基礎

熱硬化性樹脂

Thermosetting resin

加熱するとはじめは軟らかくなって可塑性を示すが、やがてその材料の化学変化によって硬くなり（重合を起こして高分子の網目構造を形成し硬化）、一度硬化すると2度と軟らかくならない性質を持つプラスチックをいう。下記のような樹脂がある。

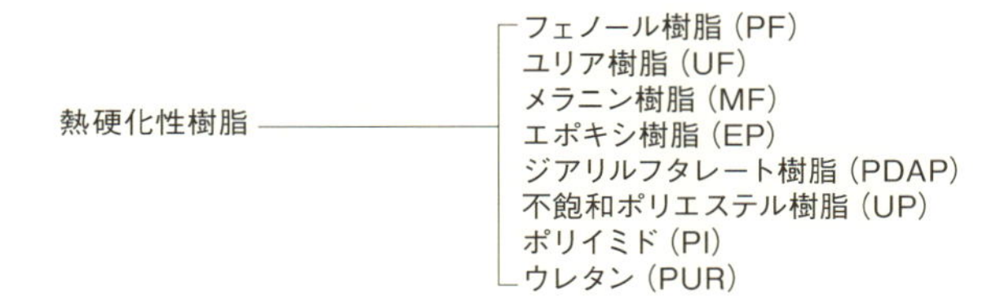

プラスチックの基礎

結晶性樹脂

Crystalline polymer

結晶性樹脂は溶融すると融解して結晶がなくなり、再び冷却・固化する過程で分子が規則的にすみやかに整列し結晶部を形成する。しかし絡み合ってる分子鎖やかさばった分子鎖は結晶領域に入り込めなく、一部は非晶領域を形成し成形品のすべて結晶化している訳ではない。結晶性樹脂は非結晶性樹脂に比べ、一般に耐有機溶剤性、耐油性、耐グリス性、耐摩擦磨耗性、潤滑性、摺動性が良い。PE、PP、PET、PBT、PA、POMなどの樹脂がある。

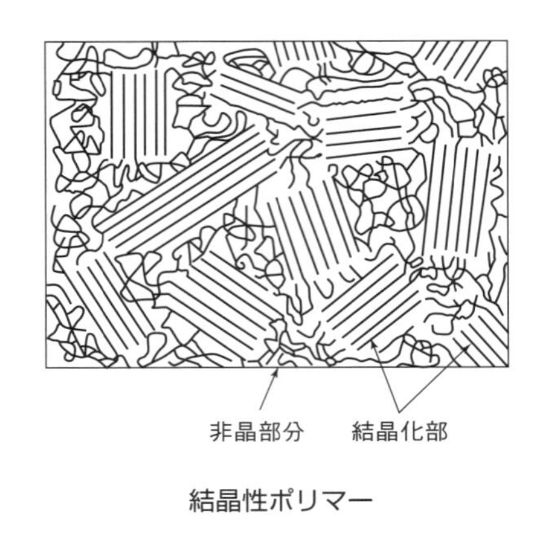

結晶性ポリマー

プラスチックの基礎

結晶化度

degree of crystallization

結晶性樹脂で説明した通り、結晶性領域は一定の区域でのみ整然と並んでいるのではなくいつの間にか非晶性領域となって混在するため、成形品のすべてが結晶化しているわけではない。結晶の生成には冷却速度が関係し、冷却速度が速いと結晶が生成する前に固化し非晶領域が高くなる。全体のうちで結晶性領域の占める割合を結晶化度と言う。結晶化度は成形条件に異なるが、HDPE 90%程度　PP 40～70% PA6　20～25%　PA66　30～50%　といわれている。

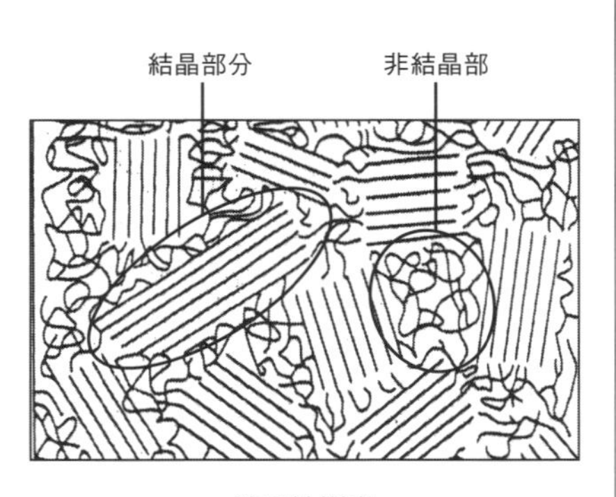

結晶性樹脂

非晶性樹脂

Amorphous polymer

非晶樹脂は、分子骨格にかさばった分子鎖を持っているため、溶融状態から冷却・固化する過程で分子と分子が単に絡まりあっただけのランダムな状態である高分子をいう。結晶性樹脂は結晶領域と非晶領域とがあり、それぞれの光に対して屈折率の違いから両領域の境界で乱反射が起こり不透明に見える。非晶性樹脂は全域が非晶性であるので透明性に優れたものが多い。ＰＳ、ＰＭＭＡ、ＰＣ、ＡＢＳ、ＡＳなどの樹脂がある。

無定形ポリマー
非晶性ポリマー

汎用プラスチック

general purpose resin

汎用プラスチックは価格が比較的安価で加工もしやすく日用品雑貨から工業部品などの多量生産に使われている。耐熱温度が100℃以下で低い。汎用プラスチックでも特に安価で広く使われるポリエチレン、ポリ塩化ビニル、ポリプロピレン、ポリスチレンを4大汎用プラスチックと呼ばれている。耐熱温度は同程度であるが、価格がやや高い、ポリ酢酸ビニル、ＡＢＳ樹脂、ＡＳ樹脂、アクリル樹脂などは準汎用プラスチックとして区別することがある。

汎用プラスチック
- ポリエチレン（PE）
- ポリプロピレン（PP）
- エチレン・酢酸ビニル（EVA）
- ポリスチレン（PS）
- AS 樹脂（AS）
- ABS 樹脂（ABS）
- アクリル（PMMA）
- ポリ塩化ビニル（PVC）
- セルロース系樹脂（CA、CAB）

エンジニアリングプラスチック

Engineering plastic

エンプラとも呼ばれ、耐熱性、耐久性、機械的強度などが優れ、性能や強度、寿命などの信頼性が高く工業部品に使われることが多い。耐熱温度100℃以上で比較的に価格が安価なプラスチックを汎用エンジニアリングプラスチック、それより高い耐熱温度が150℃以上を持つプラスチックをスーパーエンジニアリングプラスチックと区別することもある。ポリアミドイミド、ポリエーテルエーテルケトンなどは耐熱250℃以上で長時間使用可能なものもある。

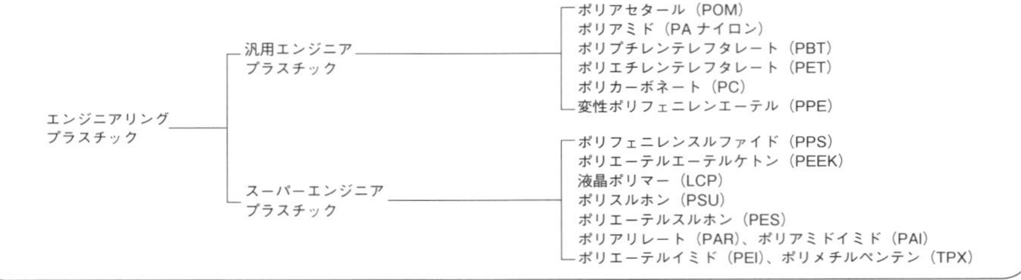

ポリマー

Polymer

簡単な構造をもった単量体をモノマーといい、単量体同士が重合してできた重合体をポリマーという。また1種類の単量体の重合によってできた高分子をホモポリマー、2種類以上の異なった単量体からなる重合体をコポリマー（共重合体）という。

〔モノマ〕　〔ポリマ〕
例：エチレン → ポリエチレン
スチレン → ポリスチレン

モノマーA B 触媒 (ランダムコポリマー)
(Aポリマー) (Bポリマー) (ブロックコポリマー)
(Aポリマー：幹ポリマー) (Bポリマー：枝ポリマー) (グラフトコポリマー)

コポリマーの3つのタイプ

プラスチックの基礎

ポリマーアロイ

Polymer alloy

共重合体（コーポリマー）及び2種類以上の重合体（ホモポリマー）どうしを混合（ポリマーブレンド）することにより得られる改良した多成分系ポリマーを総称してポリマーアロイという。ポリマーを単純に混ぜただけでは相分離してしまうので、相溶化剤を用いたり、化学的な配慮をしてファイン化した複合材料である。ABS樹脂は代表的なポリマーアロイである。

（例）ＡＢＳ樹脂 →アクリロニトリル（A）+ブタジエン（B）+スチレン（S）

耐熱性 ＰＢＴ+ＰＣ　耐衝撃性 ＰＣ+ＰＭＭＡ　流動性ＰＣ+ＡＢＳ

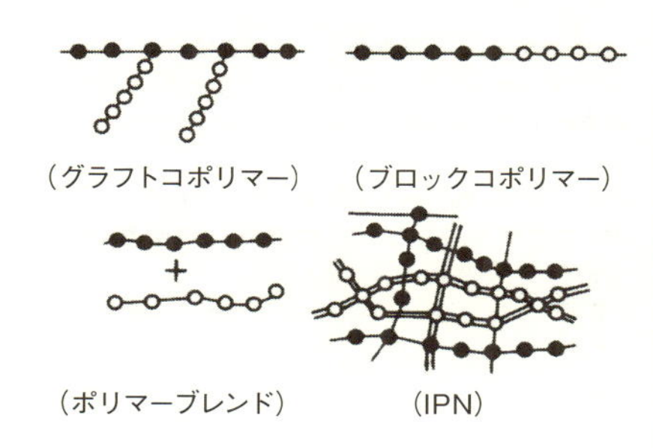

ポリマーアロイの種類

プラスチックの基礎

樹脂の用途

a use of resin

樹脂用途は下記のようなものがある。

	略号	一般名	主な用途
熱可塑性樹脂	PS	ポリスチレン	コップ、皿、容器、くし、歯ブラシの柄、CDのケース
	PMMA	メタクリル樹脂	テールランプ、むしメガネ、照明のかさ、風防、各種レンズ
	ABS	ABS樹脂	電気部品、テレビ・ラジオの部品、自動車部品
	PC	ポリカーボネート	歯車、電話ボックス、ディスク、ヘルメット
	PVC	塩化ビニール（軟質）	フィルム、シート、ホース、人造毛皮
			平板、波板、シート、パイプ、継手、雨どい
	PES	ポリエーテルサルフォン	高温用コネクタ、コイルボビン、コンタクトレンズ用容器
	PE	ポリエチレン	バケツ、たらい、洗面器、ゴミ容器
	PP	ポリプロピレン	食器、洗面器、バケツ、バッテリィーケース
	PA	ポリアミド（ナイロン）	歯車、軸受、ファスナー、コネクタ
	PPS	ポリフェニレンサルファイド	各種クネクタ、モータ部品、ブレーカ、電子レンジ部品、キャブレター
熱硬化性樹脂	PF	フェノール	配線器具、電話機、通信機部品、灰皿、なべ・やかんの取手
	UF	ユリア	ソケット、茶碗、キャップ、電車の吊革
	MF	メラミン	高級の盆、食器、化粧板
	UP	不飽和ポリエステル	ボタン、自動車部品、ボート、ヘルメット屋根材
	PDAP	ジアリルフタレート	トランジスタ、抵抗器、電気計算機、天井材、壁画材
	SI	シリコーン	水中モータ、離形材、防水剤
		（アルキド）	（塗料）

ペレット

Pellet

ペレットとは、一般に直径または一辺が２～３ｍｍ程度の円柱形や角柱をした粒状の成形材料をいう。安定して成形ができるように熱安定剤や滑剤、離型剤などまた品質を改良目的とした難燃剤、紫外線吸収剤、着色剤、帯電防止剤などの添加剤を材料と一緒にペレタイザー（押出機）で混ぜ込みダイスから出たひも状の樹脂をカットして作られる。ペレットの形状や大きさによっても可塑化状態が変わる場合がある。

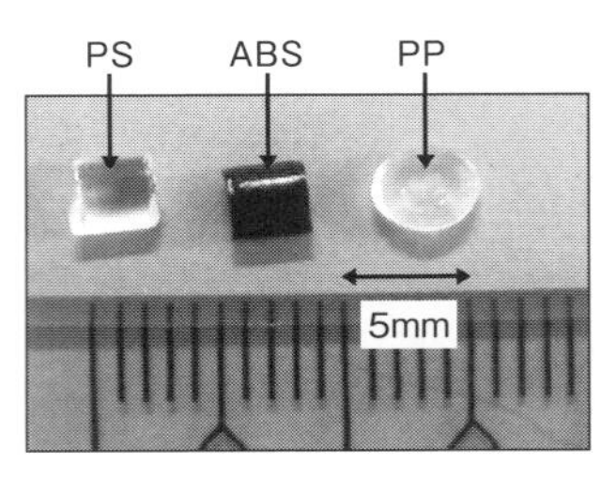

ＰＳ樹脂

polystyrene

GP-PS（一般用ポリスチレン）と合成ゴムを加えたHI-PS（耐衝撃性ポリスチレン）がある。特徴としては、①硬質で透明性に優れ、光線透過率が良い　②熱安定性に優れ、流動性、成形性が良く、加工しやすい　③耐衝撃性は劣り脆い　④安価で着色が自由である　⑤放射線に対する抵抗力は、プラスチックの中で最も強い　⑥軟化温度が比較的低い　⑦一般にカタログ値として基本データを記載される　⑧耐衝撃性の改善のために、SBR,BR,などの合成ゴムを５～20％配合した不透明なHI－PSもある、などがある。用途は食品容器、乳酸菌飲料用容器、冷蔵庫の内箱、プリンカップ家庭用雑貨、玩具、文房具、事務用品などがある。

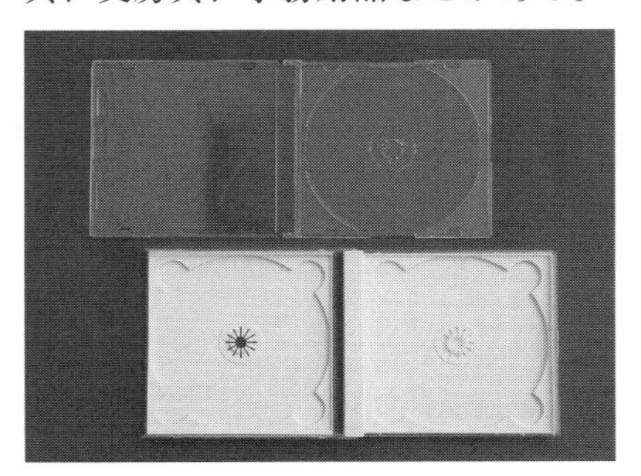

アクリル樹脂

acrylic resin, polyacrylate

ポリメチルメタクリレート（PMMA）とも呼ばれ、メチルメタクリ酸メチルを重合して作られる。特徴として、①透明性、耐候性、光学特性が優れている　②硬度が高く、無色透明で傷がつきにくい　③衝撃強度、耐熱性は低い　④吸湿性があるので開封後は予備乾燥が必要である。また黄変しやすいので、乾燥機は除湿乾燥機の使用が良い。用途としては、自動車のテールランプ、風防ガラス、レンズ類、導光板、銘板、照明カバーなどがある。

AS樹脂

AS resin

AS樹脂はスチレンとアクリルニトリルを共重合したポリスチレンとアクリルの中間の性質を持っている。特徴として、①強度、剛性に優れている　②透明性に優れている　③機械的強度、耐熱性、耐油性、耐化学薬品性、耐候性、耐ストレスクラッキング性はポリスチレンより優れている、などがある。用途は、扇風機の羽、カセットテープのハウジング、メーターカバー、バッテリーケース、文房具、車部品（サンバイザー）などである。

計量カップ

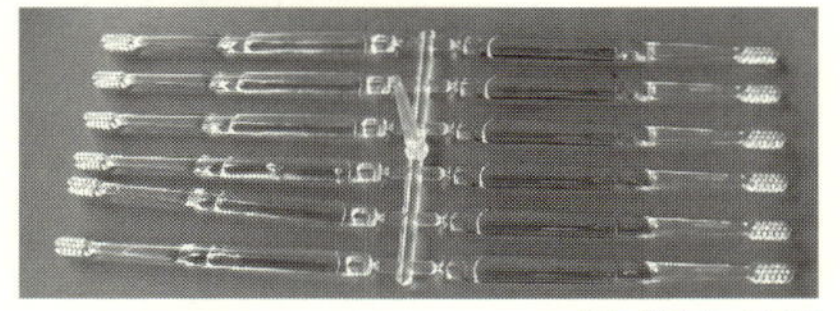

歯ブラシの柄

バッテリーケース

ABS樹脂

acrlonitric-butadiene-styrene resin

AS樹脂にゴム成分（ポリブタジェン）を加えた材料（ポリマーアロイ）である。アクリル成分で耐薬品性、耐熱性の向上とスチレン成分で電気的性質、成形性の向上、ブタジェン成分で耐衝撃性の向上などの特長を合わせ持つ物性バランスのとれた樹脂である。特徴は、①優れた耐衝撃性を持ち、特に低温において優れている　②耐熱、成形性のバランスが良い　③メッキグレードもある　④耐候性や耐有機溶剤性はよくない、などがある。用途は車部品（インストルメントパネル、ランプカバー）家電製品のハウジング、浴室のシャワー部品などのめっき部品など。

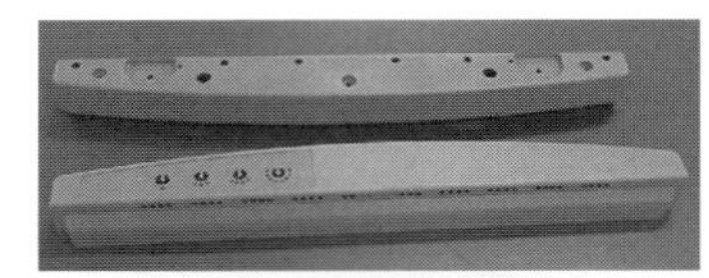

PE樹脂

polyethylene

PE樹脂は低密度ポリエチレン(LDPE)、中密度ポリエチレン（MDPE)、高密度ポリエチレン（HDPE）があり密度の相違により基本的な性質が変化する。また重合反応の圧力により高圧法、中圧法、低圧法の分け方もある。特徴は原料値段が安く成形しやすい。耐薬品性、電気絶縁性、耐衝撃性、耐寒性に優れ吸水率が少なく水蒸気、酸素の透過性は低い。成形収縮率が大きく耐熱性は低く紫外線に弱い。用途は洗剤、食品、灯油などの容器、玩具、コンテナなど。

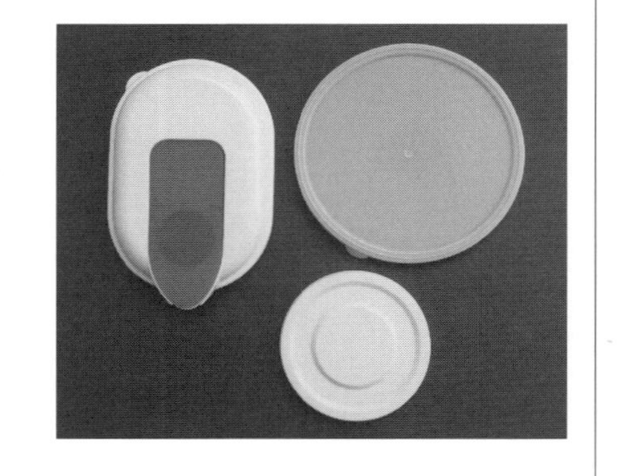

PP樹脂

polypropylene

PP樹脂はプロピレンの重合体で結晶性樹脂である。特徴として①比重が0.91～0.92と汎用プラスチックの中で最も小さい ②HD-PEに比較して耐熱性、強度、剛性は大きいが耐衝撃性は小さい ③低温で脆くなり、耐光性も低く、熱や光で劣化する、直射日光に弱い ④薬品に強く有機溶剤にも耐性がある ⑤ヒンジ特性（蝶番効果）、があり数十万～数百万回の折り曲げに耐える などがある。用途はバンパー、インストルメントパネル、バケツ、食器、雑貨、パレットなどがある。

ポリアミド樹脂（PA）

polyamide

ナイロンとも呼ばれ、モノマーの組み合わせにより、多種類があり、代表的なものに、PA 6と、それを改良したPA 6 6がある。特徴として、①結晶性で耐油性、耐溶剤性、耐薬品性に優れる ②自己潤滑性で摩擦係数が小さく、耐摩耗性が優れている③耐熱性、強度、剛性は高い ④水分やガス透過性が少なく、包装用フィルムに使われる ⑤吸水性が高く強度や寸法が変化しやすい。用途はインテークマニホールド、ガソリンタンク、電動工具ハウジング、カム、ギヤ、キャスターなどがある。

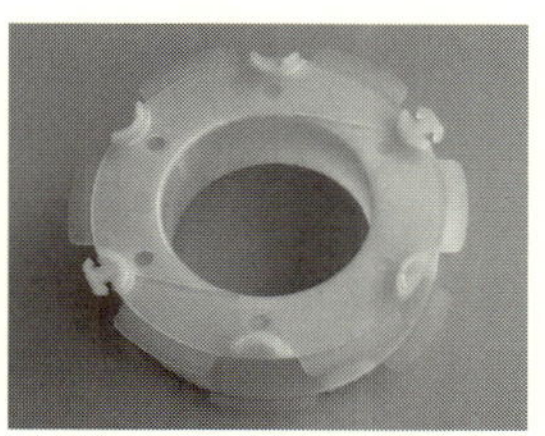

POM樹脂（ポリアセタール）

polyacetal

原料はホルマリンより作られホモポリマー（単独重合体）とコポリマー（共重合体）がある。ホモポリマーは結晶化度が高く強度・剛性に優れ、コポリマーは結晶化度がやや低く成形時の熱安定性が優れている。特徴として、①結晶性であり、比重が1.41～1.42と大きい ②耐油性、耐薬品性､、耐グリス性が良い ③耐摩耗性、機械的強度、剛性、耐疲労性が優れる ④焼けやすく・耐候性が悪い などがある。用途は電気機器の駆動部部品、レバー、ギヤー、スイッチ部品、住宅関連部品などがある。

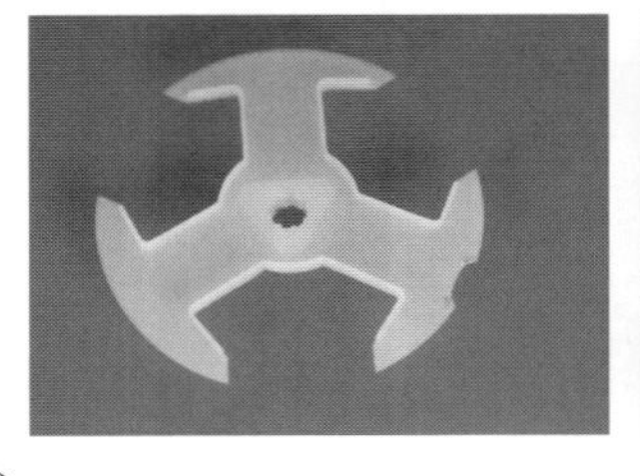

PC樹脂

polycarbonate

特徴としては ①耐衝撃性はプラスチックの中で最も優れ透明性、光沢も良い ②耐熱性、低温特性に優れ機械的性質が強い ③耐候性、電気特性に優れている ④自己消化性がある ⑤成形収縮率、線膨張係数も小さく、寸法安定性が優れている ⑤耐温水性、耐溶剤性、耐アルカリ性、耐疲労性は良くなくソルベントクラック、ストレスクラックを起しやすい などがある。用途としては、車両用ヘッドランプ、電動工具、ヘルメット、信号機、CD,DVDなど。

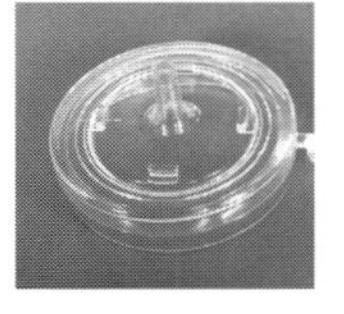

PVC樹脂

polyvinylydene chloride

透明で硬質だが可塑剤の種類と添加量によって軟質から硬質までコンパウンドの諸性質が著しく変化したプラスチックができる。特徴として、①比重1.4、難燃性である ②電気絶縁性が良く高周波溶着ができる ③化学的に安定で耐光性、耐老化性に優れ特に耐候性に優れて長時間の屋外使用に耐える ④硬質PVCは分子量が小さく熱安定性が悪く、分解すると塩酸を発生し、分解を促進、黄色—褐色—黒色に変化する、などがある。用途はパイプ、継手、電線被覆、ホースなどである。

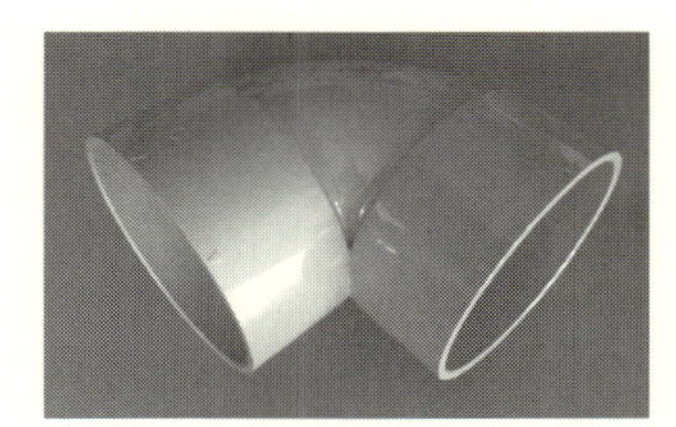

プラスチックの基礎

PET樹脂

polyethylene terephthalate

テレフタル酸とエチレングリコールを重合した熱可塑性の飽和ポリエステルである。繊維、フイルム、ボトルなどに多く使われている。射出成形ではガラス繊維で強化したものが使われている。特徴は、①耐熱性で摩擦、磨耗に優れている ②PBT樹脂に比較して結晶化速度が遅く、金型温度で結晶化度が変わり、物性が変化する ③耐油性、耐有機溶剤性に優れるがガス透過性は良くないなどである。用途はフイルム、ボトル類、洗剤、化粧品容器、電子レンジ部品などがある。

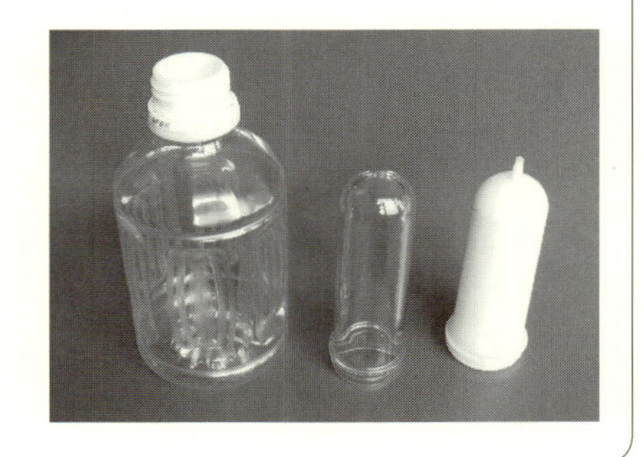

プラスチックの基礎

PBT樹脂

polybutadiene telephthalate

テレフタル酸と1，4ブチレングリコールの重縮合により得られる融点が225～228℃の結晶性材料ある。ガラス繊維強化したタイプが成形材料として使用される。特徴としては、①強度、剛性が大きく、クリ－プ特性が良い ②耐熱性で耐摩耗、耐摩擦性が良い ③有機溶剤、潤滑油、ガソリンなどに耐える ④熱劣化特性に優れ、温度変化による電気的性質が優れている ⑤加水分解を起こし易く乾燥が必要 などがある。用途はコネクタ、プラグ、スイッチ、カバー類、精密機械部品などである。

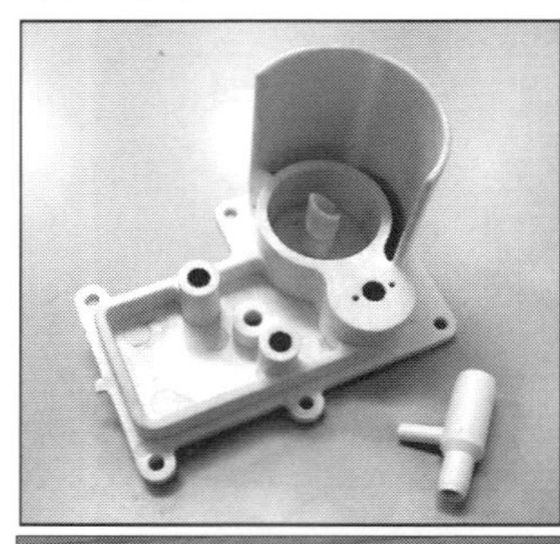

プラスチックの基礎

ガラス強化プラスチック

fiber reinforced plastics

PA、PET、PP、ABS、PCなどの樹脂に繊維状の強化材を加え成形性、寸法安定性、耐熱性、機械的性質、加工特性を改良したプラスチックでFRTPとも呼ばれている。欠点として①繊維の配向により、流動方向と直角方向とでは収縮率が異なり寸法精度、強度がばらつき、そり、曲がり、ねじれが生じ易い ②表面光沢低下とウエルド部の強度が落ちる ③加熱筒、スクリュー、金型を摩耗し易いなどがある。用途はブレーカー、ラジエーターカバー、電動工具などがある。

GRTPの成形収縮率

樹脂		成形収縮率（10^{-3}cm/cm） 樹脂のみ	30% GF 添加
非晶性	ABS	6.0	1.0
	AS	5.0	0.5
	PS	6.0	0.5
	PC	7.0	1.0
	ポリスルホン	6.0	2.0
結晶性	ポリアセタール	25.0	5.0
	PP	20.0	4.0
	ナイロン6	15.0	3.5
	ナイロン66	15.0	4.0
	PBT	20.0	4.0

各種樹脂のガラス繊維強化による熱変形温度の向上

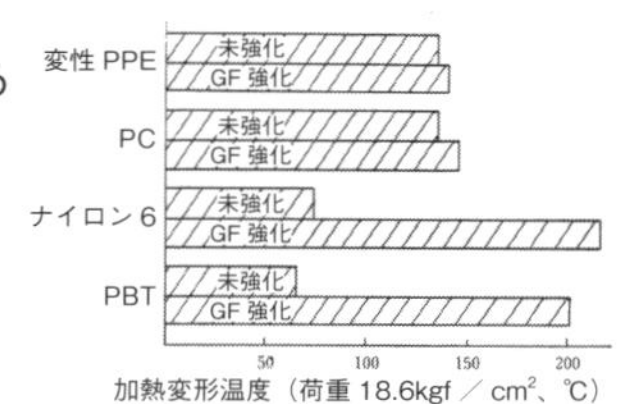

プラスチックの基礎

ＬＣＰ樹脂（液晶ポリマー）

liquid crystal resin

全芳香族ポリエステル液晶ポリマーで、溶融状態で液晶性を示すサーモトロピック液晶ポリマーを言う。特徴は、①溶融粘度が低く、流動性が優れ、薄肉成形も可能で固化速度が速いのでバリの発生が少ない②固化すると剛性、寸法安定性、耐熱性に優れている ③異方性が大きい ④成形収縮率が小さい ⑤耐熱性、耐薬品性に優れる ⑥難燃性でガスバリヤ性が優れる ⑦振動吸収率が高い、などがある。用途はコネクタ、リレー部品、コイルボビン、OA精密機器などがある。

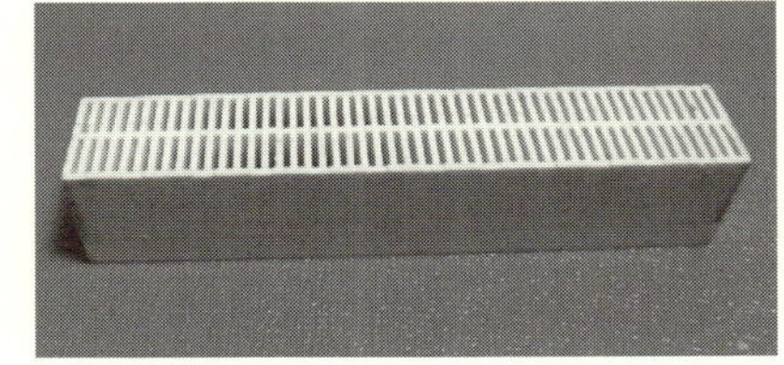

コネクタ

スピーカコーン

プラスチックの基礎

生分解性樹脂

biopolymer

生分解性樹脂は狭義では微生物によって分解し、水（H_2O）あるいはメタン（CH_4）や炭酸ガスに変わるプラスチックで広義では生体や微生物などと接触して低環境負荷性のものに分解される高分子をいう。種類としては、微生物系（糖など原料として微生物の体内に蓄積させるタイプで脂肪酸ポリエステル系）、天然物系（澱粉、酢酸セルロース、キトサン）、化学合成系（化学物質を重合するタイプ でポリ乳酸が注目されている）がある。

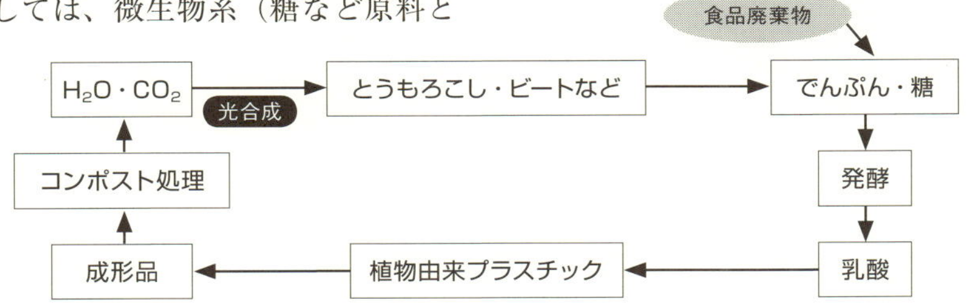

熱可塑性エラストマー

plasticity arastomer

ゴムの場合は一度加硫すると再度加熱しても可塑化することはないが、熱可塑性エラストマーは常温ではゴムのような弾力性を示し、加熱すると可塑化・流動して成形できリサイクル可能である。加硫ゴムに比べ耐熱性に限度があるが耐候性、耐磨耗性、屈曲強度が強いなどの特徴がある。可塑性エラストマーにはスチレン系、ポリオレフィン系、ポリエステル系、エンビ系、ナイロン系などがある。用途としては、バンパー、各種グリップ、時計バンド、靴底、などがある。

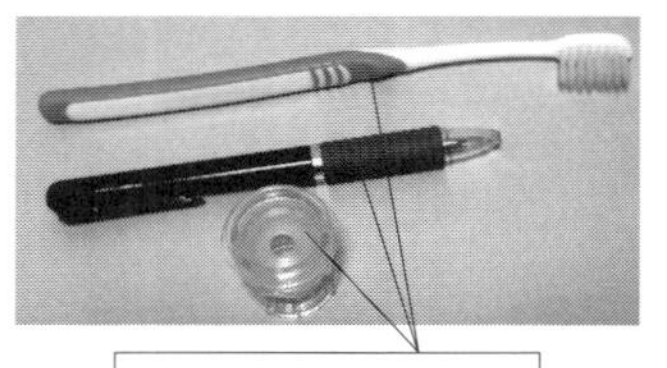

熱可塑性エラストマー

熱可塑性エラストマー

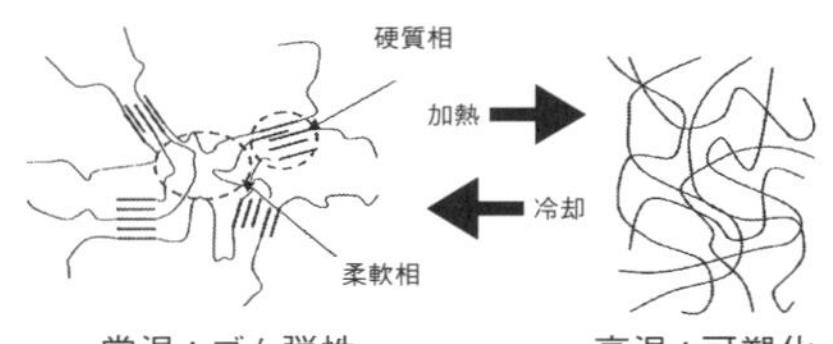

常温：ゴム弾性　　高温：可塑化・流動

添加剤①

Additive agent

添加剤はプラスチック材に混ぜて、成形性の改良や成形品の品質を改良する目的で用いられている。また使用目的によって何種類かの添加剤を組み合わせて配合することで色々なグレードの樹脂となる。成形性改良目的の添加剤は下記のものがある。

（成形性の改良目的の充填材）

成形性改良目的	安定剤	成型時や製品の使用期間中の劣化を防止する添加剤で酸化防止剤、紫外線吸収剤などがある
	滑剤	樹脂と加工機械の表面や金型の滑りを良くするための添加剤
	離型剤	成型品が型に粘着するのを防止して離れやすくした添加剤でステアリン酸塩、ステアリン酸塩、界面活性剤などがある
	可塑剤	分子間に入り分子間力を弱め流動性をよくし、添加量を増やすと軟化する

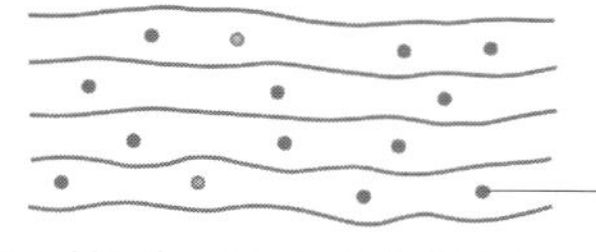

可塑剤を練りこんだポリ塩化ビニール

練りこまれた可塑剤がコロの役目をして分子間力を弱め軟質化する

プラスチックの基礎

添加剤②

Additive agent

品質を改良する目的とした添加剤には、難燃剤、紫外線吸収剤、帯電防止剤また強度・剛性寸法安定などの向上目的のフィラーなどがある。

品質の改良目的	難燃剤	樹脂の難燃性改良または付与する目的とする添加剤でハロゲン系リン系、酸化アンチモンなどがある
	紫外線吸収剤	光特に紫外線により光酸化反応を起こし樹脂の劣化が促進を抑制するするための添加剤
	帯電防止剤	静電気の発生を防止するために添加剤で表面塗布と内部練込み方法がある
	フィラー	強度・剛性・疲労強度・寸法安定の向上などのための強化材（ガラス繊維、カーボン繊維など）そり・寸法安定の向上のための充填材（炭サンカルシュム、マイカ、タルクなど）とカップリング剤がある

プラスチックの基礎

着色剤

Colorant, Coloring agent

着色剤には染料と顔料がある。染料は有機物質で、ＰＳやＰＭＭＡ等に溶け込んだ状態で透明性を失わないで用いられる。顔料は無機物質で材料に溶けず微結晶粒子が分散した形で着色される。

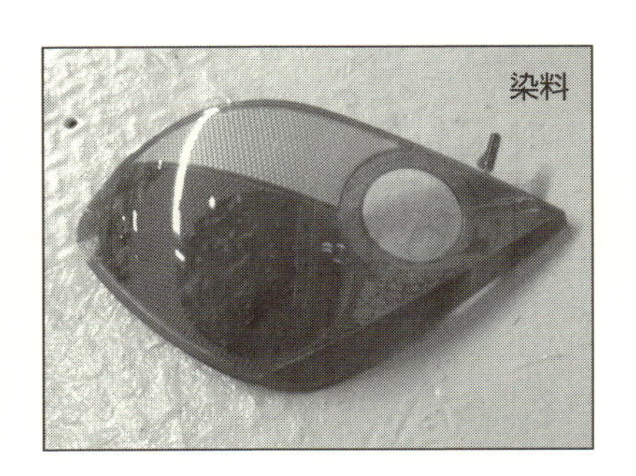

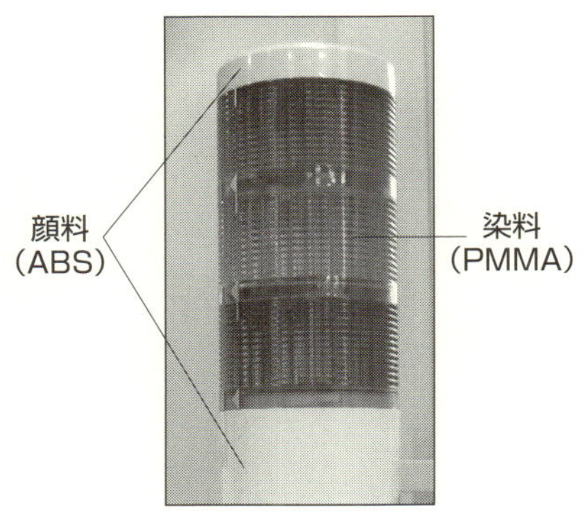

ドライカラー

Dry color

樹脂を着色するために使う顔料を微粒子化して表面処理剤で処理して、さらに分散助剤を加えた粉末着色剤のこと。ドライカラーとナチュラルペレットの混合にはタンブラーを使用する。最も簡便で低コストであるが着色剤が粉末状にあり、飛散し易いのが欠点である。ポリエチレン、ポリプロピレン、硬質塩ビ、ポリスチレンなどに使われている。

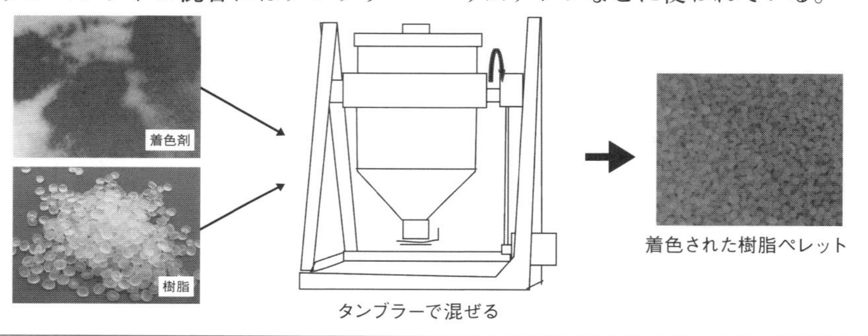

タンブラーで混ぜる 着色された樹脂ペレット

プラスチックの基礎

マスターバッチ

master batch

着色する樹脂と同種の樹脂に着色剤、安定剤などの添加物を高濃度（５～５０倍）に練り込んだものでペレットまたは板状にしたもの。成形時にはマスターバッチとナチュラルペレットを混合して使用する。コストはドライカラーより高いがカラードペレットより安く、着色剤の飛散がなく、色替えが簡単にでき利便性から多く利用されている。その他の樹脂の着色方法として、着色済みのカラードペレットや加熱筒に液状の着色剤を供給して使うリキッドカラーなどがある。

カラードペレット

ナチュラルペレットとマスターバッチ 3%

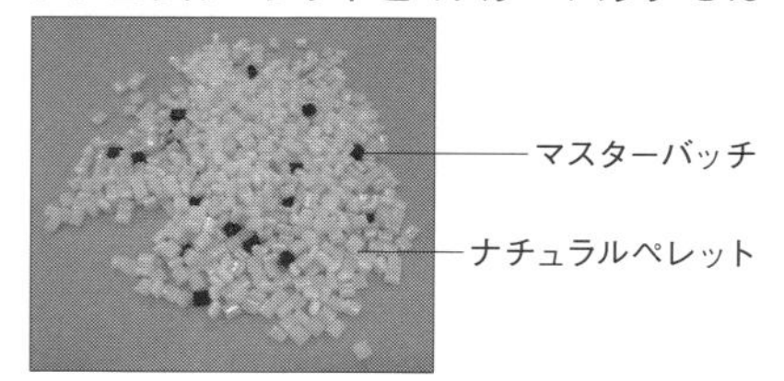

再生材
recycle resin

樹脂は熱をかけて成形されると分子量が落ち、物性が低下する。物性面から考えると新材（バージン剤）を使うほうが良いが、成形品単価に影響する。そこで再生材の混合比率が重要になるが、多くとも普通の成形品で５０％、工業用途の成形品では２０％以下に止めるのが普通である。ただし、樹脂によって物性低下の割合違い材料メーカ確認した方がよい。またゴミ、色調の変化、透明成形品では透明度の劣化、流動性の変化等も考慮しおいた方がよい。

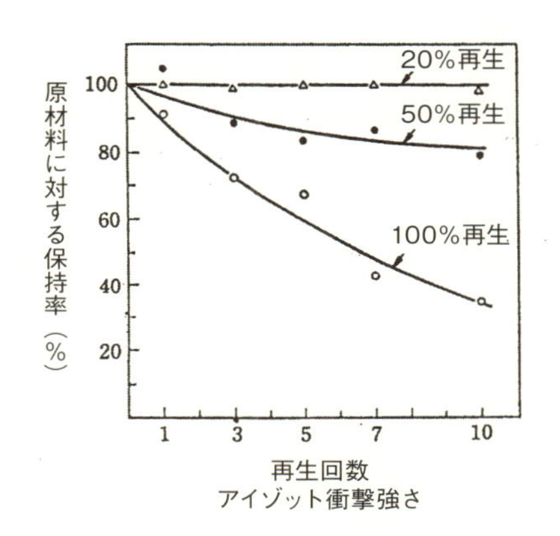

ＡＢＳのアイゾット衝撃強さの
生回数と保持率の関係

比容積—温度曲線
PVT

樹脂の比容（密度の逆数）と温度の関係で温度を上げて行くと固体のガラス状態から弾力のあるゴム状態に転移する折れ曲がった点をガラス転移点（Ｔｇ）と言い、さらに上げていくと容積が比例直線的に増加し、途中から温度は上昇せず容積だけ増加して液体状態に変わる点を融点（Ｔｍ）という。これが結晶性のケースで非晶脂はＴｍを通過以降も一定割合で容積が比例直線的に増加する。結晶樹脂の収縮は結晶収縮が加わるため非晶樹脂に比べ収縮率が大きくなる。

非晶性樹脂と結晶性樹脂の
比容の温度変化

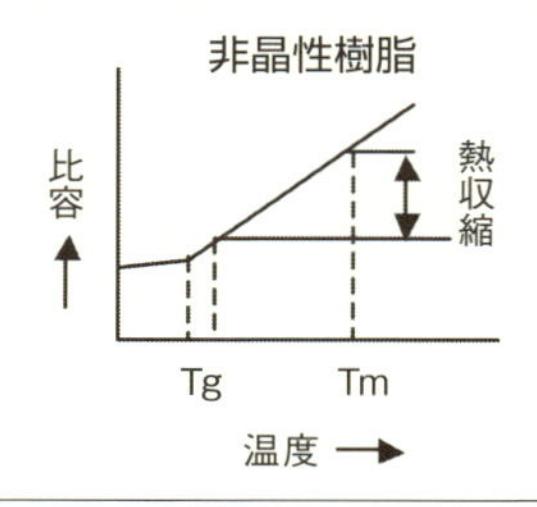

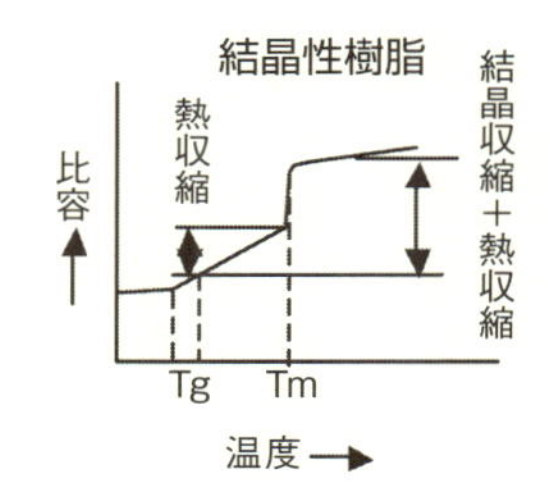

ガラス転移点（Tg）

glass transition temperature

ガラス転移点は（Tg）は固体のガラス状態から弾力のあるゴム状態に転移する屈曲点をいう。非晶性高分子はTg以下では分子が凍結され、固体のガラス状態で硬くてもろい性質を示し、Tgより高温になると弾力のあるゴム状態から液体状態に変わっていく。結晶性高分子はTg以下の領域では強靭な固体状態でTgより高くなると弾力のある固体の性質を示し融点（Tm）以上では液体状態へと変わっていく。主なガラス転移点は表の通り。

プラスチック材料のガラス転移点

項目 / 樹脂	ガラス転移点 Tg（℃）
高密度ポリエチレン	－120
ポリプロピレン（PP）	－10、－18
ポリアセタール（POM）	－50、－85
ナイロン6（PA6）	－65
ポリ塩化ビニル（PVC）	78
ポリスチレン（PS）	80
ポリカーボネート（PC）	130
アクリル（PMMA）	105

融点（Tm）

melting point

非晶性樹脂の温度を上げいくとガラス転移点付近で軟化し、たわみやすいゴム状物質または粘性液体となるが結晶性樹脂の場合、弾力のある固体の性質が弾性力のあるゴム状態を経て一定の温度で急激な変化が起こり、融解して液体状態に変わる。この転移温度を融点（Tm）という。この時、体積が激しく増大し融解熱が必要となる。逆に溶融状態から結晶化する時は結晶化熱が放出される。

※融解潜熱参照のこと

プラスチック材料の融点（Tm）

項目 / 樹脂	融点 Tm（℃）
高密度ポリエチレン	135
ポリプロピレン（PP）	176
ポリアセタール（POM）	175
ナイロン6（PA6）	225
ポリ塩化ビニル（PVC）	－
ポリスチレン（PS）	－
ポリカーボネート（PC）	－
アクリル（PMMA）	－

結晶性樹脂の比容の温度変化

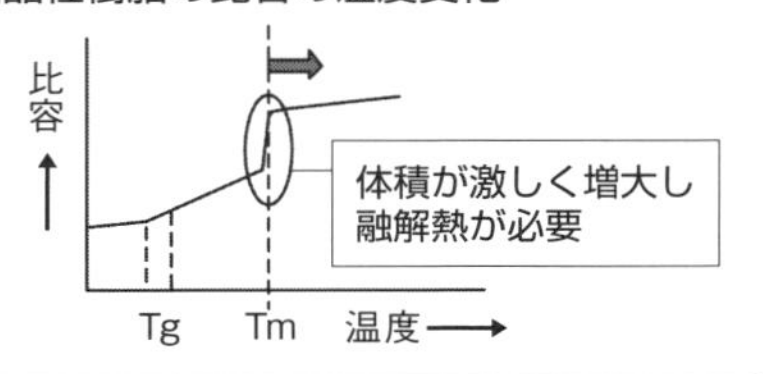

プラスチックの特性

融解潜熱

haet of fusion

潜熱とはその物質が温度を変えないで個体から液体、液体から気体へと変えるために吸収または発熱する熱のことをいう。例えば氷が熱を吸収することで水になるがその時の温度は同じ0℃であり、この時の吸収熱をいう。結晶性樹脂の場合、固体の性質が一定の温度で融解して液体状態に変わる時に使われる熱をいい非晶性樹脂にはない。結晶性樹脂を成形する場合、この現象を考慮して加熱筒温度設定や金型冷却システムに注意する必要がある。

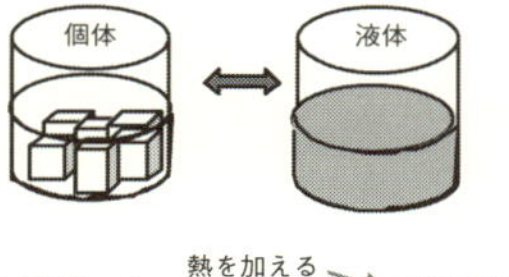

成形に要する熱量と融解潜熱

樹脂	成形温度（℃）	所要熱量（kcal／kg）	融解潜熱（kcal／kg）
ポリアセタール（ホモポリマー）	205	100	39
ポリスチレン	235	88	0
ポリエチレン（高密度）	227	172	38
ナイロン（6－6）	277	189	31

（Du Pont 社データ）

プラスチックの特性

軟化点

softening point

樹脂に熱を加えて温度上昇させていくと、その剛性は徐々に低下していくが、ある温度で急激に低下して変形し始める温度をいう。非晶性樹脂ではガラス転移点に近い温度であるが、結晶性樹脂の場合はかけ離れている。金型から成形品を取出す場合は軟化点以下にする必要がある。

樹脂＼項目	ガラス転移点 T_g（℃）	軟化点 T_t（℃）	融点 T_m（℃）
高密度ポリエチレン	－120	80	135
ポリプロピレン	－10、－18	120	176
ポリアセタール	－50、－85	170	175
ナイロン6	－65	145	220
ポリ塩化ビニル	78	85	－
ポリスチレン	80	95	－
ポリカーボネート	130	140	－

熱変形温度

Heat distortion temperature

熱変形温度は荷重たわみ温度ともいい、樹脂を一定荷重下で温度を一定の速度（2℃／分）で上げていき、試験片のたわみが所定の量に達したときの温度をいう。樹脂の長時間連続使用可能な温度は一概に言えないが、熱変形温度より約20～30℃以下とされている。

荷重たわみ温度

樹脂＼項目	荷重たわみ温度℃	
	18.6kgf／cm²	4.6kgf／cm²
高密度ポリエチレン	－	80－90
ポリプロピレン(PP)	50－60	108－120
ポリアセタール（POM）	110－125	155－170
ナイロン6（PA6）	70－85	185－190
PBT（G30%）	210－220	195－225
PPS（G40%）	250－265	－
PEEK	130－160	286
ポリ塩化ビニル（PVC）	60－85	60－80
ポリスチレン（PS）	50－95	80－105
ABS	74－100	98－108
ポリカーボネート（PC）	132	138
アクリル（PMMA）	74－99	79－107
変性PPE	82－129	110－137
PES	203	216

※参考値（樹脂のグレードによっても変わる）

収縮

shrinkage

体積膨張した溶融樹脂が高い射出圧力で充填・保圧され、冷却することで樹脂は収縮する。一般には、成形後24時間までに起こる収縮を成形収縮と呼び、その後の収縮を後収縮と呼んで区別している。収縮の主な要因としてはa）熱収縮　b）結晶化に伴う収縮　c）内部応力の解放による弾性回復に伴って起こる膨張　e）樹脂の分子配向により発生内部応力の緩和などの要因の総合的な効果で収縮が起こる。

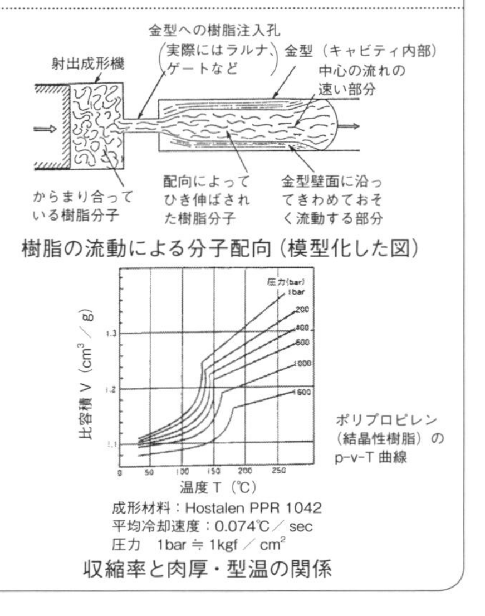

樹脂の流動による分子配向（模型化した図）

成形材料：Hostalen PPR 1042
平均冷却速度：0.074℃／sec
圧力　1bar ≒ 1kgf／cm²

収縮率と肉厚・型温の関係

プラスチックの特性

成形収縮率（S%）

ratio of molding shrinkage

常温の金型寸法に対する成形品の収縮量の割合を%で表したもので次の式から計算される。

$$S\% = \frac{M - m}{M} \times 100$$

S：成形収縮率%
m：常温の成形寸法
M：常温の金型寸法（mm）

成形収縮率は樹脂や充填材の種類や混合率、成形品設計（肉厚など）、金型設計（ゲートや金型冷却方法など）、成形条件（射出圧力、時間、金型温度、樹脂温度など）によって左右され必ずしも一定しなく、寸法バラツキの原因ともなる。

主な樹脂の収縮率（単位：1 ／ 1000）

樹脂＼項目	収縮率	結晶性	非晶性
高密度ポリエチレン	15 ～ 30	○	
ポリプロピレン（PP）	12 ～ 25	○	
ポリアセタール（POM）	15 ～ 35	○	
ナイロン 6（PA6）	9 ～ 25	○	
PBT（G30%）	19 ～ 24	○	
ポリ塩化ビニル（PVC）	4 ～ 5		○
ポリスチレン（PS）	4 ～ 6		○
ABS	4 ～ 6		○
ポリカーボネート（PC）	5 ～ 8		○
アクリル（PMMA）	2 ～ 8		○

収縮率と肉厚・型温の関係

収縮率（%）
型温 80℃
型温 60℃
型温 40℃
肉厚（mm）

材質：ポリエチレン（密度 0.95）

プラスチックの特性

後収縮

after shrinkage

一般に成形直後、成形品は大きく収縮（成形収縮）するが、以後は種々の環境条件などにより、経時変化する。これが後収縮と呼ばれる。発生原因は　1）温度や湿度による影響　2）結晶性樹脂による結晶化の進行　3）内部応力の緩和　4）クリープ変形　などがあり、特に成形時の型温や成形品の肉厚に大きく依存するので注意する必要がある。

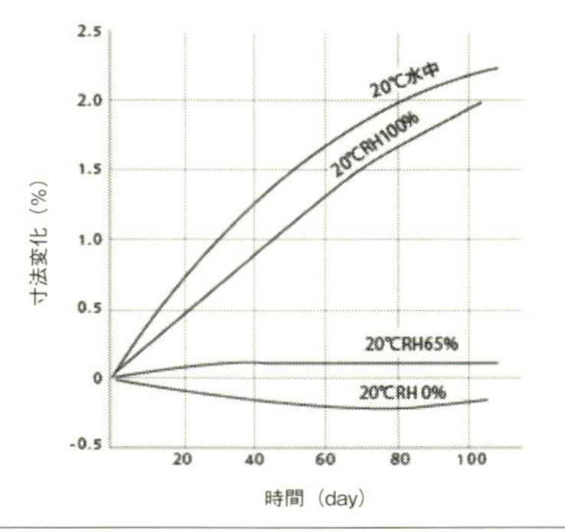

※ナイロン 6 の各環境に於ける角棒の寸法の経時変化を示す。絶乾状態（20° C、RH0%）では成形時の残留応力の緩和にともなう寸法減少を示すが給水状態では増加する。寸法は給水率 1%につき 0.2 ～ 0.3%増加する。（東レ資料より）

プラスチックの特性

メルトフローレート

melt-flow ratio,melt floew index

熱可塑性樹脂の流動性を示す目安となる数値で、押出し形プラストメーターで乾燥した材料を一定温度で溶融させた後、一定圧力を加えて、規定の寸法をもつノズルから押出された重量をg/10minの単位で表したものである。この値は分子量の目安となり、分子量が大きいほどこの値は小さな値を示し、流動性は低いが機械的強度や耐熱性が高くなる。同一樹脂の品質管理項目として利用されている。

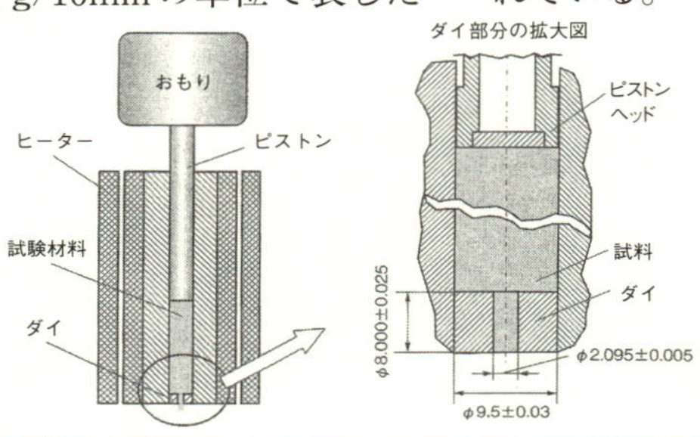

出典：横田明
「射出成形加工のツボとコツQ&A」
日刊工業新聞社（2009）

プラスチックの特性

比重と密度

specific gravity

密度は単位体積当たりの質量で、g /cm^3で表され、比重はある物質の質量と同体積を持つ標準物質の質量との比をいう。プラスチック材料の密度は、温度と圧力によって変化する。例えば、PS樹脂の場合、常温の密度は1.05g/cm^3で加熱筒内　230℃では0.97g/cm^3　射出充填　230℃樹脂圧840kg/cm^2では1.02 g /cm^3　である。

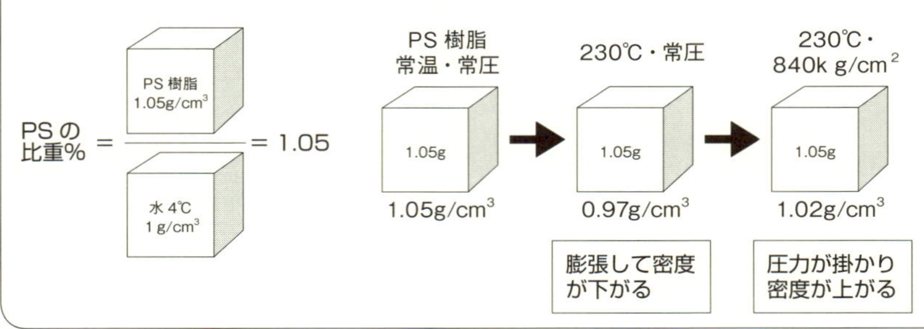

プラスチックの特性

異方性

anisotropy

　樹脂の流れ方向と直角方向では分子の配向やガラス繊維・無機フィラーなどの配向が異なりこれが原因となり、物理的性質が方向によって異なることをいう。成形収縮率を見てみると上図のように流れ方向と直角方向で異なり、ソリやツイストの原因となる。またガラス繊維で強化した樹脂の曲げ強度や衝撃強度などにも影響し、PPS樹脂の流れ方向に対し直角方向の曲げ強度は50%近くまで落ちるといわれている。

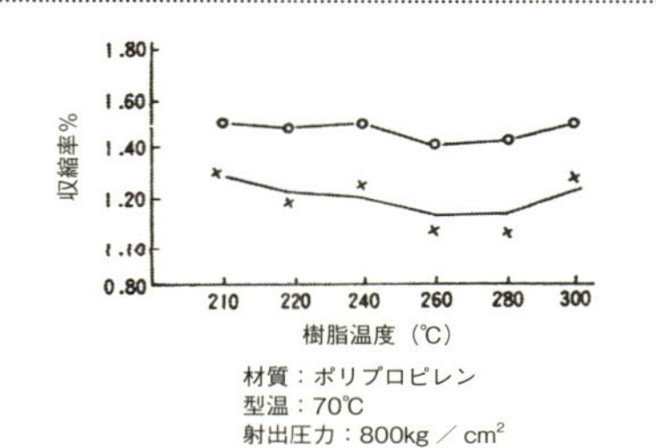

材質：ポリプロピレン
型温：70℃
射出圧力：800kg ／ cm²

ツイストの発生の原因

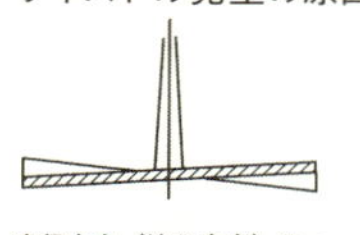

直径方向（流れ方向）のａの収縮率は円周方向ｂの収縮率より大きいため、円周方向に収縮ひずみが生じ、ツイストが発生する。

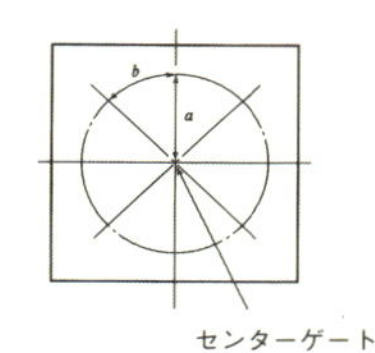

センターゲート

プラスチックの特性

成形品強度と成形条件

atrength & inj.molding program

　成形品強度は材料そのものの強さや成形品形状、成形条件、使用環境によって左右されることが多い。また材料そのものの強度を成形条件から考えると配向性、結晶性、残留応力等が影響し、これらを考慮することが重要である。応力や歪の種類と発生原因および成形条件との関連を下記の表に示す。

※応力は単位面積当りの力（Ｐａまたはｋｇｆ／㎠）であり、歪は伸び（cm／cm、％で示される）

主な歪の種類と発生原因および成形条件との関連等

種類	発生原因	発生過程	発生部位	成形条件との関連（代表）
1）充填歪	体積圧縮歪凍結	保圧状態	主にゲート部	流動圧、保持圧
2）配向歪	流動せん断 応力凍結	流動充填状態	ゲート部、 表層部	肉厚、流動圧と速度、金型
3）冷却歪	温度勾配による歪	冷却状態	表層部、肉厚 変化部	肉厚、形状、流動圧と金型温度

プラスチックの特性

充填歪

atrain of injection pressure

充填された樹脂は冷却が進むにしたがい体積が収縮するが、これを補うため、保持圧力を掛け過ぎると、ゲート部付近は密度が高くなる。この状態で樹脂が冷却固化するとゲート部付近とそれ以外のところで密度差が発生し、歪として残ってしまうことを充填歪という。密度の高いゲート部付近は硬くて脆くクラックが発生しやすい。対策として、①過度の保持圧力、長い保持圧時間を避ける ②金型温度、材料温度を上げる等クラッキングが有効である。

充填歪によるゲート付近の割れ

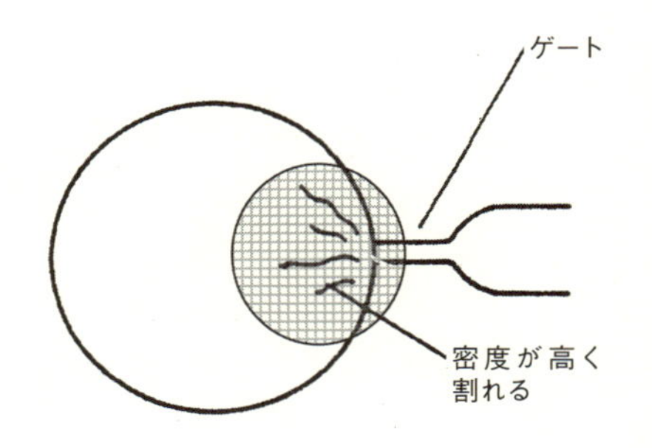
ゲート
密度が高く
割れる

プラスチックの特性

配向歪

filler orientation atrain

充填途中の溶融材料は、流動方向とその直角方向では速度が異なるため、収縮率や物性が異なる（異方性と言う）現象を配向歪と言う。配向歪には表皮層の材料が流動方向に引き延ばされることによる分子配向、充填材（ガラス繊維など）の流動による配向と結晶性材料が冷却される時にできる結晶化度の部分的な差による配向などがある。

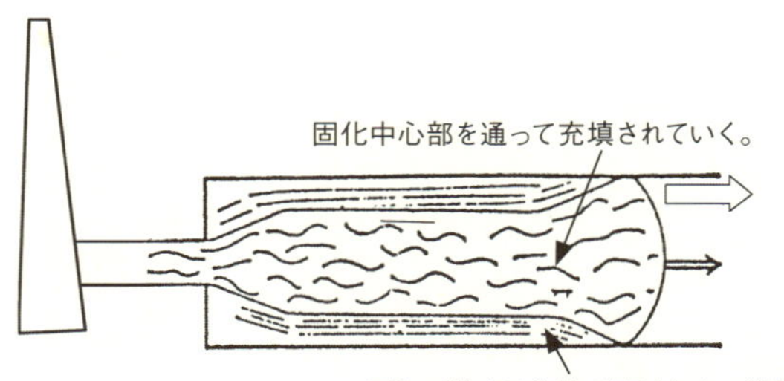
固化中心部を通って充填されていく。
固化が始まり粘性が高くなる。流動樹脂によって引き伸ばされながらゆっくり流動する。これにより配向歪が発生する。

プラスチックの特性

冷却歪・収縮歪

strain by shrinkage

成形品には肉厚部分と肉薄部分が混在しており、またキャビティ内の型温度も冷却回路から近い所と遠い所もあり、固化するまでの冷却速度も各部で異なる。結果、成形品各部の収縮も不均一となり、これにより発生する歪である。肉厚変動の大きい個所や冷却が不均一な部分にヒケ、ボイドが発生し、体積収縮が成形品の全体に及べば、変形、ソリ、曲がりなどの冷却歪、収縮歪の原因となる。

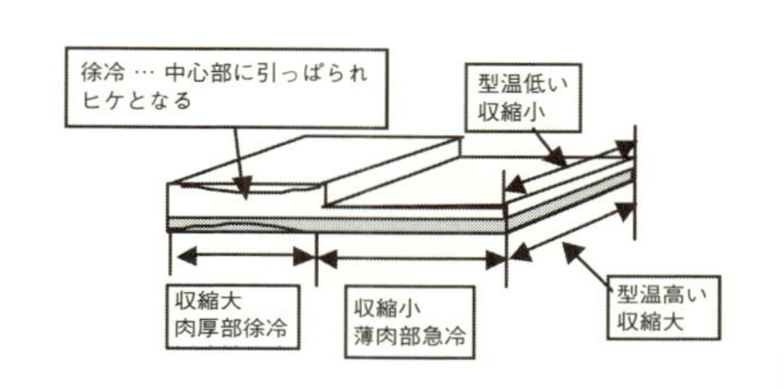

型温高い側・・・収縮大
肉厚部側　・・・収縮大
徐冷　　　・・・収縮大・中心部に引寄せられる

プラスチックの特性

環境応力亀裂（ESC）

environmental stress cracking

応力と環境要因（化学薬品など）の作用で、プラスチックの表面及び内部に亀裂を生じる現象をいう。この亀裂の発生は、油や海面活性剤その他の化学薬品などと接する外部環境によって著しく促進されることが多い。この発生メカニズムは応力存在下で分子間に隙間が生じて溶剤が浸透→ポリマー分子鎖が動きやすくなる→局部的に応力緩和→クラック発生するといわれているが解明されていない。※ソルベルトクラックと同意語

定ひずみソルベルトクラック試験法（曲げ試験法）

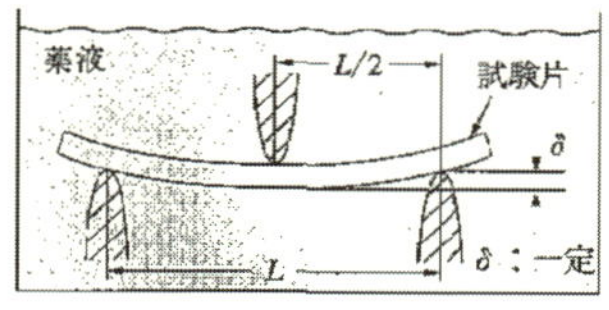

(a) 2点支持法

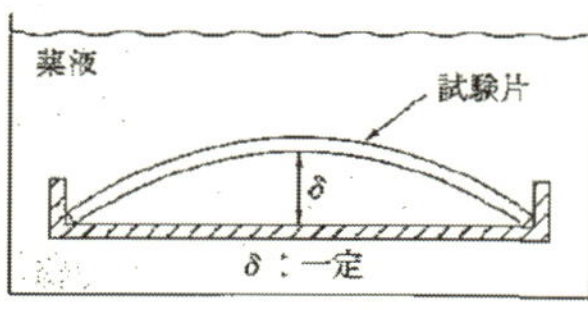

(b) 両端拘束法

プラスチックの特性

吸水率

water absorption

乾燥状態の樹脂を湿度の高い雰囲気で放置しておくと大小の違いがあるが吸湿する。吸湿した状態で成形すると、シルバーストリークなどの外観不良や加水分解による物性低下を起こす。また吸水率の大きいナイロンは吸湿により成形品寸法が大きく変わるので使用環境を考慮した成形品設計が必要。吸水率は一定時間後の単位重量あたりの増加量をいい、%で表わす。

各材料の吸水率（%）

材料名	吸水率
高密度ポリエチレン	< 0.01
ポリプロピレン（PP）	0.01 ～ 0.03
ポリアセタール（POM）	0.25 ～ 0.04
ナイロン6（PA6）	1.3 ～ 1.9
PBT（G入り）	0.06 ～ 0.08
ポリ塩化ビニル（PVC）	0.04 ～ 0.4
ポリスチレン（GP － PS）	0.03 ～ 0.1
ABS	0.2 ～ 0.45
ポリカーボネート（PC）	0.15
アクリル（PMMA）	0.3 ～ 0.4
変性 PPO	0.06 ～ 0.07

ポリカーボネイトの射出成形機における吸水率の影響

ペレット放置時間 23℃ 30% RH	放置後の水分含有率（%）	成型品の外観	左の水分率ペレットをそのまま放置した時のアイゾット衝撃値（フィート・ポント／平方インチ）
0 hr	0.01	良好	16
2	0.032	シルバーストリーク発生	13
4	0.07	〃	7
6	0.09	〃	7
21	0.13	〃	1.8

プラスチックの特性

難燃性

flammability

プラスチックは一般に可燃性で燃えやすい欠点あり、使用環境によって火災の危険性が高まる。そこで通常は難燃剤を混ぜて燃えにくくしている。難燃性の指標として代表的なものに、米UL（Underwriters Laboratories）の規格「UL-94」がある。基本的には、試験片（12.7mm × 127mm）にガスバーナーで着火し，消火するまでの時間を測ることで、94HB，V-2，V-1，V-0，5Vの順に厳しい規格になっている。他の難燃性の指標として、酸素指数（OI）がある。

プラスチックの難燃性：酸素指数・UR94 規格グレード		
プラスチックの種類	酸素指数	UR94
ポリアセタール	15 ～ 16	HB
メタクリル樹脂	17 ～ 18	HB
ポリプロピレン	18 ～ 19	HB
ポリスチレン	18 ～ 19	HB
ナイロン 66	24 ～ 25	V － 2
ポリカーボネート	24 ～ 25	V － 2
ポリ塩化ビニル	28 ～ 38	V － 0

酸素指数の可燃性の目安	
酸素指数	燃えるか燃えないか
２２以下	可燃性。燃える。
２３から２７	燃えるが、自己消火性。
２７以上	難燃性

ヒンジ特性

Hinge property

材料のちょうつがい特性をいう。ポリプロピレンを延伸すると耐曲げ疲労性が顕著に向上するが、この性質をうまく利用して様々な容器の蓋と本体とを連結する一体成形のヒンジ（ちょうつがい）を射出成形によってつくることができる。

〈参考〉設計上のポイント

蓋と本体の間が0.25～0.5mm程度の膜で結合されるようにデザインした成形品を完全に冷却する前に取り出し、ただちにヒンジ部を折り曲げて延伸効果を与えるとこの部分の耐曲疲労性が向上し、デザインと成形条件が適正であれば0℃において300万回以上の開閉に耐える。

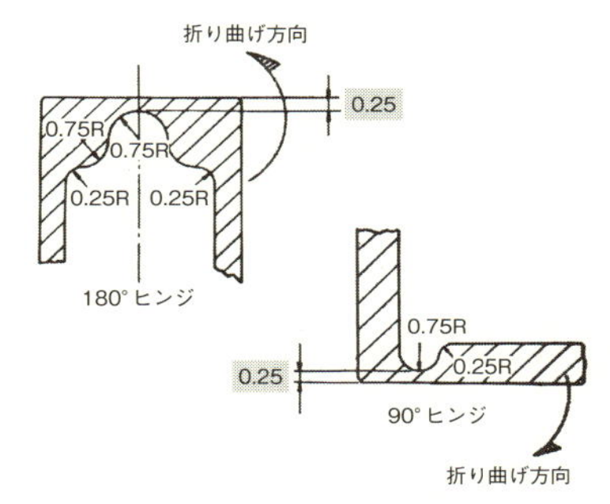

ポリプロピレンのヒンジ寸法図

第4章

金型

成形品設計

product design

安く、早く、安定して量産のためには製品設計から検討する必要がある。

1・単純な形状にする。また原則として対称形にする

2・肉厚の均一化をはかる

3・パーティングラインをどこにするか考慮しておく。パーティングライン上ではシャープエッジは避ける

4・シャープコーナーをつくらない

5.・成形品壁やリブ、ボスには抜き勾配を取ること

6・できるだけアンダーカット部はさけるべき。樹脂の流れを想定してデザインすること。場合によっては金型設計者に相談する

7・実績を重視する

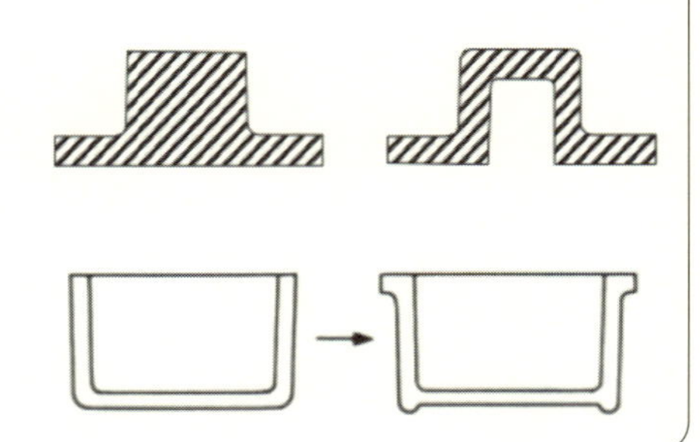

パーティングライン

parting line

金型の分割線をいう。

パーティングラインをどこにするか考慮しておく。パーティングライン上ではシャープエッジは避ける。

①ＰＬ（パーティングライン）は目立たない位置に設ける。また単純(直線の平面）にする。また形状は単純で対称形がよい。

②アンダーカットにならない位置と形状にする。

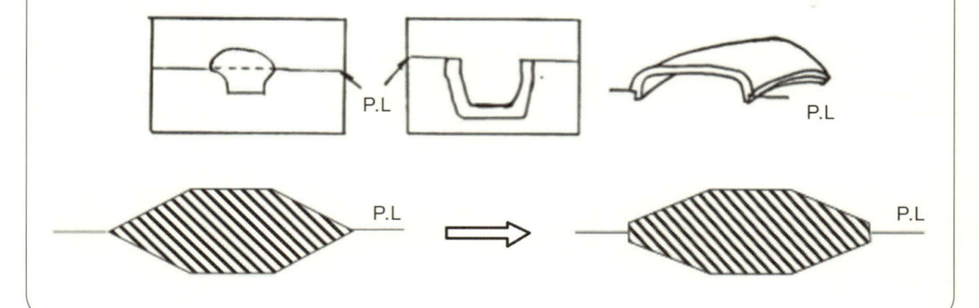

流動解析（CAE解析）

computer aided engineering

成形品のデザインが決まり、その成形品を最適な成形を実現させるためには、どのような位置に、どのようなゲートを何点のゲートで、どのようなサイズが適切かをコンピーター上でシュミレートする技術が進んでいる。現在では、ここに示す樹脂の流動解析だけでなく、金型内充填圧力や金型冷却解析などを製品設計の段階での事前検討支援に使われている。

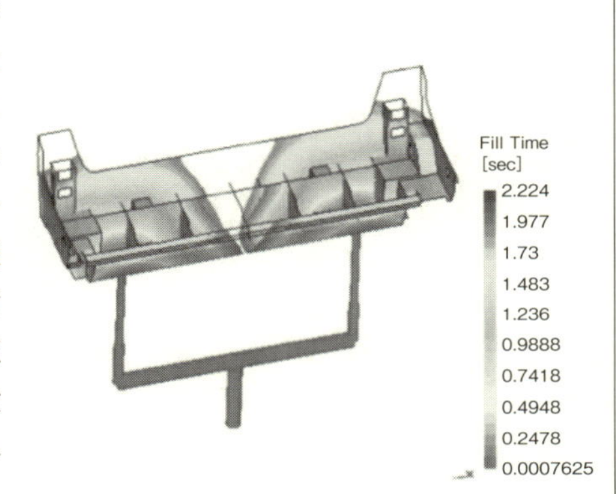

シャープコーナー

sharpe corner,sharpe edge

成形品デザインをするにあたって、できるだけシャープエッジを避けておく。図に示すように、成形品コーナーでのエッジは外部からの荷重に対して、集中応力を受けるだけでなく、激しい肉厚差や段差は成形材料の充填過程でしばしば発生しがちな、シルバーやコールドといった成形不良も発生しやすくなる。

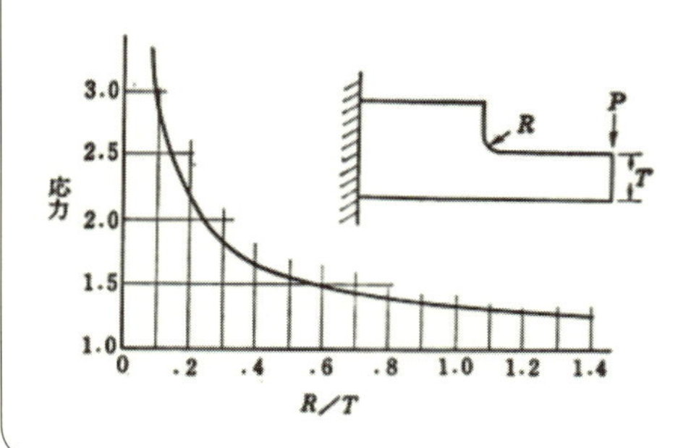

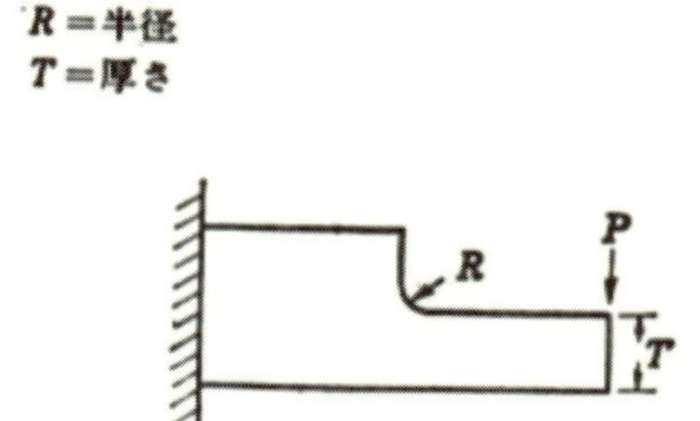

製品設計

抜き勾配

an incline

金型から成形品の取り出しを容易にするための金型内面につける傾斜の角度のこと。

成形品のデザインや部位によって、金型の抜き勾配は、制限されるものではあるが、抜き勾配はできるだけ大きいほど離型性はよくなる。成形品の基本肉厚を構成する形状部では、キャビティとコアの抜き勾配は同一を基本とする。図は、外周部、リブ部、格子部の概ねの抜き勾配を示す。

	0.5°	1°	2°	3°	4°	5°
5	0.0441	0.0882	0.1746	0.2620	0.3496	0.4374
10	0.0882	0.1764	0.3492	0.5241	0.6993	0.8749
15	0.1323	0.2646	0.5238	0.7861	1.0489	1.3123
20	0.1764	0.3528	0.6984	1.0480	1.3986	1.7498
30	0.2646	0.5292	1.0476	1.5723	2.0979	2.6247
40	0.3528	0.7056	1.3968	2.0964	2.7972	3.4996
50	0.4410	0.8820	1.7460	2.6205	3.4965	4.3745
60	0.5292	1.0584	2.0952	3.1446	4.1958	5.2494
70	0.6174	1.2348	2.4440	3.6687	4.8951	6.1243
80	0.7056	1.4112	2.7936	4.1928	5.5944	6.9992
90	0.7938	1.5876	3.1428	4.7169	6.2937	7.8741
100	0.8820	1.7640	3.4920	5.2410	6.9930	8.7490
125	1.1025	2.2050	4.3650	6.5512	8.7412	10.9362
150	1.3230	2.6460	5.2380	7.8615	10.4895	13.1235
175	1.5435	3.0870	6.1110	9.1717	12.2377	15.3107
200	1.7640	3.5280	6.9840	10.4820	13.9860	17.4980
225	1.9845	3.9690	7.8570	11.7922	15.7342	19.6852
250	2.2050	4.4100	8.7300	13.1025	17.4825	21.8725

抜き勾配の表

製品設計

コア/キャビティ

core/cavity

一般に成形品突き出しは可動盤側にある。可動側を凸型形状にして、凹型形状が固定盤側に取り付けられる。この凸型形状（雄型）をコア、凹型形状をキャビティという。

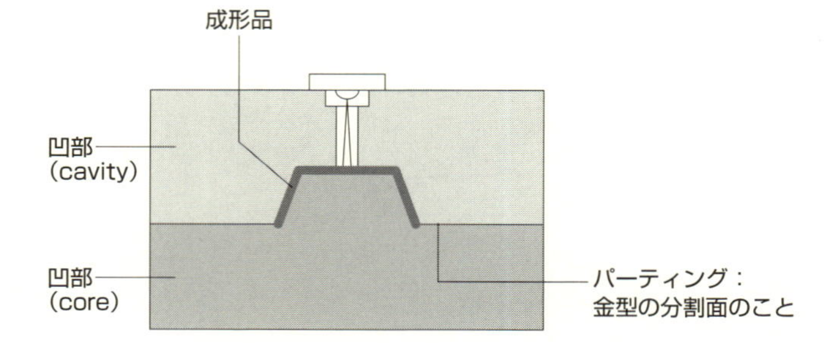

製品設計

入れ子

parts of core

複雑な金型の場合、一体加工が難しく、焼き入れや磨きなどを行う上で作業性も悪いものは、入れ子構造にして作られることが多い。成形形状を直接型板に掘る場合もあるが、一般的には型板にポケット加工を施し、そこに成形品の型形状を加工した部品をはめ込む。このはめ込む部品の事を入れ子という。

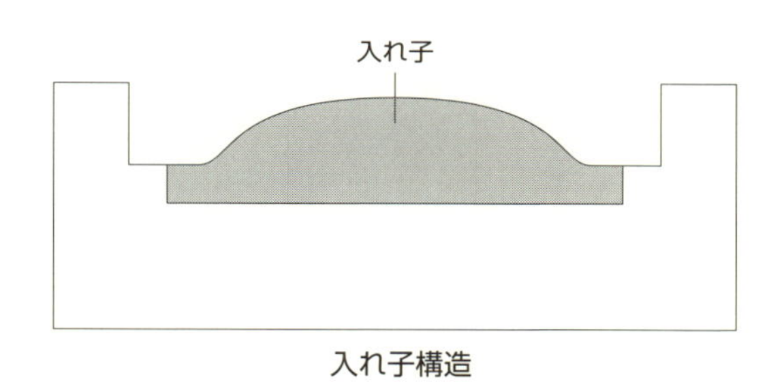

入れ子構造

製品設計

金型強度

strength of mold

成形時の射出樹脂圧力に対する金型の耐力のこと。

1）金型強度が不足している場合、高い型締力の機械に載せてもバリやオーバーパックが発生するので注意が必要。

2）金型強度計算をする場合、平均樹脂圧力を500～700ｋｇ/cm2程度で計算し、

①タワミにより、バリの発生の心配がない場合、・・・・・・0.1～0.2ｍｍ

②タワミにより、バリの発生の心配がある場合・・・・・・ 0. 05～0. 08ｍｍ（ＰＡ以外）

※ＰＡの場合は、0.025ｍｍの値を使う。

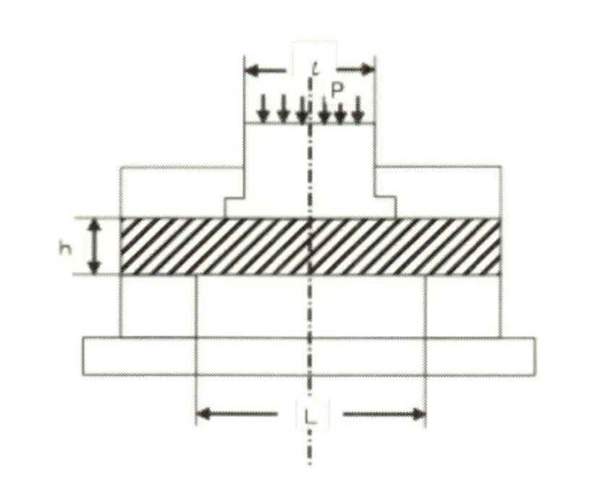

寸法精度

dimension presision

成形品の寸法を決める構成要素として、キャビテイまたは、コア側だけで作られる寸法と、その両方で作られる寸法がある。図-1の場合では、金型精度により成形品精度が決まるため、寸法バラツキは小さい。

一方、図-2の場合では、金型精度だけでなく金型のガイド構造や、型締め力、射出圧力などの影響を受け易いため寸法バラツキは大きくなる。

図-1
キャビテイ・コアのどちらかで作られる寸法

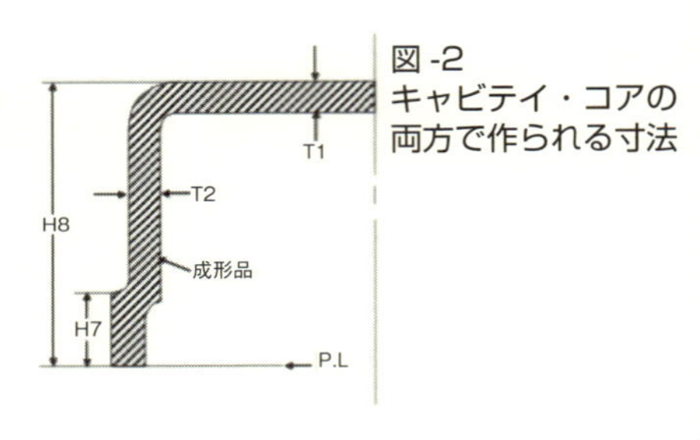

図-2
キャビテイ・コアの両方で作られる寸法

成形品精度

variation of tolerance

一般的にいわれる、成形材料での寸法精度の要求寸法精度の目安である。非結晶性材料のPS・ABS材では、基本寸法精度は小さく、結晶性材料のPA・POM材は大きい。

規格	クラス分類	樹脂	基本寸法（mm）				
			～6	6～18	18～30	30～50	50～80
DIN 16901	1級	PS, ABS	± 0.06	± 0.09	± 0.10	± 0.13	± 0.17
SPI	精密級	PS	± 0.06	± 0.06	± 0.07	± 0.09	± 0.11
"通信工業会 CES M7002"	第1種 特別級		± 0.05	± 0.08	± 0.10	± 0.15	± 0.20

表-1
高い精度の成形品が得られる成形材料で成形した成形品

規格	クラス分類	樹脂	基本寸法（mm）				
			～6	6～18	18～30	30～50	50～80
DIN 16901	1級	ナイロン、ポリアセタール	± 0.08	± 0.11	± 0.13	± 0.15	± 0.24
SPI	精密級	ナイロン	± 0.07	± 0.08	± 0.10	± 0.12	± 0.16
通信工業会 CES M7002	第2種特別級		± 0.08	± 0.12	± 0.15	± 0.22	± 0.30

表-2
一般的精度の成形品が得られる成形材料で成形した成形品

出典：吉沢昭久・洗野義雄「射出成形用金型の設計技術」工業調査会

製品設計

寸法公差

variation of toralance

一般的にいわれる精密成形品の基本寸法に対する最小～最大の寸法公差を示す。あくまでも目安である。

精密成形品の寸法公差

基本寸法	ポリカーボネート、ABS、ノリルなど		ポリアミド、ポリアセタール	
	最小限度	実用限度	最小限度	実用限度
～0.5	0.003	0.009	0.005	0.01
0.5～1.3	0.005	0.01	0.008	0.025
1.3～2.5	0.008	0.02	0.012	0.04
2.5～7.5	0.01	0.03	0.02	0.06
7.5～12.5	0.015	0.04	0.03	0.08
12.5～25	0.022	0.06	0.04	0.1
35～50	0.03	0.08	0.05	0.15
50～75	0.04	0.1	0.06	0.2
75～100	0.05	0.15	0.08	0.25

（注）
1）～は…を超え…までを示す。
2）数値はすべて±をつけて取り扱う。したがって片側公差とするときは数値の２倍を総許容範囲とする。
3）数値は吸湿その他経時変化による許容値を含まない。
4）数値はつぎの項目については適用しない。
　ⅰ）金型に大きな拘束物がある場合
　ⅱ）成形の肉厚がかなり不均一な成形品
　ⅲ）４個取り以上の多数個取り金型
　ⅳ）成形品の寸法が金型によって直接定まらない個所
5）成形品の寸法が金型によって直接定まらない個所については
　基本寸法　～25mm ± 0.03
　25～100mm ± 0.05 を表に加える。

精密成形品の寸法公差（単位　mm）

出典：廣恵章利他「やさしいプラスチック金型」三光出版（1998）

製品設計

サポートピラー

support pillar

金型の撓みを最小に抑える手法として、図にあるようにCAVプレートの中央または、必要な個所にセットされる。可動側型板の射出圧力による撓みをサポートするために使用される。

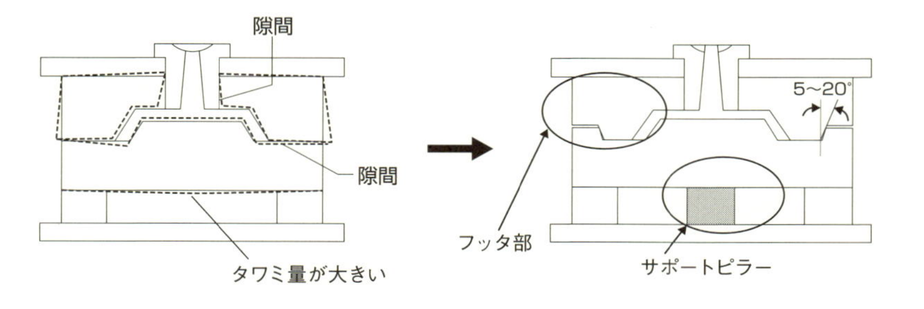

金型

製品設計

金型製作仕様書

mold specification

金型製作のベースとなるもので、客先名、成形品名とともに、成形品仕様などを記入する。また本金型の生産予定や使用する成形機の仕様を明確にしておくものでもある。金型鋼材の選定、生産方式、予定サイクルなど、金型の設計・製作の基本的な取り決め的な意味合いを持つ。

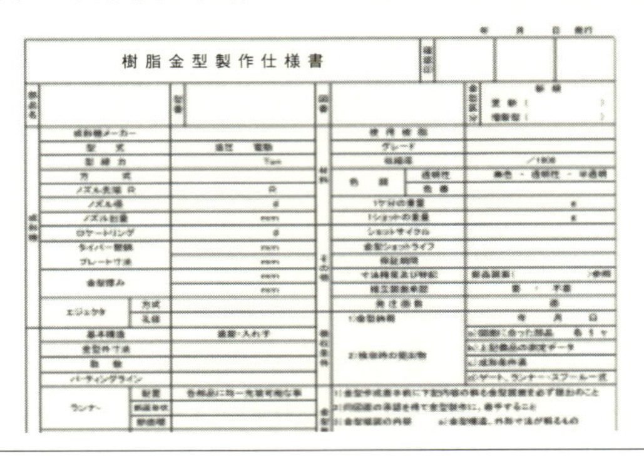
樹脂金型製作仕様書

製品設計

金型鋼材の選定

steel materials of mold parts

金型部品で一般的に使用されている金型鋼材を示す。金型寿命をどれぐらいのショット寿命で選定するかによって、キャビテイ鋼材も異なり、必要焼入れ硬度・表面処理の要不要によっても鋼種の選定も大きく変わる。また、その金型に仕様する成形材料や、ガラス繊維、カーボン繊維などの含有％によっても選定基準がかわってくる。

金型部品に使われる代表的な鋼材

金型部品名	代表的な鋼材	硬さ
キャビディおよびコア	ブリハードン鋼	30～40HRC
スライドコア	SK7	
コアピン類	SKS2、SKS3	55～58HRC
	SKD11、SKD61	
取付け板		20～35HS
受け板	SS400 又は S50C、S55C	
スペーサブロック		
エジェクタプレート		
ストリッパプレート		
エジェクタピン	SKH51	60±2HRC
スプルーロックピン		
リターンピン	SUJ2	55HRC 以上
ガイドピン		
ガイドブシュ		
アンギュラピン		
ロケートリング	S45C、S50C	20～35HS
スプルーブシュ	SKD61	50±5HRC

注：HS ショア硬度、HRC ロックウェル硬度（C スケール）

出典：深沢勇「プラスチック成形技能検定の解説」三光出版（2012）

製品設計

寸法誤差発生要因②

dimension error origin

射出成形は樹脂、金型、成形機及び成形条件の4要因によって構成されていて、これらの原因が重なりあった結果として生じる。一般に
金型製作誤差……1/3
金型磨耗……1/3
樹脂の体積収縮……1/6
成形条件の誤差……1/6
といわれている。金型に関係した要因として、金型各部の製作精度が最も重要であるが、①固定・可動の嵌め合い　②パーティングラインの取り方　③サイドコアの構造　④長期使用したときの変形、あるいは緩みなどがある。他に図のように金型の固定側、可動側のいずれか一方で決まる寸法と両方の型で決まる寸法がある。後者はバリや心ずれにより寸法に影響を与える。

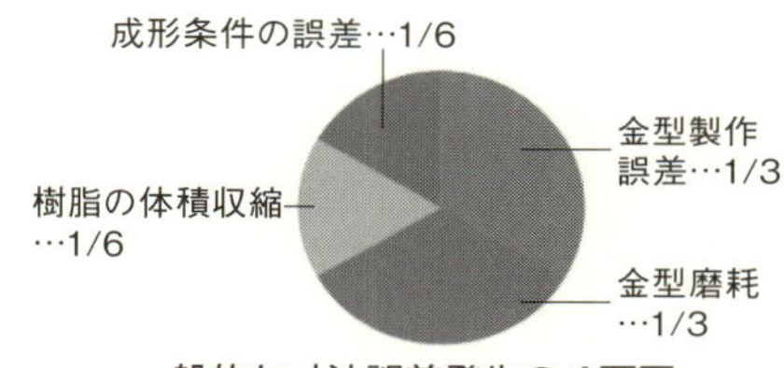

一般的な寸法誤差発生の4要因

製品設計

金型基本仕様チェックリスト

mold plan check list

金型製作仕様書に基づいて、客先の要求仕様が適切かつ適正に設計・製作進行が行われているかをチェックするための検図方法。金型の設計構想が固まった時点で、関係者によるDR（デザインレビュー）を開催し、金型の骨格となる重要な設計内容をチェックする。

金型設計チェックリストの構成例

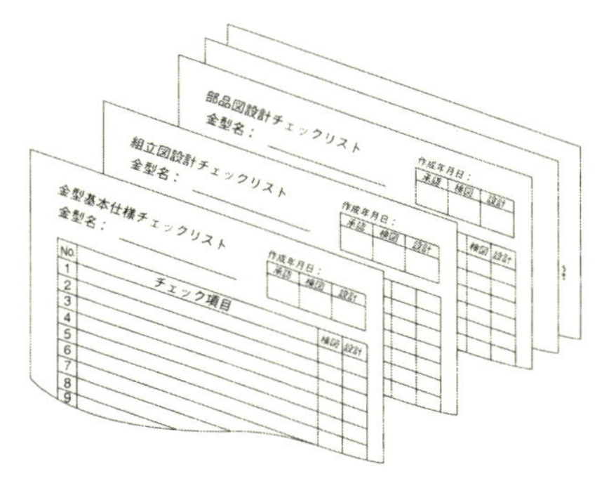

出典：福島有一「よくわかるプラスチック射出成形金型設計」日刊工業新聞社（2002）

金型

製品設計

成形サイクル線図

cycle chart

成形サイクルを各工程ごとに分析し、1サイクルの線図として把握する。成形条件の最適化や、最短成形サイクルを実現するためには成形機の仕様とその能力、また成形品の理論冷却時間など、理論と実践を比較検証しながら、1サイクルとしてまとめておく必要がある。

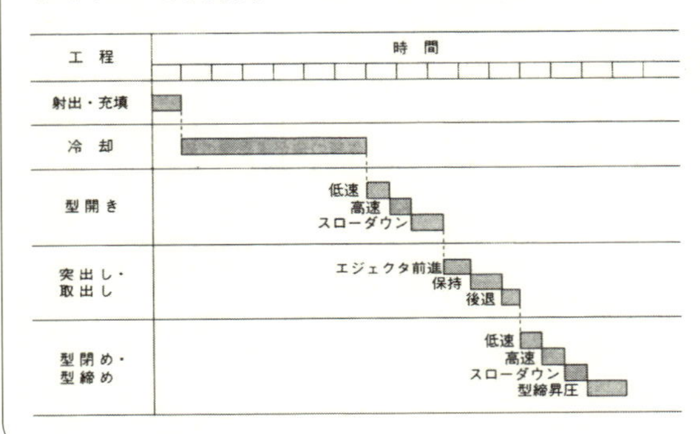

成形サイクルに関連する射出成形工程

出典：福島有一「よくわかるプラスチック射出成形金型設計」日刊工業新聞社(2002)

金型一般

金型基本構造

die structure

金型の構造は、その成形品のゲートによって、2プレート型、3プレート型、ストリッパー型などに大きく分類される。その部位部位で要求される成形品の精度、外観、ショット寿命など金型の要求仕様により、使用される鋼材なども異なる。一般的には、市販で標準化されているモールドベースから選定して、成形品を構成するいわゆるキャビテイとコア部を装着する方法がとられている。

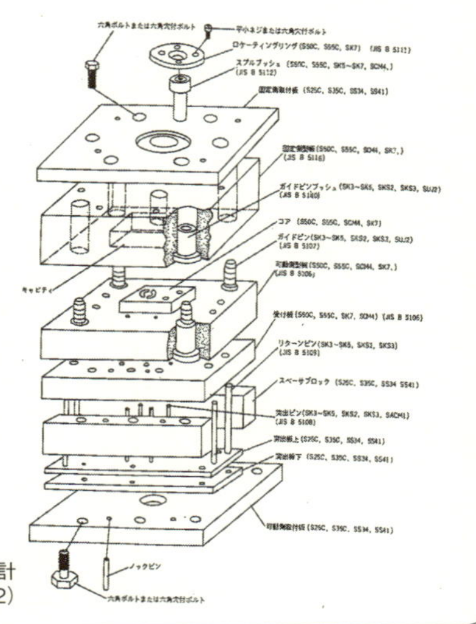

出典：青木正義・飯田誠著「プラスチック成形金型設計マニュアル集大成」日刊工業新聞社(2002)

金型一般

モールドベース

mold base

モールドベースは、プラスチック射出成形金型のキャビティ部分を格納する部品の総称で、金型を射出成形機へ直接取り付ける役割もある。モールドベースは、プラスチック射出成形金型の外周部を構成する部品群で、主に下記の部品から構成されている。
1. 固定側取付板　2. 固定側型板　3. 可動側型板　4. スペーサーブロック　5. エジェクタプレート（上）　6. エジェクタプレート（下）　7. 可動側取付板　8. ランナーストリッパープレート（3プレート構造の場合）

モールドベースの構成部品は、従来では全てその都度設計製作されてきたが、最近では標準モールドベースも普及しており、世界的に利用されている。

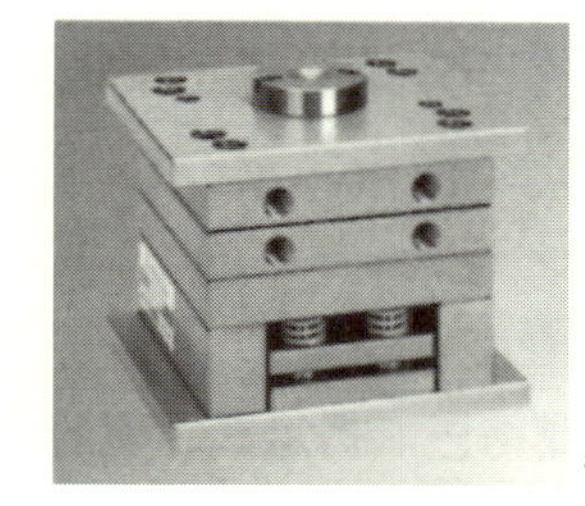

資料提供：ミスミ

金型一般

ノズル形状の種類

shape of nozzle

図に示すように、球面ノズルが最も一般的に使用される。フラットノズルは面接触のため、ノズル温度が安定する利点を持つ他、パーティングタッチノズルとしても使われる。シリンダノズルは、ホットランナー部の残圧除去を目的に使用され、成形機のノズル反復機能と一緒に使用する。

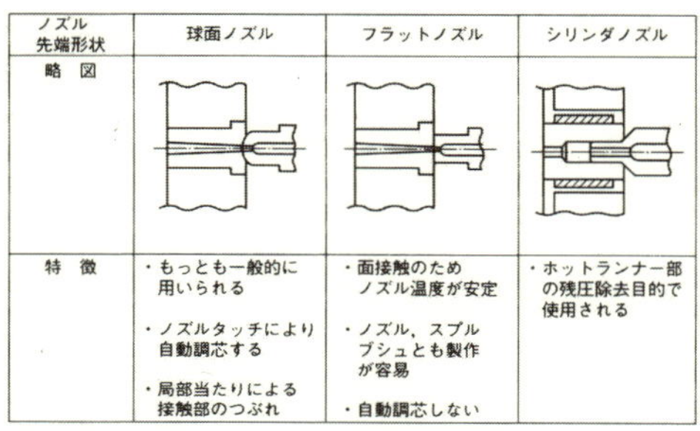

ノズル先端形状	球面ノズル	フラットノズル	シリンダノズル
略　図			
特　徴	・もっとも一般的に用いられる ・ノズルタッチにより自動調芯する ・局部当たりによる接触部のつぶれ	・面接触のためノズル温度が安定 ・ノズル，スプルブシュとも製作が容易 ・自動調芯しない	・ホットランナー部の残圧除去目的で使用される

各種ノズル先端形状の特徴と用途

金型

ロケートリング形式

rocate ring

ロケートリングは、スプルーブッシュの固定を兼ねたタイプ（ショルダータイプ）と単独タイプ（ボルトタイプ）がある。ショルダータイプは、固定側取付板の板厚が薄い小型金型に多く用いられ、ボルトタイプは、大型金型や延長ノズルなどの使用により、スプルー長さを可能な限り短くしたい場合など、ノズルタッチ部と金型取付面との距離が大きい場合に用いられる。

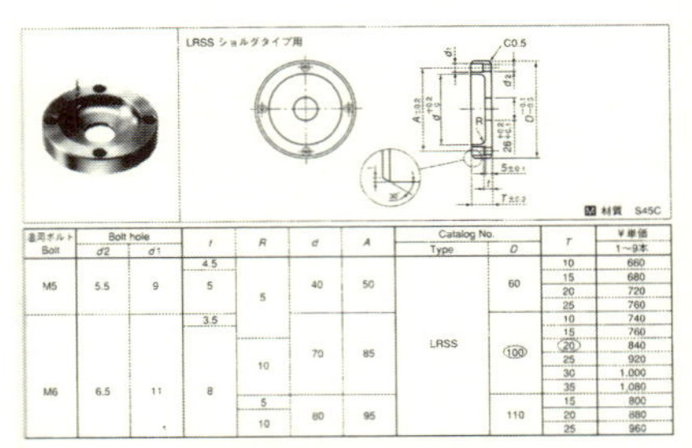

適用ボルト Bolt	Bolt hole d2	Bolt hole d1	t	R	d	A	Catalog No. Type	Catalog No. D	T	¥単価 1～9本
M5	5.5	9	4.5	5	40	50	LRSS	60	10	660
			5						15	680
									20	720
									25	760
M6	6.5	11	3.5		70	85		100	10	740
			8						15	760
				10					20	840
									25	920
									30	1,000
									35	1,080
				5	80	95		110	15	800
				10					20	880
									25	960

ロケートリング市販規格品の例（ミスミ Faceより）

出典：福島有一「よくわかるプラスチック射出成形金型設計」日刊工業新聞社（2002）

2プレート金型

2 plate mold

標準ゲートといわれるサイドゲート用の固定側・可動側の2枚のキャビテイプレイトで構成され、最もシンプルな金型構造である。一般的に使われるエジエクターピンでの突出しと、図のようなストリッパープレートで突き出す場合などがある。

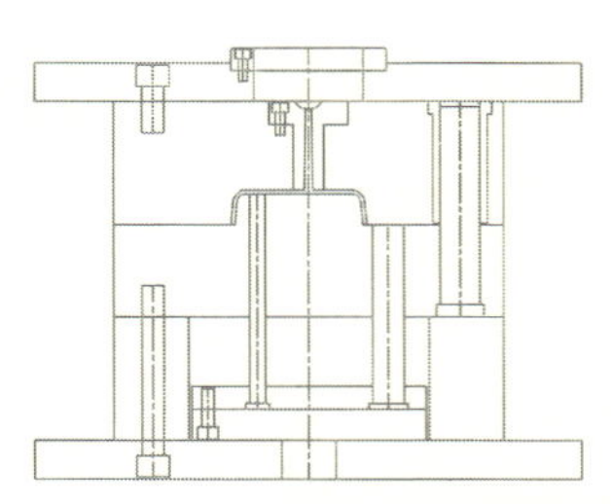

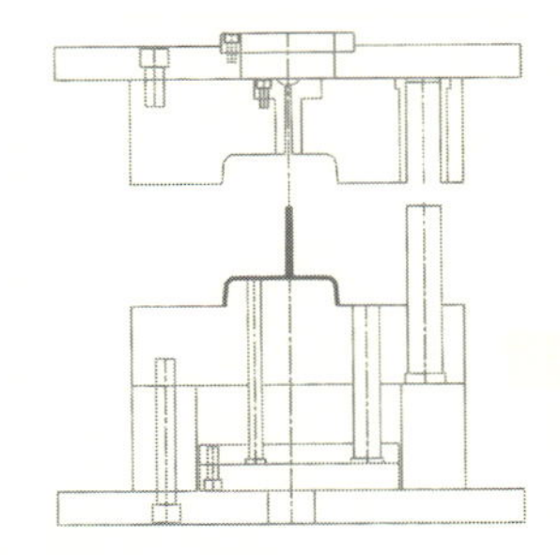

射出成形用の基本構造（2プレート型）

出典：落合孝明「金型設計者1年目の教科書」日刊工業新聞社（2014）

3プレート金型

3 plate mold

図は、ピンポイントゲート仕様での3プレート金型である。2プレート金型にランナープレートを1枚挟むような形で構成される。エジェクターピン突出しの場合や、ストリッパープレートによる突出しなどがある。

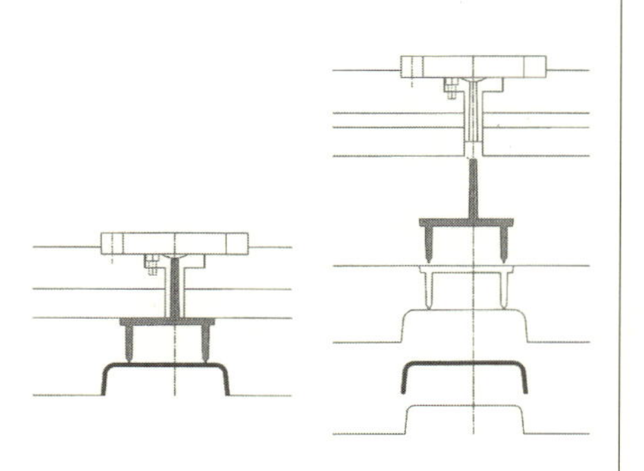

射出成形用の基本構造（3プレート型）

出典：落合孝明「金型設計者1年目の教科書」日刊工業新聞社（2014）

カセットモールドシステム

cassette mold

このシステムは、標準化された2プレート型、3プレート型で構成される。モールドベースは、高精度に加工された装着摺動部とセンターまたは、装着末端部にこのカセットモールドは位置決め保持され、この状態で手動または、油圧クランプで取り付けられる。システムの構成によっては、冷却水配管、コネクターなどの着脱ユニットがセットされるものもある。

２プレート

２プレート

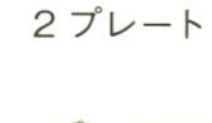

３プレート

３プレート

資料提供：
双葉電子工業

金型一般

ゲート

gate

ゲートは成形品への入り口となる。ゲートの位置やゲート形状、大きさは成形品によって、適正に設定する必要がある。ゲートには、サイドゲート、ダイレクトゲート、ピンポイントゲートなどがある。

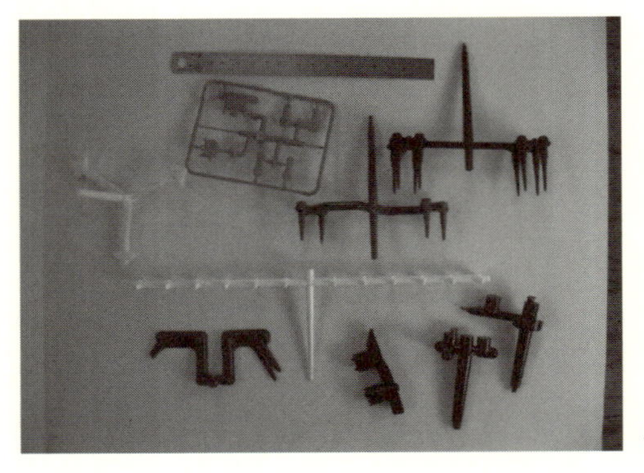

ゲート、ランナーのいろいろ

金型一般

ゲートデザイン

gate design

ゲートの種類、位置、点数や大きさを決める為の留意点

1）成形品の強度…残留応力、ウエルド、樹脂の配匂、充填不足

2）成形品の精度…成形収縮、ひけ、そり、残留応力

3）成形品の外観…ウエルド、ガスだまり、ゲート跡、ひけ、そり、シルバーストリークなどの成形不良

4）成形品の後加工…ゲート処理などを考慮しておくこと

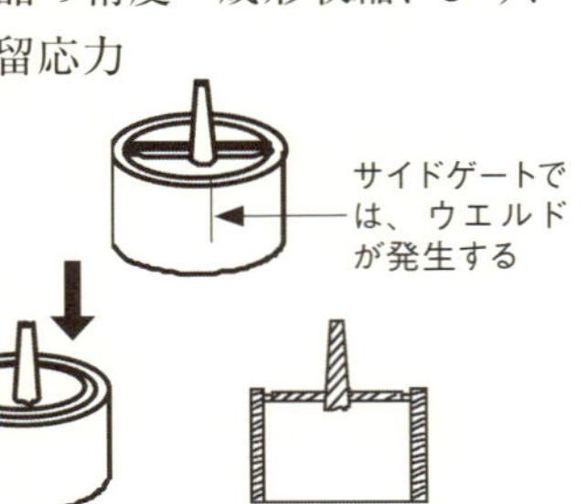

ディスクゲートでは発生しない

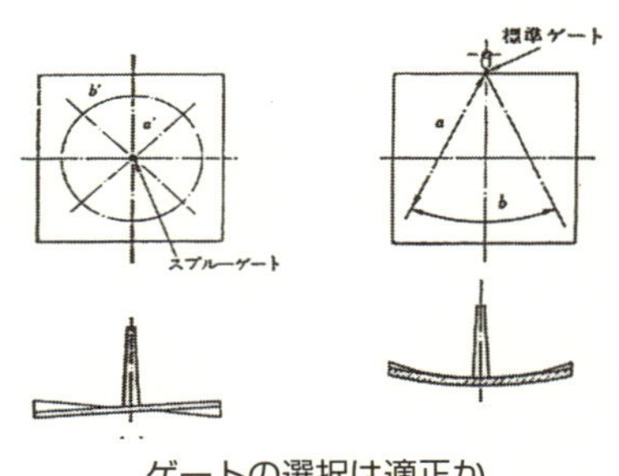

ゲートの選択は適正か

ゲート位置

gate position

ゲートの位置が悪いと色々な不良が発生する。基本的には、樹脂が流れる方向にゲートを切ってはいけない。下記図1はゲート位置を修正してジェッティング不良対策した例。図2はジェッティングが直らず、ゲート位置を変更した例。

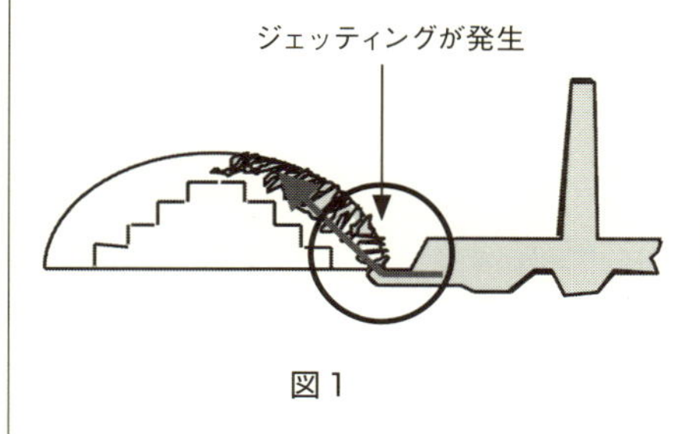

図1

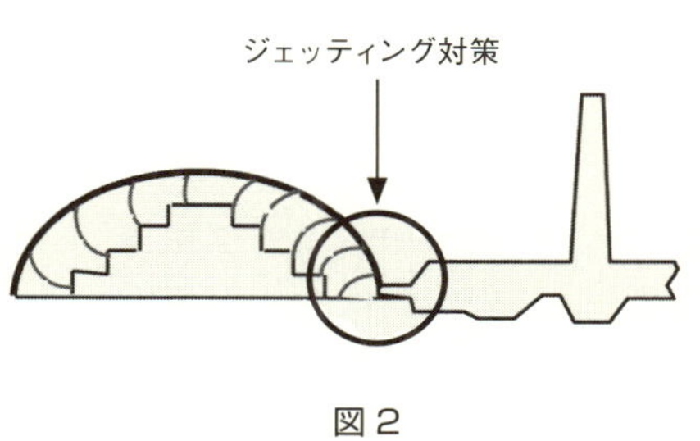

図2

ゲート断面

gate section

ゲートの断面が小さいと射出圧力ロスが大きくなりショートショットやヒケがでる場合がある。また樹脂がゲート通過する速度をコントロールできにくくなり、ジェッティングやフローマークを直すことができなくなる。逆にゲートが断面が大きいとゲート付近の残留応力が大きくなり、クラックの原因になる。またゲートシール時間が長くなりサイクルが長くなる。この状態でサイクルを短くすると寸法やヒケなどのバラツキがでる。

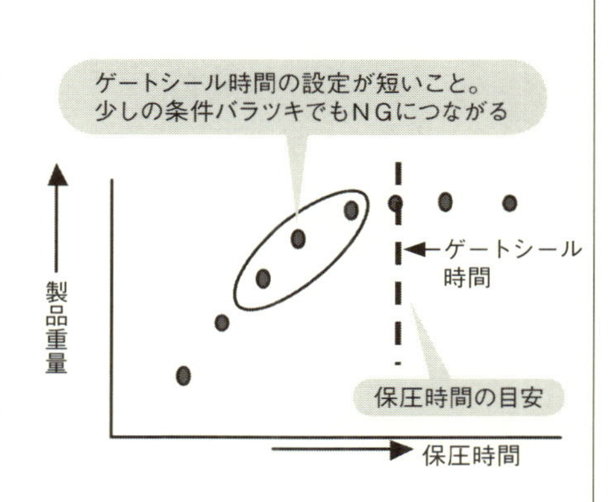

金型一般

取り数

the number of the mold article collecting

生産性から考えると、多数個取りが望まれるが、不良率（外観不良や寸法バラツキなど）を抑えるためには多数個取りより少数個、できれば1個取りの方が望ましい。一般にキャビティ1個増えるごとにバラツキは4％増えるといわれている。また材料による寸法精度の限界はPOM（ポリアセタール）±0.02％、66ナイロン　±0.3％、非晶性材料では0.05％といわれている。いずれも最低限0.03mm（絶対値）で±0.05％程度としている。生産性や不良率および成形品から取数を決める必要がある。

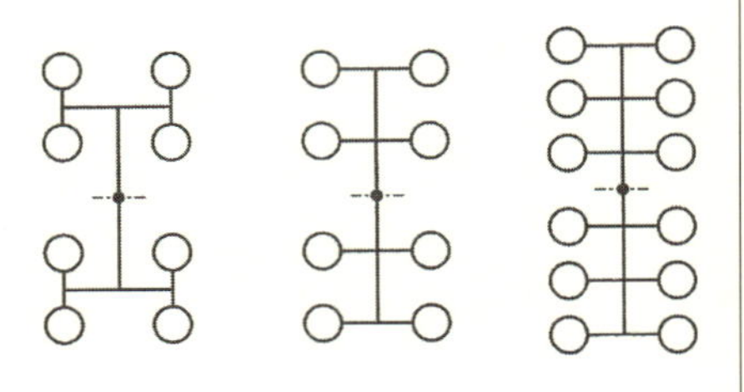

取り数の例

出典：福島有一「よくわかるプラスチック射出成形金型設計」日刊工業新聞社（2002）

金型一般

ゲートバランス

gate balance

同一成形品の多数固取りの場合、ゲートバランスをとる必要がある。ゲートバランスが悪い場合、寸法不良やジェッテング、フローマーク等の不良が出た時に対応できない。そこでゲートバランスを取るためには、スポークス形やH形ランナーにした方が良い。

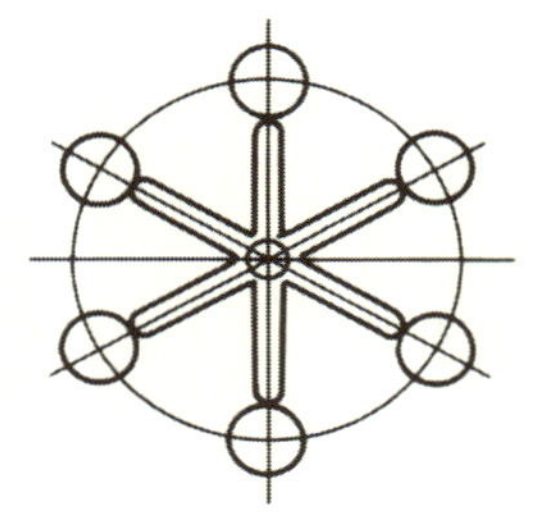

SW：コールドスラッグウェル

（a）スポーク形ランナー

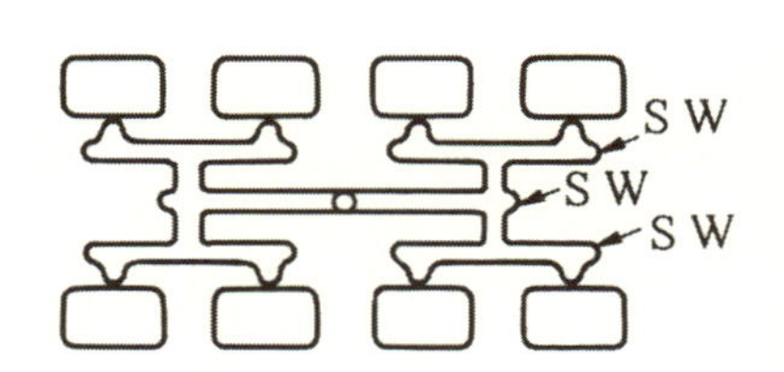

（b）　H形ランナー

スプルー

sprue

まず、最初に射出成形機から射出・注入されたプラスチックが流れ込む流路は「スプルー」です（スプールという人もいます）。スプルーの断面形状は円形であり、成形品の近くまでプラスチックが流れこむ通路がスプルーだと思って頂ければ良い。

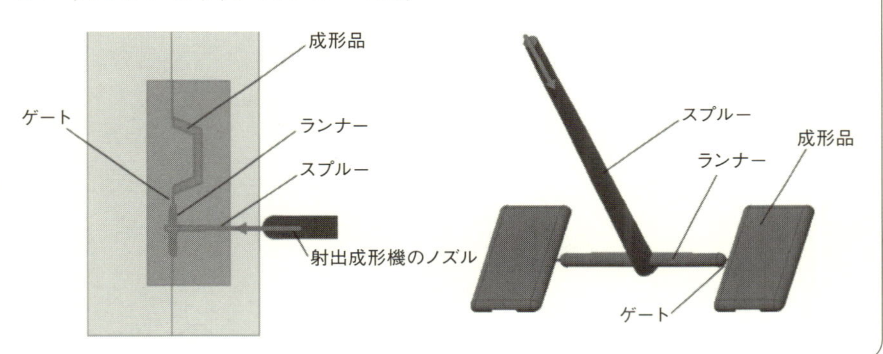

ランナー

runner

ランナーは成形品が2つ以上存在する場合は、分岐してそれぞれの成形品に向かって構成される。ランナーの太さや長さは成形品の大きさなどを考慮して決められる。ランナーは太すぎても細すぎてもよくない。その成形品に合った大きさにする必要がある。一般的には成形品の肉厚より太く設計する。

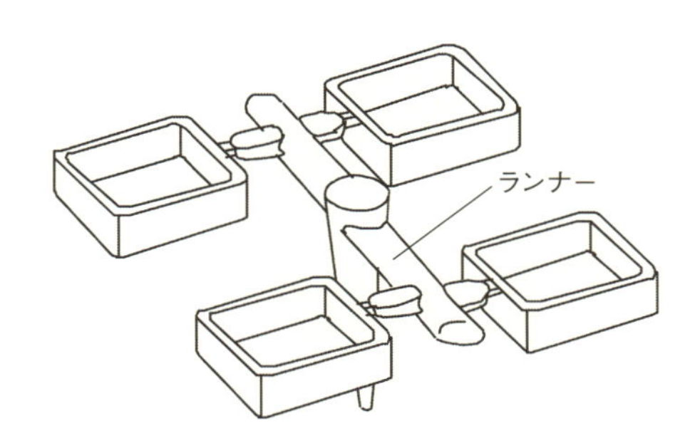

金型一般

標準ゲート（サイドゲート）

side gate

小物から中型までの多数個取りに使われ、成形品の側面に設けるのでサイドゲートまたはエッジゲートともいう。ゲート位置の選定に融通性がある。ゲート厚さは製品肉厚の30～50％（流動性の悪い材料やヒケが重要視される成形品では50～80％）、幅は製品肉厚の１～3倍程度とする。また標準ゲートの一種であるがもゲートの一部が成形品の肉厚部に重なったオーバーラップゲートもよく使われている。

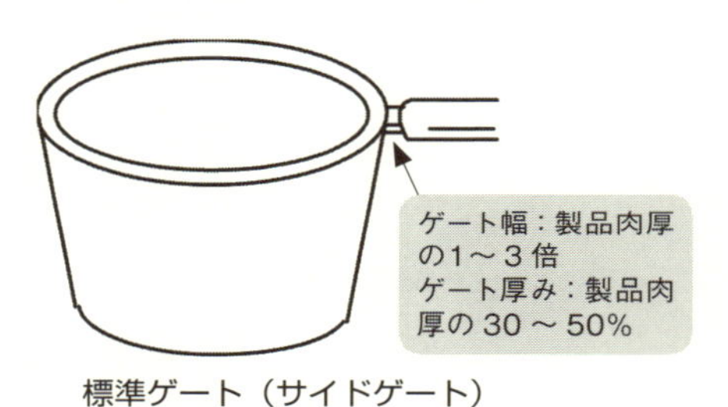

標準ゲート（サイドゲート）

オーバーラップゲート

金型一般

ダイレクトゲート

direct gate

スプルーがそのままゲートになったもので成形性がよく、ヒケも少ない。しかしゲートの切断及び後加工が必要となる。またゲート付近に残留応力が残りの割れ、ソリ歪等の欠点が起こり易い。スプルーの先端はノズルの口径より0.5～1mm大きく、スプルーのテーパは4°を最小とする

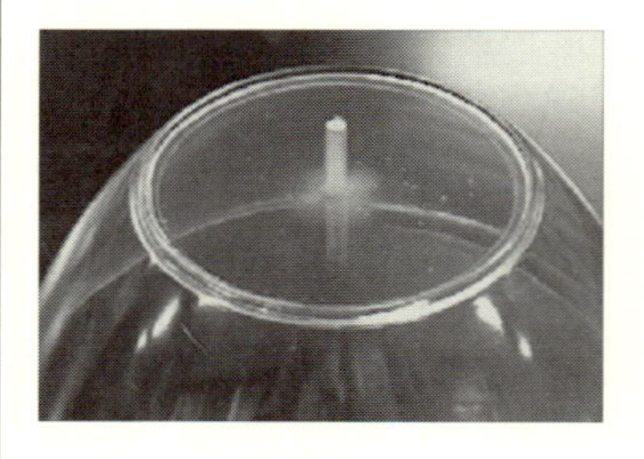

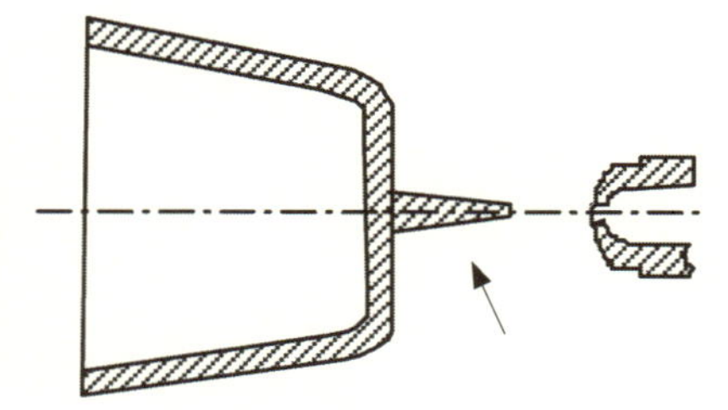

ノズルの口径より 0.5 ～ 1mm 大きく
スプルーのテーパは 4° を最小とする

フィルムゲート

film gate

フィルムゲートは薄板状の成形品に使用されランナーを成形品の幅まで広げ、広い面積の浅いゲートを使用したものある。(ゲートの厚みは0.2～1.0ｍｍ、ゲートランドは1mm程度が標準）これにより樹脂は流入方向に対して平行に充填していきゲート付近の欠陥を最小にして、また流動方向によるソリや変形に対して効果がある。配向性が大きい結晶性樹脂やガラス繊維などを充填したときなどに使われている。ゲート処理が問題になりやすい。

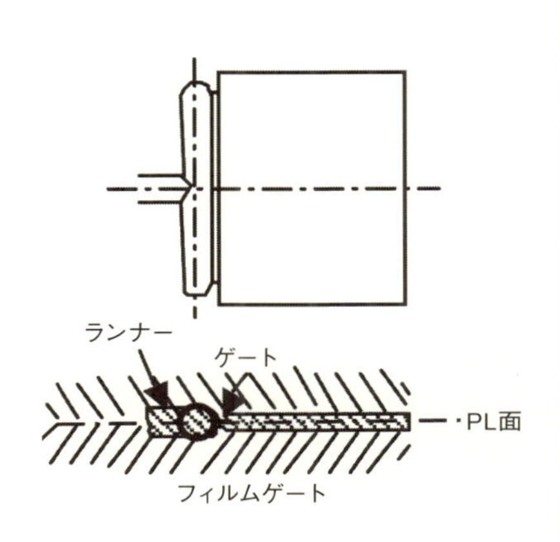

ファンゲート

fan gate

ファンゲートはキャビティに向けて扇（ファン）に広げたもので、大きな平板状の面や薄い断面の部分に樹脂をスムーズに充填させるのに適したゲートである。機能や使い方はフィルムと同様である。

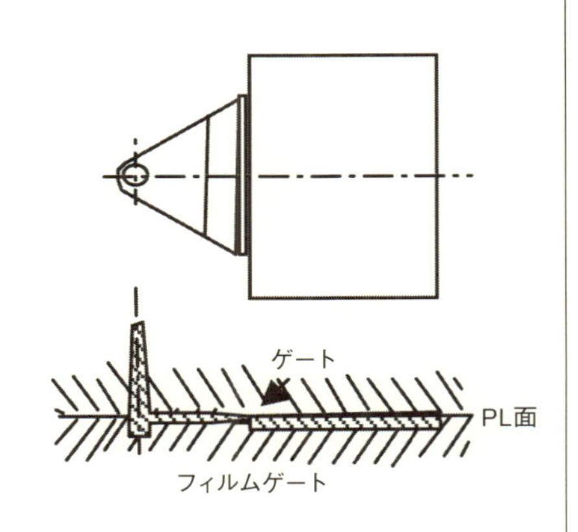

金型一般

サブマリンゲート（トンネルゲート）

submarine gate

このゲートは固定側または可動側の型板の中をもぐってキャビティに充填するようにしたものである。これにより型開きや成形品を突き出すとき、自動的に切断されるので後加工の必要がない。

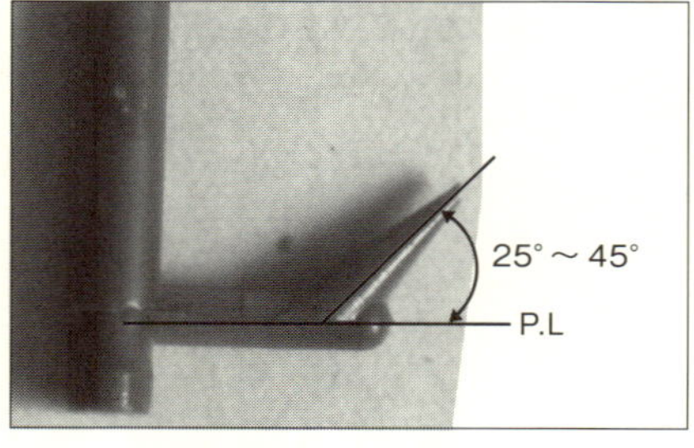

型開き時にゲート切断される
サブマリンゲート

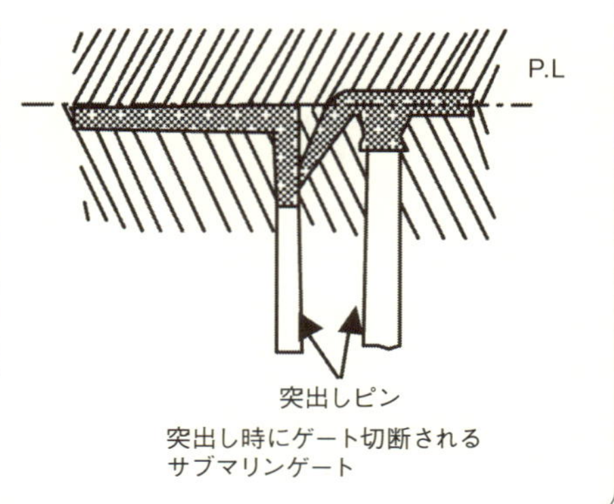

突出し時にゲート切断される
サブマリンゲート

金型一般

バナナゲート（ノーズゲート）

banana gate

バナナゲートはサブマリンゲートの一種で、金型構造はゲート部をバナナ状に湾曲した形状となっている。製品の側面にゲートを設けたくない場合、捨てボス部にサブマリンゲートを設ける方法があるが、捨てボス部の後処理の問題がでる。これを改良したゲートと考えてよい。ただし湾曲しているので、加工やゲート部の磨きに手間がかかる。またゲート部分が金型から抜けにくく材料選定や突き出しを含めた成形条件の検討が必要である。

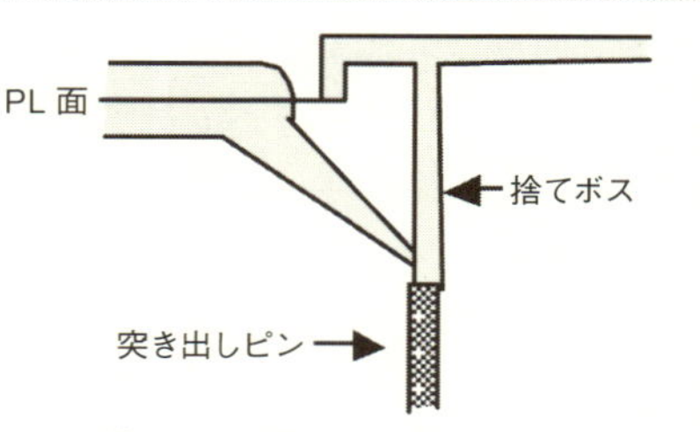

捨てボスに設けたサブマリンゲート

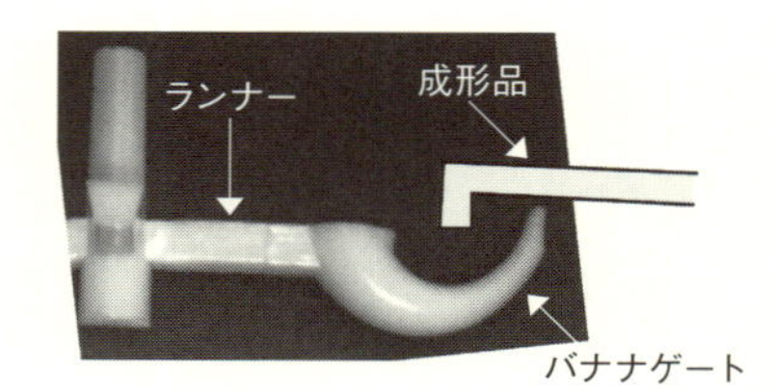

タブゲート

tab gate

ゲートを直接キャビティに導かないで製品の一部にタブを設け1次ゲートより高速で入った材料をタブの部分に突き当てて樹脂の流れ方向を変えてジェッティングや流れしわの外観不良の発生を防ぐ。

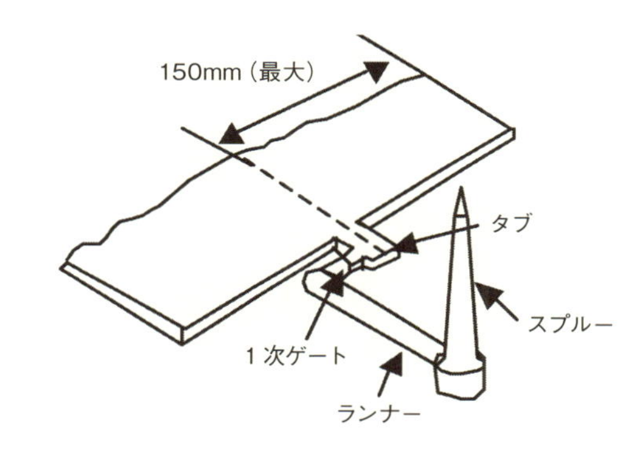

ディスクゲート

disk gate

円筒状の成形品や成形品の中央部に穴がある成形品に使われ、薄い円盤状のゲートである。サイドゲートを使った場合、ウエルド発生が避けられずまたコア倒れによる偏肉も起こりやすい。ディスクゲートの場合、これらを防ぐとともに流動配向による変形にも効果がある。ただし成形後、パンチダイ等によって打ち抜くか、機械加工により除去する必要がある。

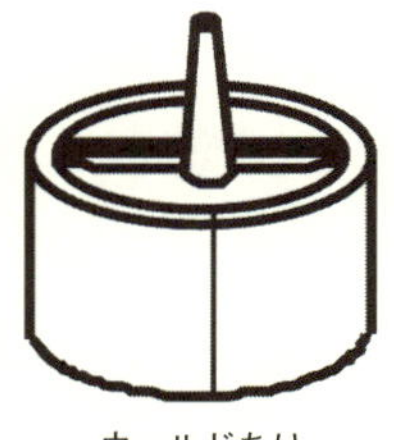

ウェルドあり
サイドゲート

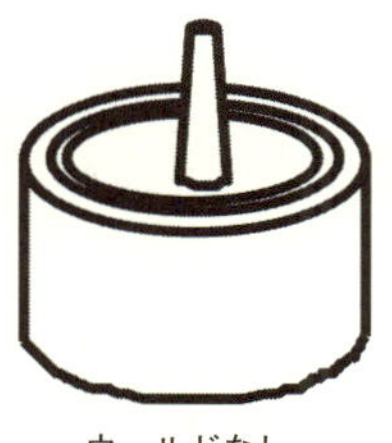

ウェルドなし
ディスクゲート

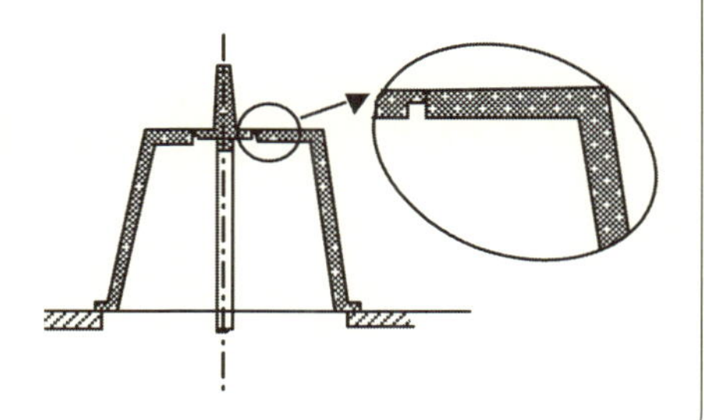

金型一般

ピンポイントゲート

pin point gate

小物から中型までの多数個の成形品に多く使用されている。また薄肉で面積の大きいで成形品にも用いられる。3プレート金型が使用され、ランナーロックピンをつけて、型開きによって自動的にゲートカットできる。ただしゲート面積（ゲート径は0.3～1.2 φ 程度）が小さいので高い射出圧が必要である。ゲートのあとが小さいので普通、後加工がいらない。

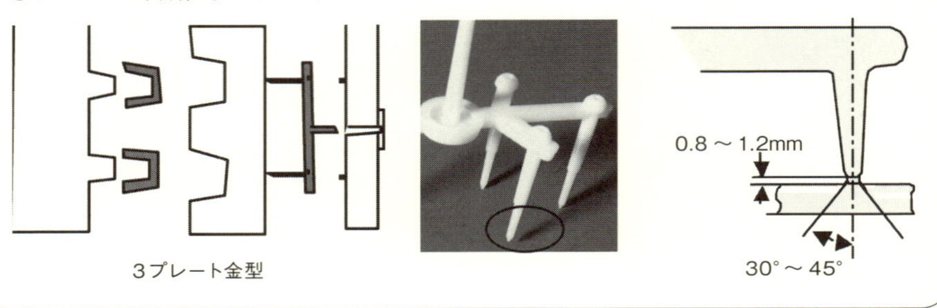

3プレート金型

金型一般

ホットランナー

hot runner manifold

ランナー部分の樹脂を溶融させて材料ロスを防ぐとともに、ゲート処理をなくせる様にしたもの。問題はホットランナー先端と成形品部の温度コントロールが難しい。大型成形品の場合、サブランナー部までをホットランナーにする場合もある。

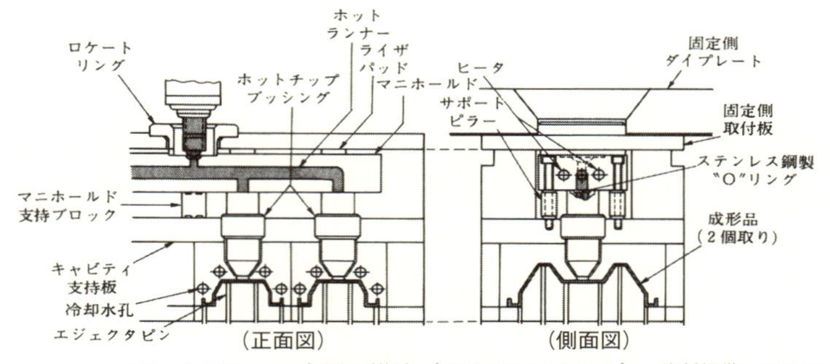

ホットランナー金型の構造（INCOE システム）　資料提供：INCOE システム

ウェルタイプ・ノズル

well type nozzle

この方式は、主にポリプロピレン、ポリエチレン材料に使用される。溶融材料の大きな滞留部を作り、樹脂断熱効果を利用して内部流動層が固化しないうちに、連続成形をする。中間時間を大きく取ると、樹脂は流動できなくなりいわゆるノズル詰まりを起こし、成形が進行できなくなる。薄肉ハイサイクルで、低コスト金型では、よく使われてきた。

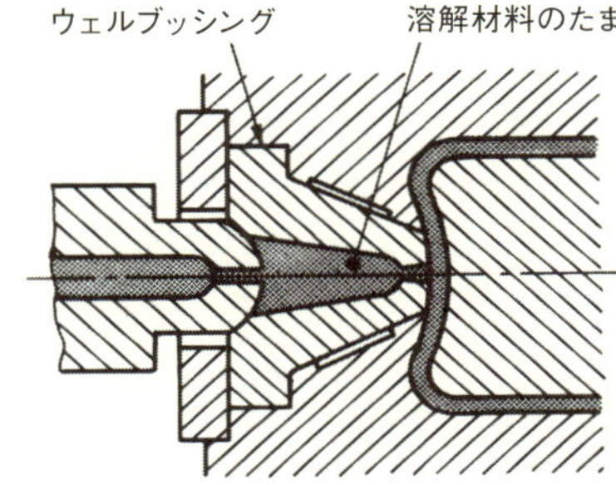

ウェルタイプ・ノズル

出典：廣江章利他「やさしいプラスチック金型」三光出版（1998）

インシュレーテッド・ランナー

insulated runner

この考え方は、ウェルタイプ・ノズルと同じである。樹脂の断熱効果を利用し、コールドランナーで置き換えたもの。図中のランナー分割面から、コールドランナーを取出し、成形材料の色替え・樹脂替えを手早く行うことも可能で、しばしば雑貨成形ラインで見うけられた手法である。

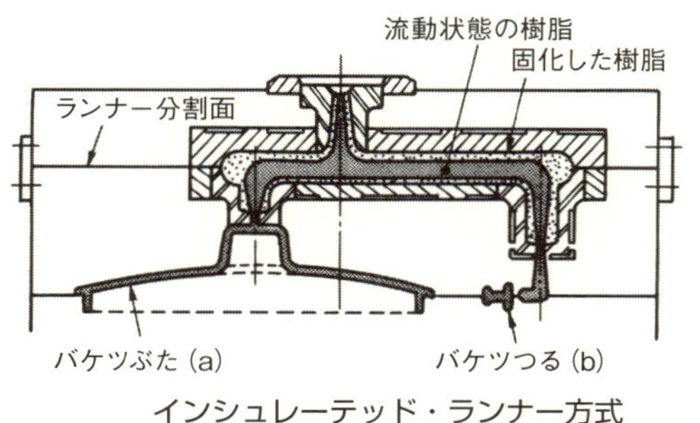

インシュレーテッド・ランナー方式

出典：廣江章利他「やさしいプラスチック金型」三光出版（1998）

金型一般

冷却デザイン

design of cooling

成形サイクルを決める上で、最も重要な要素は冷却設計である。図の場合は、バケツまたはカップ状の成形品で、冷却効率を上げるためコア部を伝熱効率の良いベリリウム鋼で2層構造にしてしている。

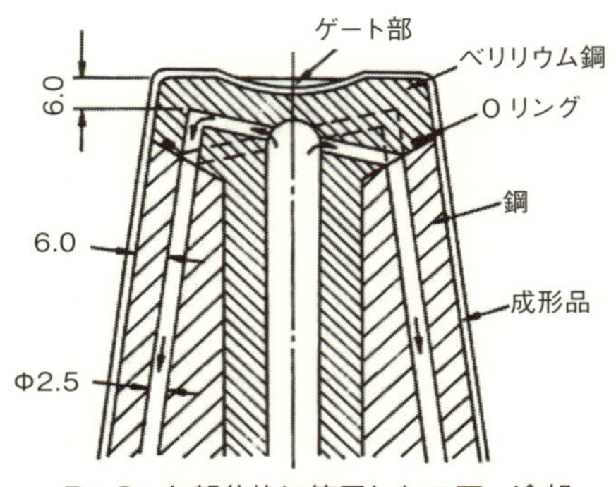

Be-Cu を部分的に使用したコアー冷却

出典：高橋盛行「射出成形用金型の設計技術」工業調査会（1991）

金型一般

金型冷却方式（1）バッキングプレート式

design of cooling

成形品形状や、金型のコアの分割や入れ子構造のために直接冷却回路を設けるのが難しい場合も多く、このような場合には図に示すように冷却されたバッキングプレートとの面接触による間接的な冷却方法がとられる。この方法は、接触面からの熱伝達による間接的冷却であるため、冷却効率が悪い。当然冷却時間も長くなりがちである。

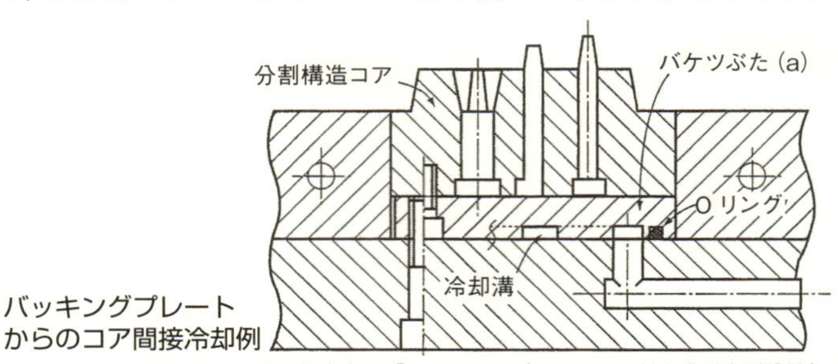

バッキングプレートからのコア間接冷却例

出典：福島有一「よくわかるプラスチック射出成形金型設計」日刊工業新聞社（2002）

金型冷却方式（2）タンク方式

design of cooling

深さがある容器形状の成形品のコア側の冷却によく用いられる方式で、タンクと呼ばれる太い冷却管をコアの内部に立ち上げて、噴水を立ち上げるような方法がとられる。一般的には、バッフルと呼ばれる仕切り板をタンク中央部に入れたり、パイプ状の管を中央に埋め込む方法がとられる。

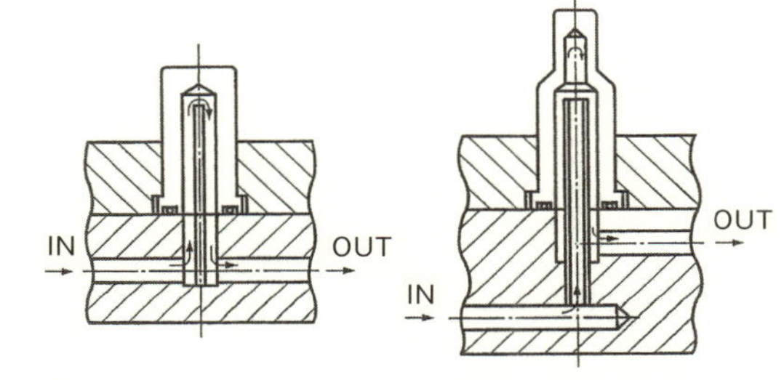

タンク方式冷却回路の例

出典：福島有一「よくわかるプラスチック射出成形金型設計」日刊工業新聞社（2002）

金型冷却方式（3）スパイラル方式

design of cooling

バケツのような円筒形状の冷却によく使われる。コアの内部やキャビティ入れ子の外周部に渦巻き状の溝を設け、冷却する。成形品の近くに冷却水路を配置できることから、冷却効率の良い熱交換率の高い冷却方法といえる。

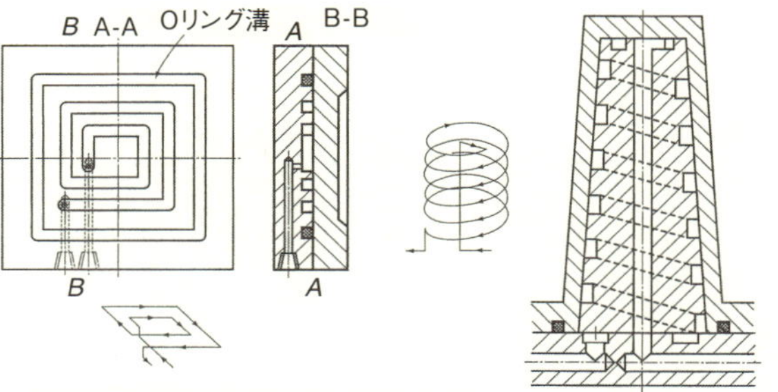

(a) 平面スパイラル方式　(b) 側面スパイラル方式

出典：福島有一「よくわかるプラスチック射出成形金型設計」日刊工業新聞社（2002）

金型冷却方式（4）ヒートパイプ方式

design of cooling

ヒートパイプは、銅棒よりもはるかに伝熱体として性能が優れる。サイズやコスト面から適当なものを選定できれば、直接冷却水管を通すことの難しいコアピンなどの冷却効果を上げることが可能である。

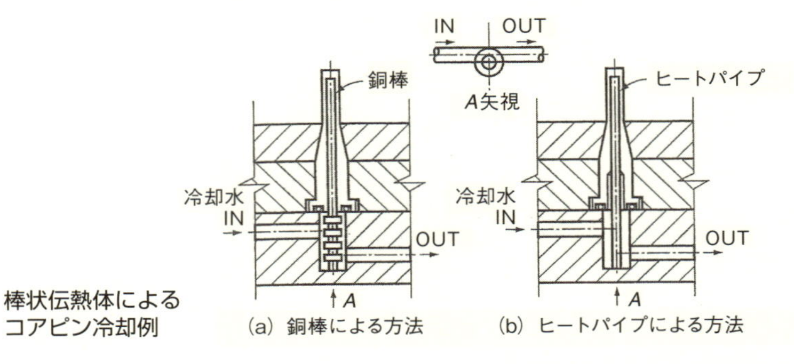

棒状伝熱体による
コアピン冷却例

出典：福島有一「よくわかるプラスチック射出成形金型設計」日刊工業新聞社（2002）

ガスベント

gas vent

金型内にある空気を排出しながら、射出充填される材料からも微量ではあるが、モノマーガスが発生する。これらのガスを排出することが出来なければ、シルバーストリークであったり、ショートショットまたはガス焼けという成形不良が生じる。成形材料の粘度によっても、そのガスベント深さは異なる。

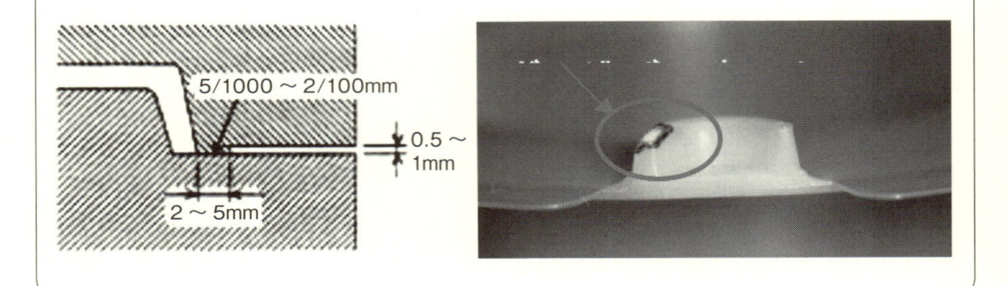

ポーラス材料（焼結金属）

sintered metal

通気性型の金属材料で、金型内の排出ガスを逃がすための方法として、ウェルド部分又はＰＬ面の充填末端部分に埋め込む形で施工される事が多い。金型内の空気や充填される樹脂先端から発生するモノマーガスを積極的にキャビティから排出する。通気孔の大きさも7u口～20uと必要に応じて使い分けられる。樹脂ヤニなどで通気性が疎外されることもあり、一般には定期的に洗浄交換されることが多い。

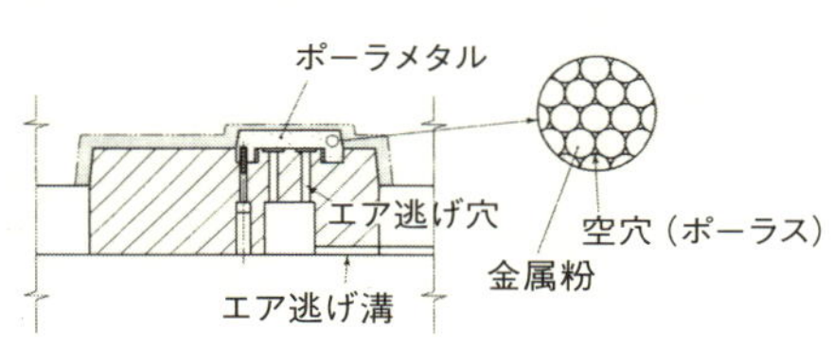

薄肉部にポーラスメタル製コア入れ子を使った例

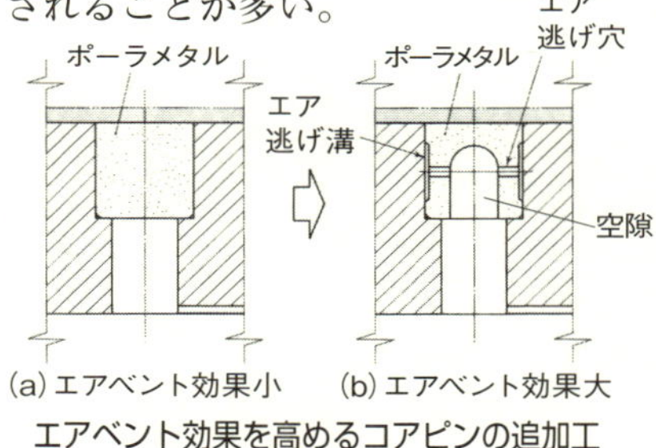

エアベント効果を高めるコアピンの追加工

ガス逃がしピン

gas vent pin

本図の場合は、ユアピン先端に0.02～0.05ｍｍのガス逃がし用のスリットが加工され、充填末端の空気やモノマーガスを溝を通して、積極的に金型外部へ抜くために使用される。ピン形状だけでなく、ブロック形状のものもある。ウェルド軽減であったりシルバー対策などに活用されている。

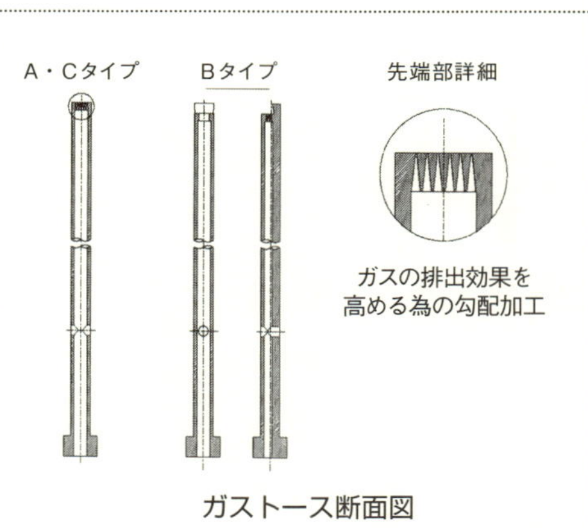

ガストース断面図

資料提供：プラモール精工

金型一般

エアーベント（1）

air vent

金型内にある空気とともに、射出される樹脂に含まれるモノマーガスが、充填末端から排出されないと、ガス焼け、シルバーストリーク、ショートショットなどの成形不良の原因となる。これをきれいに排出する方法として、図に示すように、入れ子方式などの方法が施工される。

肌荒れの対策

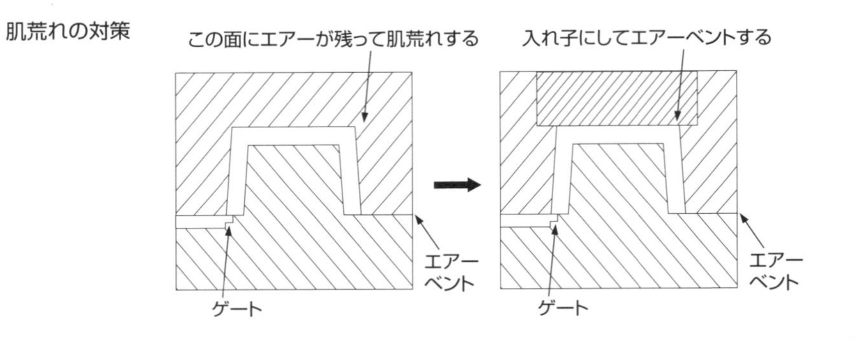

金型一般

エアーベント（2）

air vent

充填途中のガスを左図のようにスリット方式のコマ（スリットベント）を入れたり、右図のようにポペット方式のエアベントユニットを組み込むことも行われる。突孔（ポーラス）を持つ焼結金属を金型内に組み込んで、突孔から金型外部にガスを排出させる。この突孔の大きさも、現在では材料に合わせて用意されているが、この選択とメンテナンスについては、十分な理解と注意の上で施工することが大切である。

スリット方式のエアベントの例

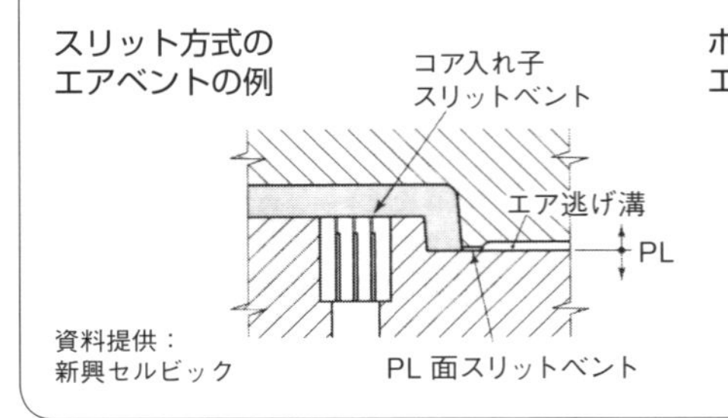

資料提供：新興セルビック

ポケット弁方式エアベント

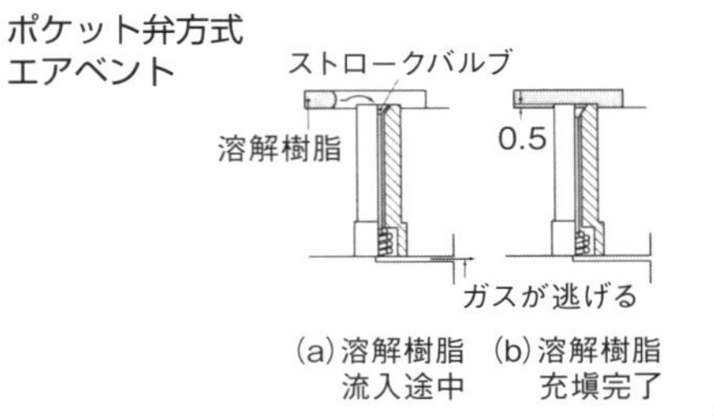

(a)溶解樹脂流入途中　(b)溶解樹脂充填完了

エアーベント（3）

air vent

左図のように突孔ピンの側面にスリットを入れ、エアーベントの効果を高める方法もとられる。また、右図のようにコア入れ子を組み込んで、ガスベント効果を上げる方法もある。

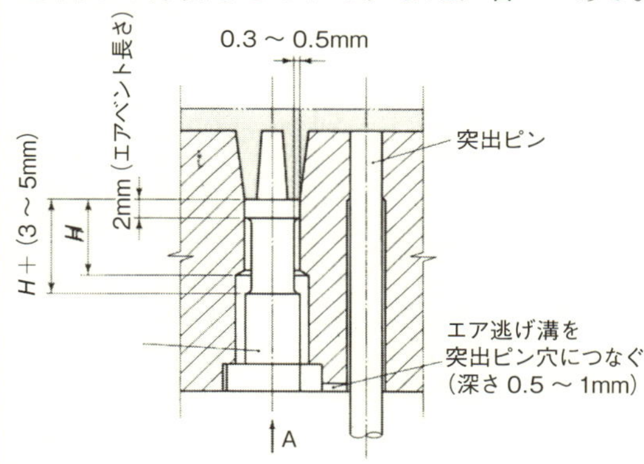

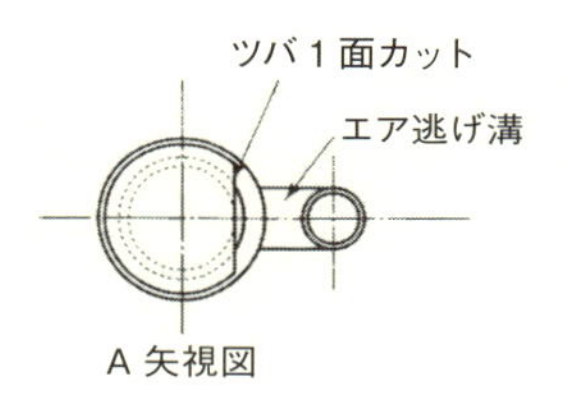

出典：福島有一
「よくわかるプラスチック射出成形金型設計」
日刊工業新聞社（2002）

突出し機構（1）ピン突出しとスリーブ突出し方式

the ejection mechanism

成形品突出し方式には、図に示すように、いろいろな方式がある。ピン突出しとスリーブ突出しの方式は、基本的に似ている。スリーブ中央の突出しは、丸形ボス形状のピンを残したまま、外周のスリーブピンで押し出す方法をとる。

突出し方式
- ピン突出し方式
- スリーブ突出し方式
- バー突出し方式
- リング突出し方式
- プレート突出し方式
- エアエジェクト方式
- ねじ抜き方式

ピン突出し方式の例

丸形突出しピン
角形突出しピン

コアピン
エジェクタスリーブ
エジェクタピン

出典：福島有一
「よくわかるプラスチック射出成形金型設計」日刊工業新聞社（2002）

金型一般

突出し機構（2）リング突出し方式

the ejection mechanism

リング突出し方式は、ピン跡が許されない丸形の成形品を離型するのに用いられる。図は、リングプレートとピン突出しを併用した事例。突出し作動時のかじりを防止するため、テーパー合わせ構造とする。

リング突出しと
ピン突出しを併用した例

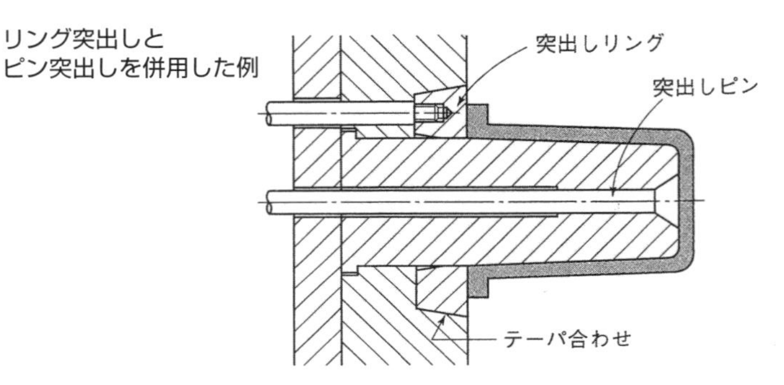

出典：福島有一「よくわかるプラスチック射出成形金型設計」日刊工業新聞社（2002）

金型一般

突出し機構（3）プレート突出し方式

the ejection mekanism

プレート突出し方式は、基本的に突出しピン跡が許されない成形品の突出しに用いられる。図のように成形品全体をプレート全体で突き出すため、成形品外観はきれいなものとなるが、反面可動側に突出しプレートが一枚多くなり、その分金型コストが上がる。

プレート突出し方式の例

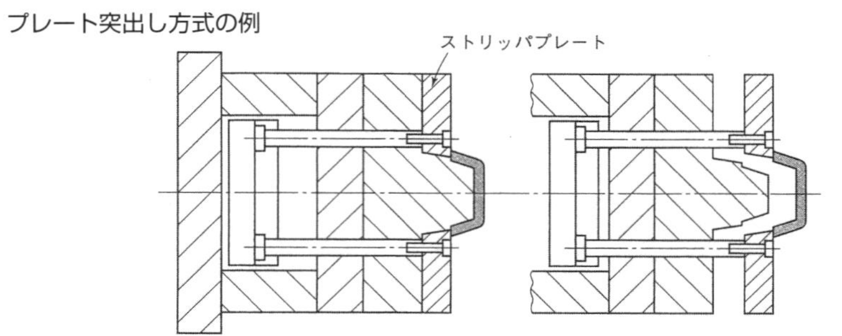

出典：福島有一「よくわかるプラスチック射出成形金型設計」日刊工業新聞社（2002）

突出し機構（4）エアジェット方式

the ejection mechanism

この方式は、空気圧によって成形品を離型する方法で、単独で用いられることは少なく、他の突出し方式の補助として用いられることが多い。図のような場合、プレート突出しのあと、補助的にエアエジェクターを用いるなど成形品突出しの補助的な役割が多く見うけられる。

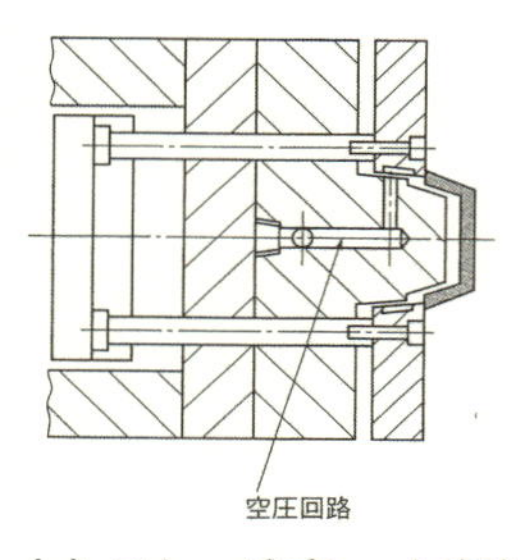

（a）ストッパプレート突出し補助として用いた例

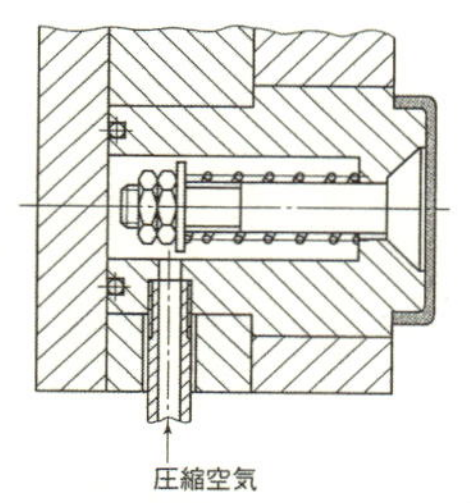

（b）単独使用例

出典：福島有一
「よくわかるプラスチック射出成形金型設計」
日刊工業新聞社（2002）

突出し機構（5）ねじ抜き方式

the ejection mechanism

ねじは一種のアンダーカットであり、様々なねじ抜き方式が用いられている。図は、各種ねじ抜き方式を示す。

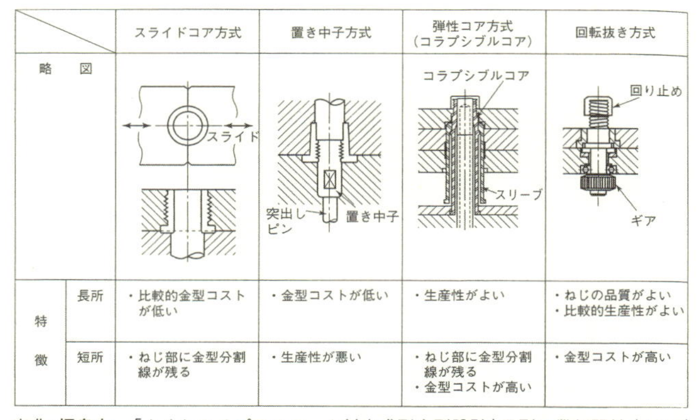

		スライドコア方式	置き中子方式	弾性コア方式（コラプシブルコア）	回転抜き方式
略図		スライド	突出しピン 置き中子	コラプシブルコア スリーブ	回り止め ギア
特徴	長所	・比較的金型コストが低い	・金型コストが低い	・生産性がよい	・ねじの品質がよい ・比較的生産性がよい
	短所	・ねじ部に金型分割線が残る	・生産性が悪い	・ねじ部に金型分割線が残る ・金型コストが高い	・金型コストが高い

出典：福島有一「よくわかるプラスチック射出成形金型設計」日刊工業新聞社（2002）

パーティングロック（1）メカニカルロック方式

parthing lock

金型のプレート側面に取り付けて型開き順序を制御する部品。ラッチやバネなどの機構的な働きで、所定の型開きのストロークまで、ＰＬ面を閉じておく仕組みになっているもので、いろいろなものが市販されている。

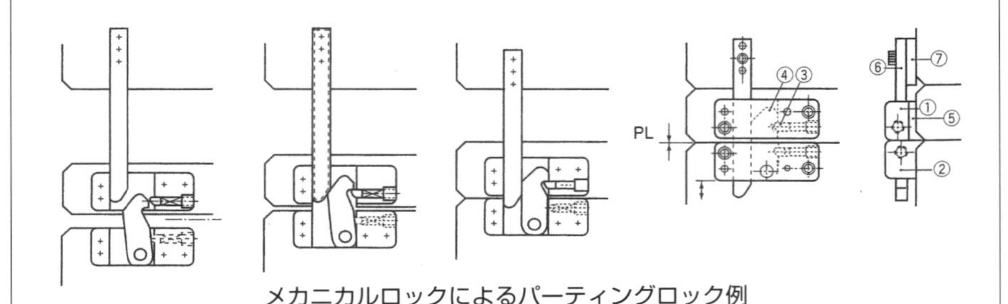

メカニカルロックによるパーティングロック例

出典：福島有一「よくわかるプラスチック射出成形金型設計」日刊工業新聞社（2002）

パーティングロック（2）スプリングロック方式

parthing rock

板ばねや皿ばねの力によって、型開きの抵抗となるアンダーカット部にはまり込む構造になっている。メカニカルロックのような型開きストロークを規制する働きはないが、図のように保持力を調整できるタイプも市販され、耐久性も高く、利便性も高い。

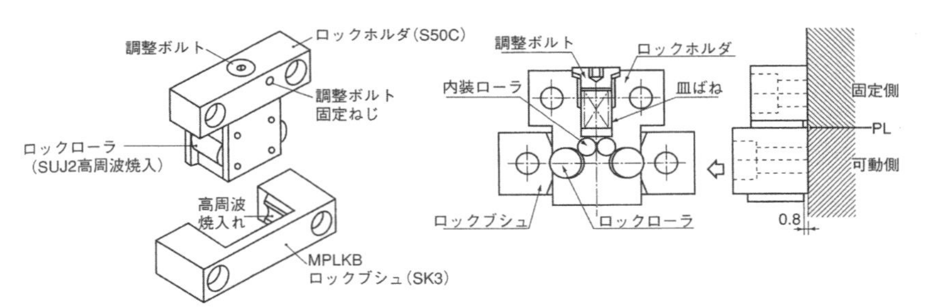

保持力の調整可能なスプリングロック例（ミスミカタログより）

出典：福島有一「よくわかるプラスチック射出成形金型設計」日刊工業新聞社（2002）

パーティングロック（3）プラスチックロック方式

parthing lock

図に示すように、ＰＬ面に取り付けられた円柱状のプラスチック突起を、一方の型板に設けられた小径の穴に型締力で圧入し、その摩擦力でパーティングをロックする。円柱状のプラスチック突起の中央は、テーパ状のボルトでできており、それをことで締め込むことで外径を変え、摩擦力を調整できるようになっている。安価で取り付けも簡便だが、他方法よりも耐久性は劣る。

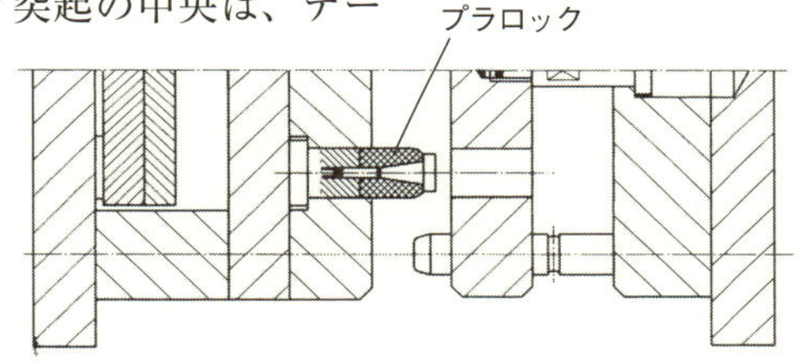

保持力の調整可能なスプリングロック例（ミスミカタログより）

出典：福島有一「よくわかるプラスチック射出成形金型設計」日刊工業新聞社（2002）

パーティングロック（4）マグネットロック方式

parthing lock

金型側面に取り付けられた永久磁石と鋼製ブロックで構成される。磁力で型板をロックするもので、保持力を調整する機能はないが、単純な構造であるため成形サイクルを上げられる利点がある。

マグネットロックと使用例
（ミスミカタログより）

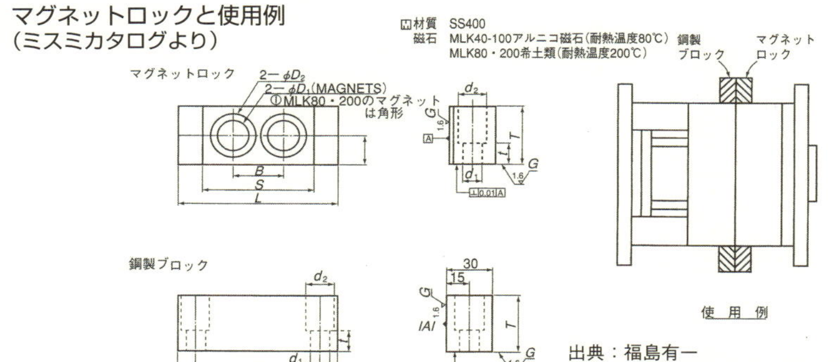

出典：福島有一
「よくわかるプラスチック射出成形金型設計」
日刊工業新聞社（2002）

ランナーロックピン

runner lock pin

3プレート金型での、ランナーロックピンの役割は、型開き時のゲート切断力を発生させることである。ランナーロックピン先端に設けられたアンダーカットは、ランナー及び第2スプルーの離型抵抗力とゲートの切断力の両方の力に対抗する力で、ランナーをランナーストリッパープレート上に保持させる。この保持力でゲート切断されて、同時にランナー及び第2スプルーが固定側型板から抜き出されて、ランナーの取出しが可能になる。

ランナーロックピンと先端形状例（ミスミカタログに加筆）

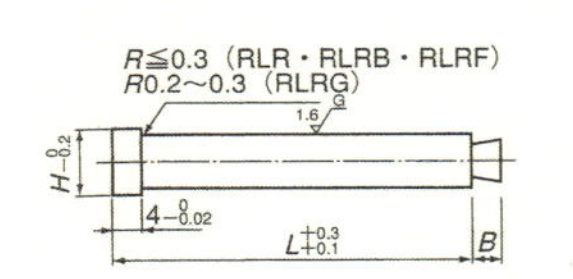

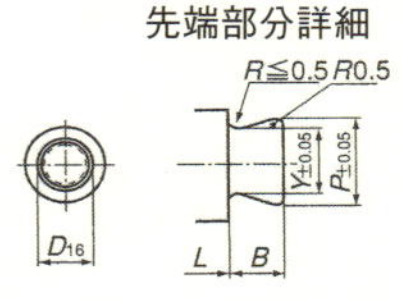

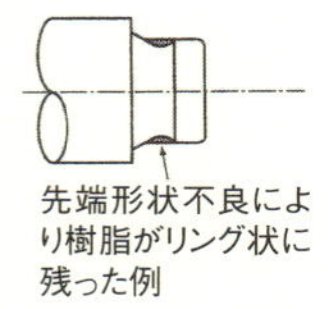

出典：福島有一「よくわかるプラスチック射出成形金型設計」日刊工業新聞社（2002）

真空熱処理炉

vacuum heat treatment furnance

真空炉内を真空ポンプによって、真空状態にして、製品を加熱し、その後窒素ガスでファン冷却または、油冷却をする焼入れ方法。真空中で焼入れ操作が行われ、中性ガスによる対流冷却や油冷却によって焼入れがなされる。酸化させないため、製品表面はきれいに仕上がる。減圧には、低真空〜超高真空と区別しながら施行される。金型の部品、射出成型部品の熱処理に使用される。

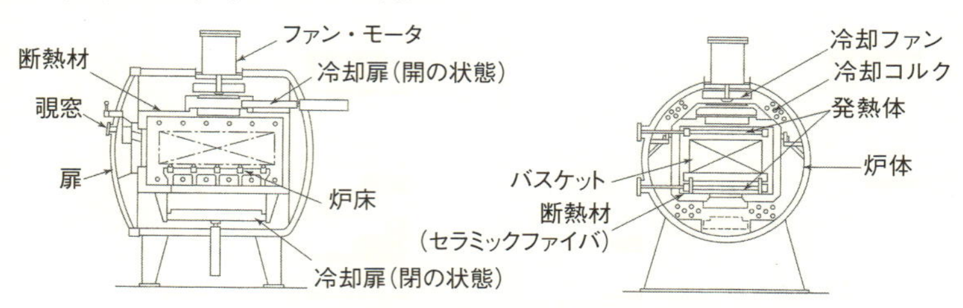

ガス焼入れタイプ真空熱処理炉

資料提供：石川島播磨重工業

金型肉盛溶着機

die welder

金型の補修をするための機器で、キャビティ鋼材に合わせて粉末合金または、薄板材を必要肉厚個所にのみ、手当てするような方法で、溶着補修する。金型の補修部の大きさによって、小型から大型用までの機種がある。金型内キャビティの補修部分のみに瞬間的に電流を流して溶着するため、溶接で生じ易い熱変性が起こりにくいという特徴がある。

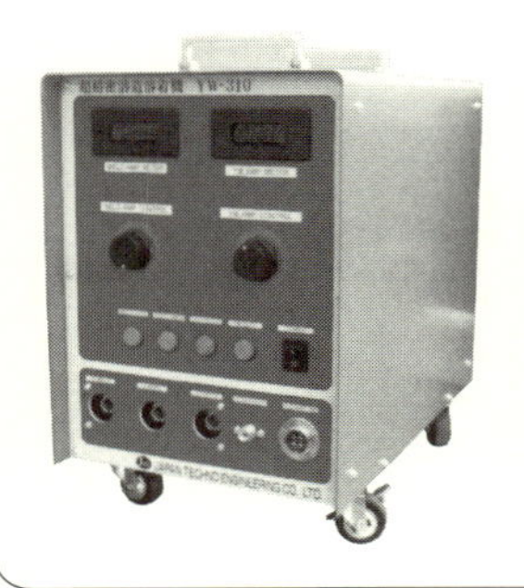

機種	出力電流（超精密 Tig）	出力電流（抵抗溶接）
YW210	2 ～ 10A	0 ～ 730A
YW310	2 ～ 20A　※1	0 ～ 1700A　AUTO 機能付　※2

※1　適用溶接棒径：φ 0.1 ～ φ 1.0（作業状況により多少変化）
※2　適用溶接材：薄板材／溶接棒／粉末合金（パウダー）

薄板材（t0.1）を使用

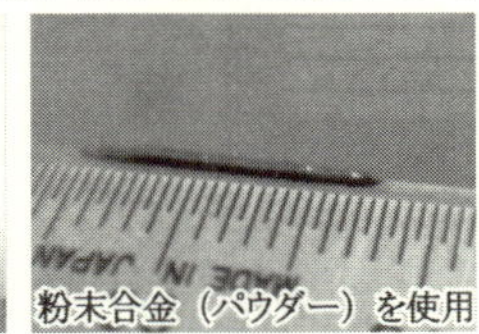

粉末合金（パウダー）を使用

資料提供：日本テクノエンジニアリング

CNC三次元測定機

CNC three dimensional measuring machine

本機の場合、測定物に対し、16℃～ 26℃の環境下で各測定軸に装着された温度センサーと、測定物用の温度センサーによって、温度を監視し、測定結果を20℃時の値に換算して出力する機能を持たせ、高精度な測定を行うことができるようになっている。

資料提供：ミツトヨ

マルチカプラ

multi coupling joint

金型の冷却水管をカップリングで、着脱時間を短縮するとともに、配管の接続ミスをなくす方法として活用されている。図は金型にセットされたメス側のマルチカプラに、オス側（温調器）を手動で接続するもの。成形工場の標準化を進めることで、いわゆる「シングル段取」化に活用できるツールである。

資料提供：パスカル

オープンタイプ
マルチカプラ
標準型 8口

穴 側(金型側)

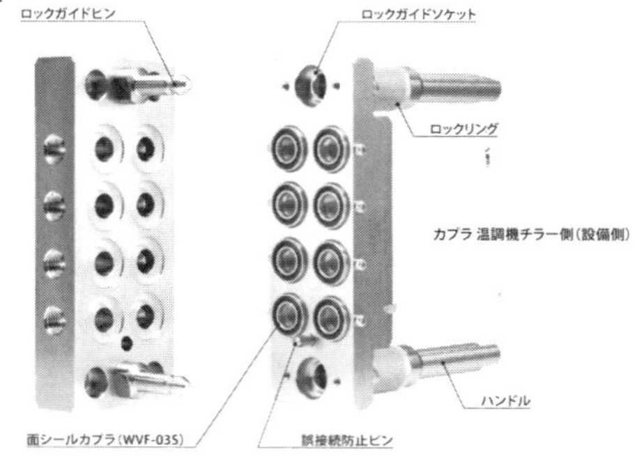

マグネット　クランプ

magnet clamping device

マグネットによって金型全面を吸着するため金型の形状、寸法、取付板、厚みなどの統一は不要で、多品種小ロット生産方式に活用される。金型の取り付け・取り外し時のみ電力を使用し、着磁後は永久磁石の力で金型をクランプする。数十tonの成形機から数千tonの大型成形機にも使用されている。

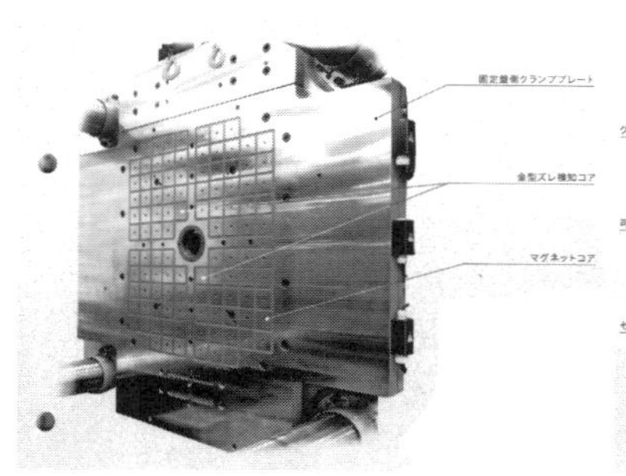

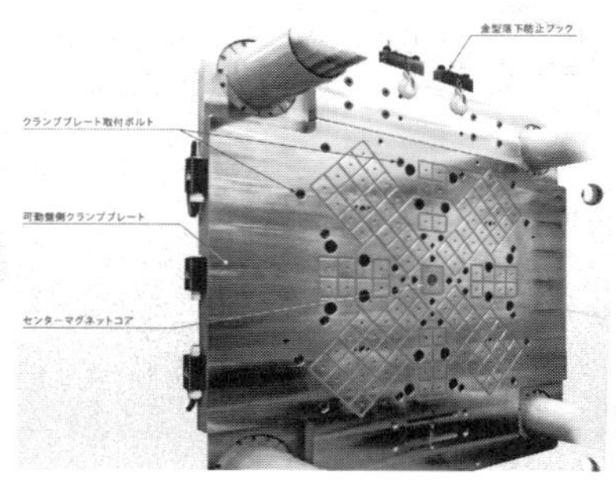

資料提供：
パスカル

周辺機器(金型加工関連)

オクタゴナル　ロケートリング

octagonal locate ring

写真に示すように、成形機固定盤に８角テーパー形加工されたベースオクタゴナルロケートリングを装着する。金型側には、オス型となる同じく８角テーパー形ロケートリングを装着する。相互に位置出し加工されたロケートリングを嵌め合わせることで、金型位置決めがなされているので、インサートポイントや取出し機などのきわ再テーチングが必要なく、金型の段取りが改善される。

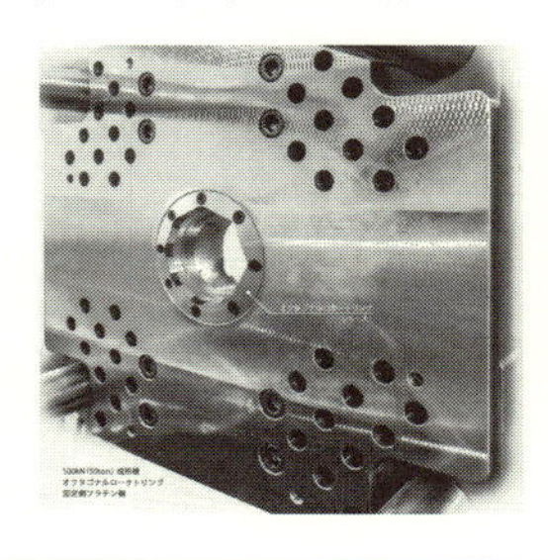

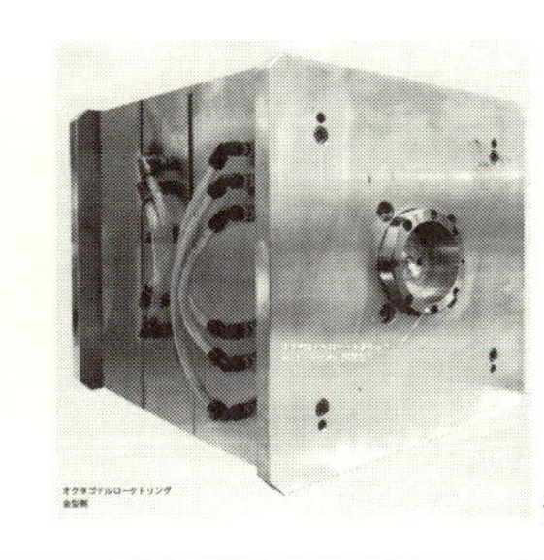

資料提供：パスカル

周辺機器(金型加工関連)

金型交換装置

mold change system

写真は、無軌道バッテリー駆動手押しテーブル昇降式の金型交換台車。金型交換作業の安全といわゆる「シングル断取り」のツールとして、小型から超大型成形機用のシステムが提供されている。

2,500kN (250ton) 2色成形機
モールドチェンジャ レール走行 バッテリ駆動 手押し 600 kg × 搭載数 2 型&マグクランプ

資料提供：パスカル

周辺機器(金型加工関連)

金型反転機

die inversion machine

金型のメンテナンスや保管のために使用される。金型を安全に90度反転させる装置。金型の大きさによって、反転装置が選定され、機種によっては埋込設置されて、トラックやフォークリフトの妨げにならない工夫のなされた装置などがある。

最大反転質量 1, 3, 5, 10, 15, 20, 30 (ton)

埋込設置例(SMF15H):
使用しない時には床下に完全収納され、反転台上をトラックやフォークリフトが走行できます。

資料提供：パスカル

周辺機器(金型加工関連)

ダイスポッティングプレス

die suporting machine

金型の最終工程である。金型の面合わせ確認などに使用される。

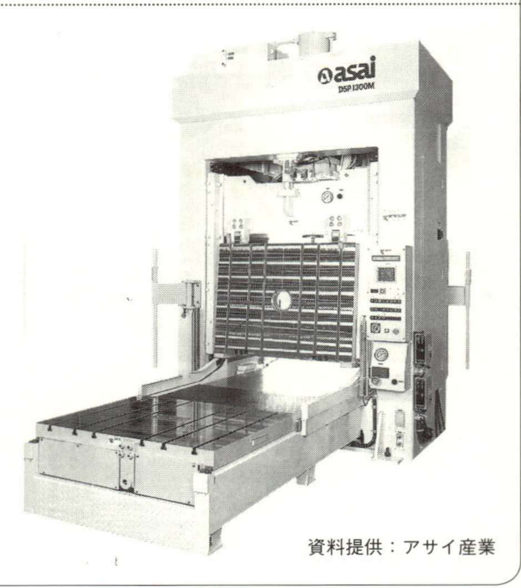

資料提供：アサイ産業

第5章

その他関連機器

周辺機器（成形関連）

周辺機器

peripheral equipment

射出成形機には図のような周辺（合理化）機器がある。

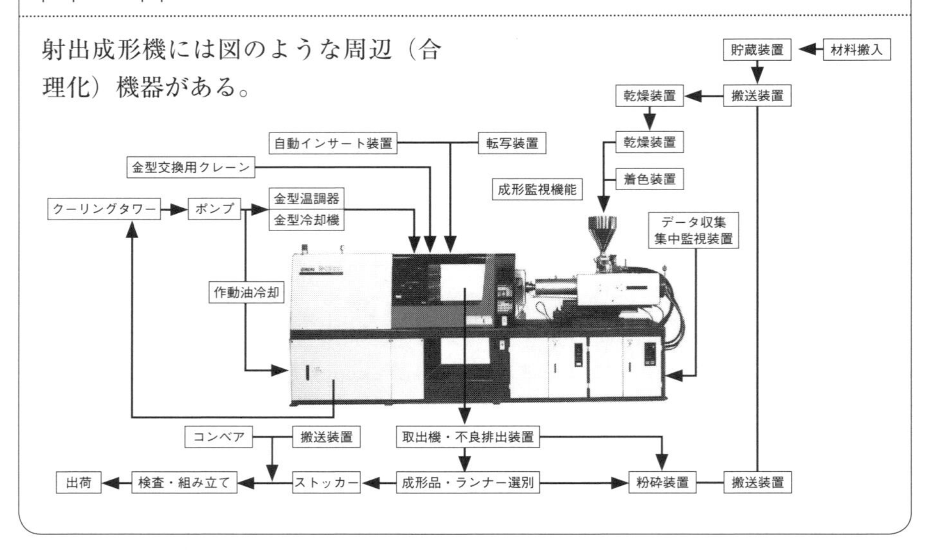

周辺機器（成形関連）

ホッパードライヤ

dryer

樹脂は吸水性があり、吸水した状態で成形すると、①シルバーストリーク発生し外観不良となる、②加水分解による物性低下を起こす、③気泡が出やすくなる、④ノズルからドローリングや糸ひきが出やすくなる、などの問題が起こるため多くの材料で乾燥が必要となる。乾燥機には箱型乾燥機、熱風通気乾燥機（ホッパー乾燥機）、除湿熱風乾燥機、真空熱風乾燥機、マイクロ波乾燥機などがある。

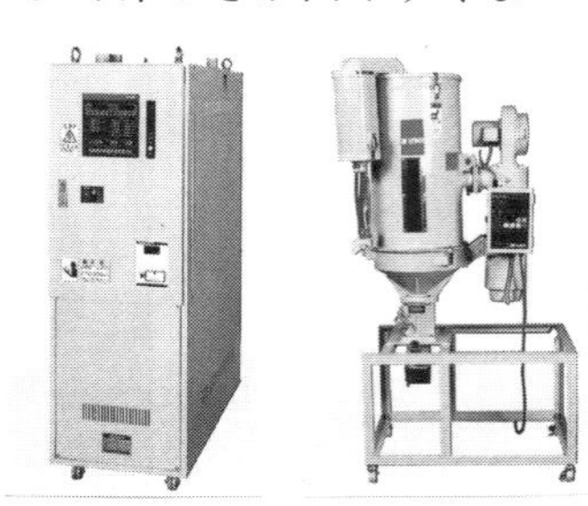

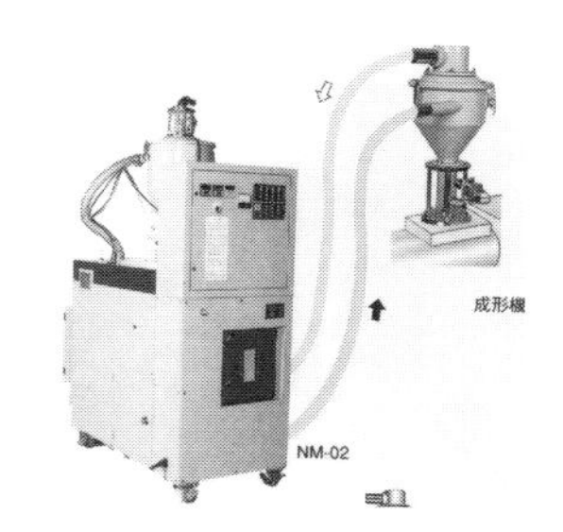

周辺機器（成形関連）

箱型乾燥器

box type dryer

バッチ式のトレーを乾燥器内に収納するような形式で、汎用的な成形材料の乾燥に使用されている。樹脂成形品のアニーリング処理などにも利用されている。

乾燥能力は一般的に15kg /h ～100kg /hの機器が市販されており、乾燥温度は、max160℃程度のものが多い。小ロットの成形材料の乾燥に使用される。

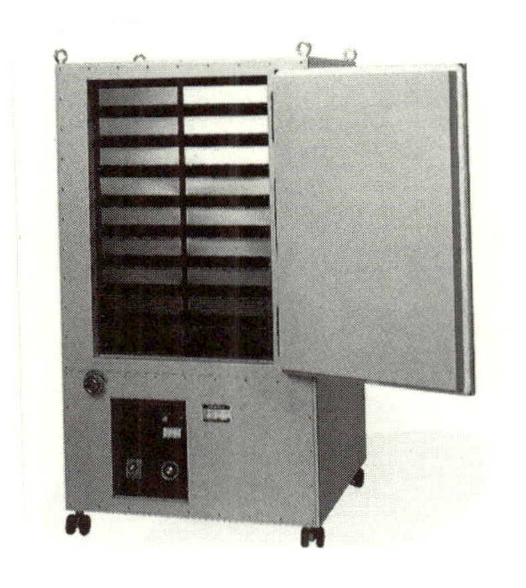

周辺機器（成形関連）

吸引式材料輸送機

suction type preumatic conveyor

掃除機の原理で、ブロアなどで真空吸引力を発生させて、成形材料の輸送に使用されている。成形材料の形態や比重などによって、その輸送方法が選択される。粉粒体の場合は、輸送時の飛散防止や、輸送安定化のために吸引式ローダーが使用されることが多い。吸引ホッパーは一般的に円柱構造が使用され、粉粒体のホッパー内滞留を減少させるために、吸引する空気の流れを拡散させるなど、様々な工夫がなされている。

資料提供：ハーモ

周辺機器（成形関連）

粉砕機

crusher

スプルーやランナーを粉砕する小型のものから大型のバンパー成形品を粉砕するものまで、多くの種類の製品がある。ランナーや成形品のリサイクルを目的として利用される。粉砕時の粉砕粉の発生を少なくして粒断、即リサイクルできるように作られた粒断粉砕機などもある。

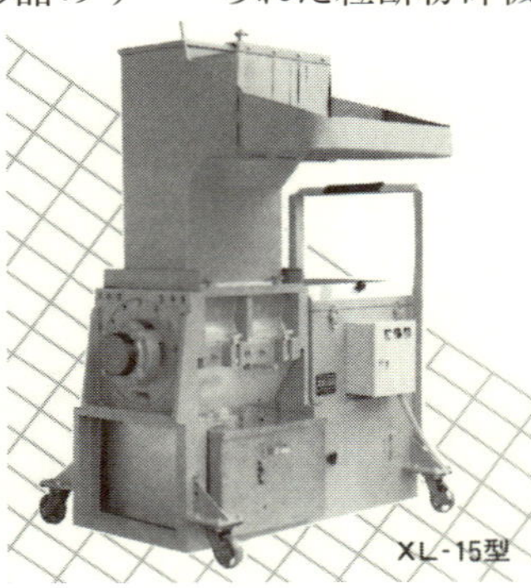

XL-15型　資料提供：森田精機工業

周辺機器（成形関連）

粒断器

grain cutting threads

投入されたスプルー・ランナーはプレス刃に入り易くするため、回転刃と回転固定刃によって粗砕され、回転軸は溝カムを通してモーター軸に連結される。揺動軸はトルクアームに締結されているため回転刃の回転と同時に、プレス移動刃が揺動する。これによって粗砕されたスプルーランナーは、プレス固定刃との間でプレスされ粒断材となって落下する。破砕時の粉砕粉の発生も少なくするための工夫がなされている。

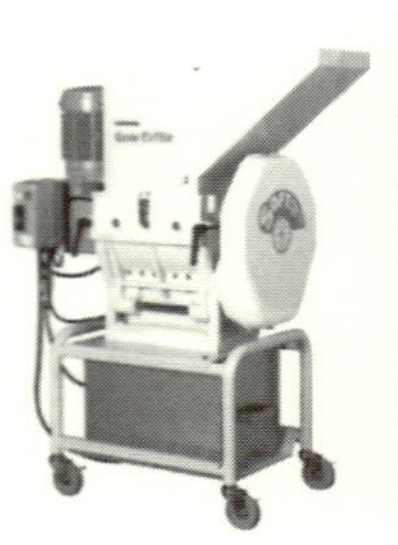

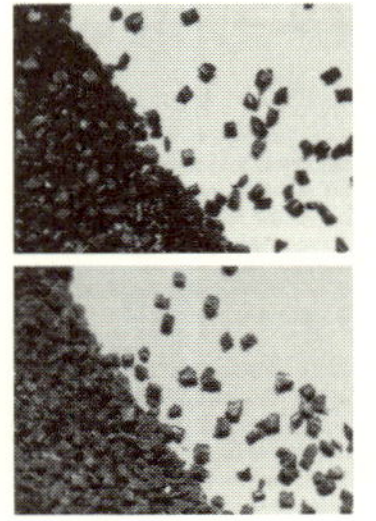

資料提供：ハーモ

周辺機器（成形関連）

除湿乾燥器（ローダー一体式）

dehumidification dryer

除湿乾燥器には、除湿エアーを投入するものと、水分を吸着させるものとがある。除湿エアー方式は圧縮エアーを必要とし、水分の吸着方式は、水分を吸着させるための吸着材(ハニカム構造)、再生ヒーター、送付機などが必要になる。写真は、除湿エアーを投入するタイプで、ホッパーの直胴部横開きにし、清掃の簡略化と供給ローダーを一体型にして、コンパクトな設計となっている。

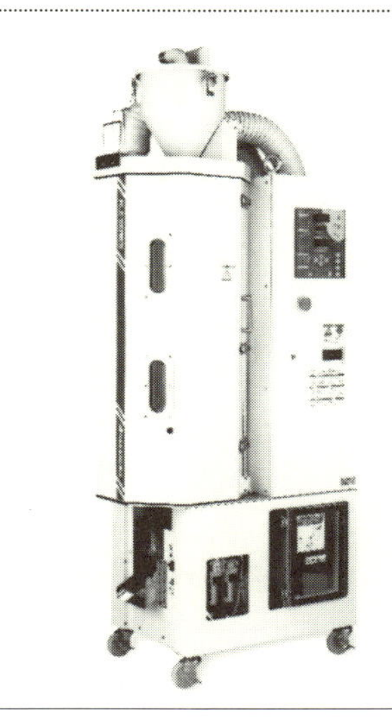

資料提供：中村科学

周辺機器（成形関連）

微粉除去装置

fines removal device

微粉材をリサイクルするのに、一番やっかいなものがリサイクル材から発生する微粉末である。これが成形不良の焼け、黒点などの原因ともなって、成形工場ではその対策に手を焼いているのが実情である。原料粉砕器、粒断機で生じやすい粉砕微粉を成形機上のホッパーで除去するための工夫がなされている。いろいろなメーカーから発売されている

資料提供：セムコ

周辺機器（成形関連）

材料供給システム

material supply system

成形工場の規模や、その成形する製品の種類によって様々なシステムが構築される。図の場合では主材料となる2種類の大型サイロを4基から数十台の成形機に分岐供給されている。それぞれの成形機には、材料乾燥システムであったり、自動着色装置、金型冷却器、ランナー粉砕器などが必要に応じて、個別にシステムが組込みされる。

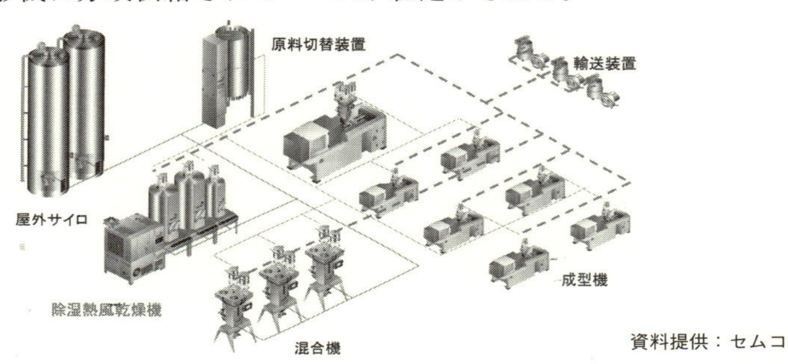

資料提供：セムコ

周辺機器（成形関連）

ゲートカットロボット（ゲートカット装置）

gate cutting device

射出成形機から取り出された多数個取りサイドゲートの成形品を小型直行ロボットで把持して、次成形時間中に、自動カットを行わせる装置。ゲート形状やピッチの異なる成形品でもティーティング動作で、多様に対応できるようになっている。

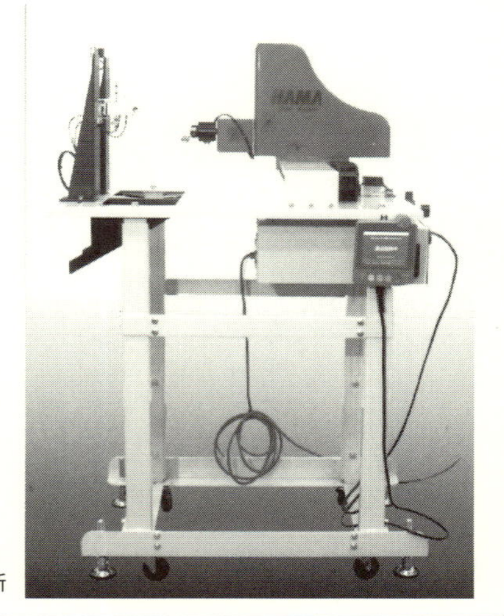

資料提供：ハマ製作所

周辺機器（成形関連）

金型温調器

mold tempreture control device

金型温調器は金型温度調節器ともいい金型の温度を上げたり、下げたりするだけでなく、金型温度を一定温度に保つために使用される。金型温調器の主な使用目的は、1.成形立ち上げ時の不良を押さえる、2.成形品の品質を保持する、3.成形不良対策、4.成形性を高める、5.サイクルUP、などがあげられる。

種類	特徴	問題点
温水タイプ	一般に使用される 回路の温度ムラが少ない	95℃以下で使用。回路圧を 4kg/cm^2 まであげると 120℃まで対応
油タイプ	常圧で 100℃以上あげられる（エチレングリコールなど使用）	水に比べて比熱が小さいため、温度の上がりが遅い
ヒータータイプ チラータイプ	高くまで上げられる 5～20℃の冷水使用し冷温タイプ	温度ムラが大きい 冷温タイプで温度があげられない
冷温兼用タイプ	1台で冷水から温調まで可能	専用機に比べて温度ムラが大きい

周辺機器（成形関連）

加熱・冷却装置

heat&cooling device

写真は、一般的に呼ばれているヒート＆クール（急加熱・急冷却）金型を成形するための金型温度コントローラー（一体型）（セパレート型）を示す。急加熱・急冷却を可能とする金型とセットで使用される。

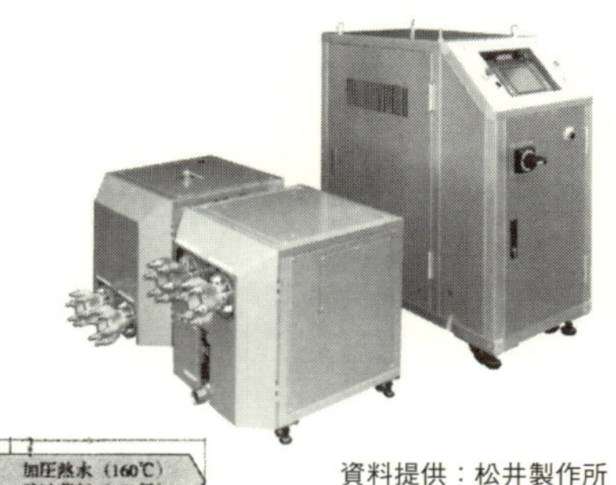

資料提供：松井製作所

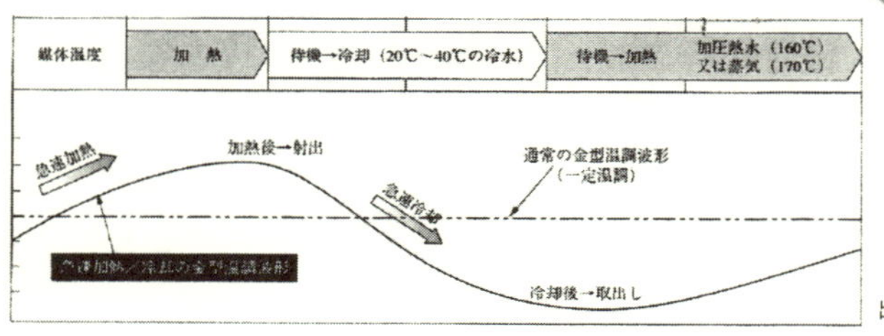

出典：三菱重工業資料より抜粋

周辺機器（成形関連）

クーリングシステム（冷却プラント）

cooling system

成形工場には必要不可欠なクーリングシステムを一体化したもの。冷却塔であるクーリングタワーを冷却槽とポンプユニットとを一体化している。成形機の油タンク・ハウジング・金型など、水質を保ちながら、常に査定した能力を保っておかなければならない。

資料提供：中村科学工業

周辺機器（成形関連）

スプルー・ランナー取出機

splue &runner pick up device

射出成形機の固定盤上に設置され。スプルー・ランナーの取出し用に使用される。型開き完了に同期して、ランナーを引き抜き上昇して回転動作で排出する。排出されたスプルー・ランナ－リサイクルのため直接粉砕器または、粒断器で裁断されて定量混合システムを経て、成形機ホッパーに戻されタリスルことが一般的に行われている。最も汎用的な取出しシステムとして活用されている。

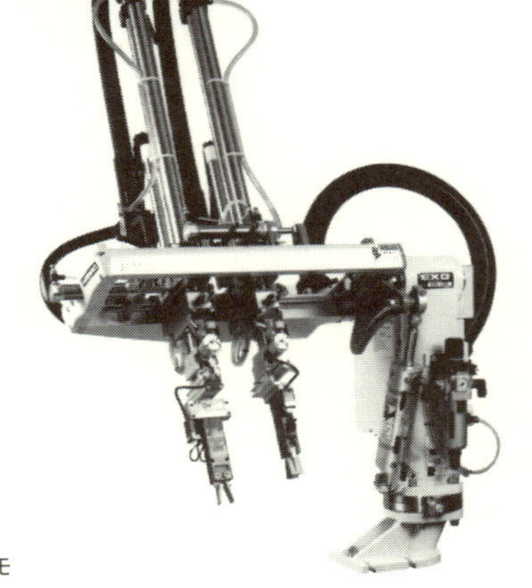

資料提供：ハーモ

周辺機器（成形関連）

横走行式取出ロボット

wide run taking out machine

射出成形機の固定盤上に、取り付けられることが一般的なので、成形品の取出し、ランナー排出を行う。取出しアームが１軸、２軸のものやそれぞれに回転軸をもたせるものなど多くの種類がある。小型成形機から超大型成形機まで幅広くの製品がある。最近では省エネ・ハイサイクル・高精度・静粛性の追求から電動サーボモータが使用されるようになり、成形工場の自動化・省人化の進展を担っている。

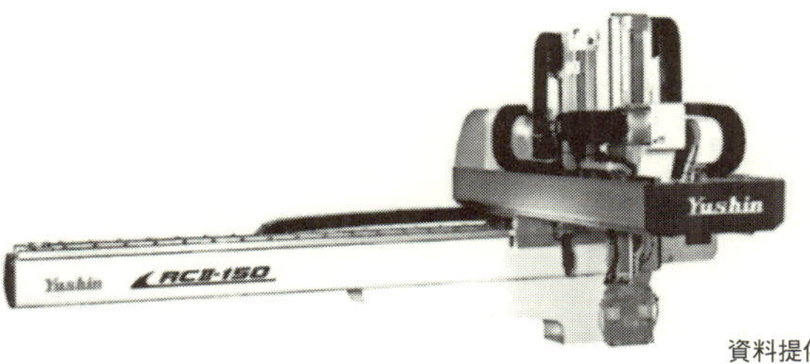

資料提供：ユーシン精機

周辺機器（成形関連）

垂直多関節ロボット

vertically articulated robot

垂直多関節ロボットは、軸数が4軸～6軸のものがあり、軸数が多いほど汎用性が高い。産業用ロボットで、横走行式取出機と同じように、成形機の固定盤上面に設置されることが多く、小型成形機から超大型成形機に組み込まれる。関節数の多いことによる複雑な取出し動作や、インサート品装着作業など今まで以上の次工程との連携・複合作業に使用されることが多くなってきている。

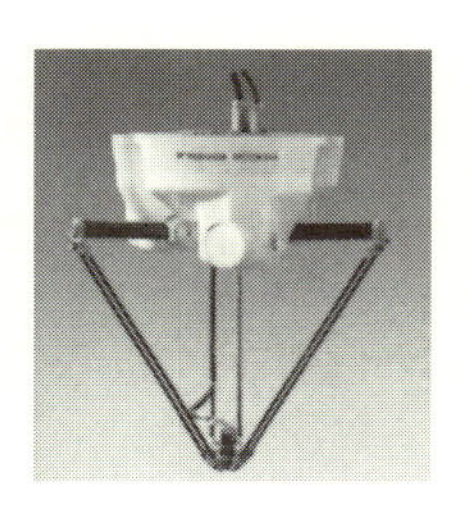

資料提供：安川電機

周辺機器（成形関連）

サイドエントリー式取出ロボット
side entry taking out device

金型の側面方向から成形品を取り出す方式で、天井高の低いクリーンルーム仕様であったり、専用機的な用途に使用されることが多い。図の旋回タイプは、

成形品の型開き動作に連動して、回転軸が旋回、成形品引き抜き動作をするハイサイクル専用機と使用される。

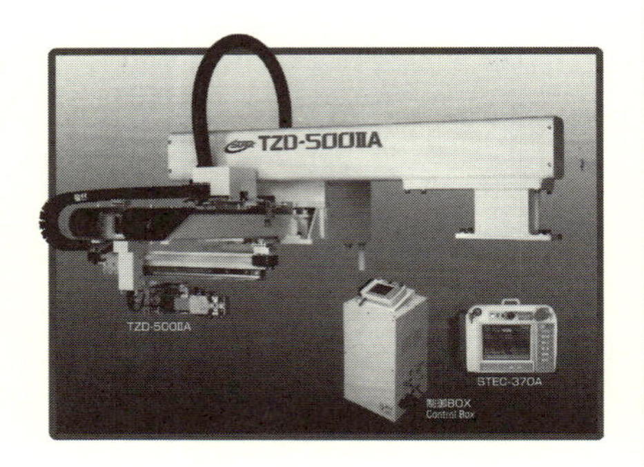

資料提供：スター精機

周辺機器（成形関連）

縦走行式取出機
longitudinal taking out device

この縦走行式取出機は、射出成形機に対して、平行型開閉方向へ成形品を取り出す。成形工場の省スペース化とともに、次工程との連結簡素化のために使用される。

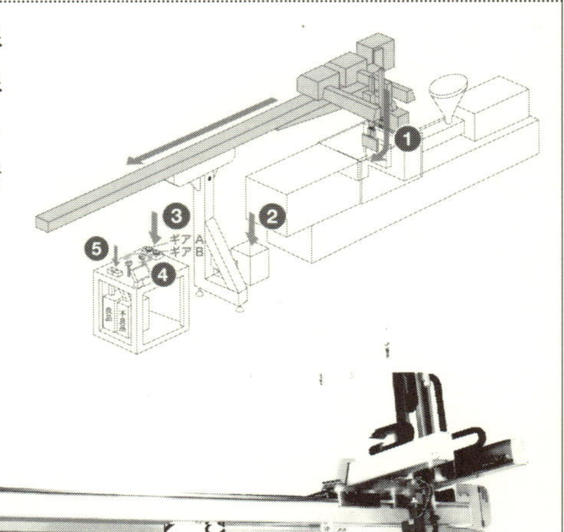

資料提供：ユーシン精機

アタッチメント（取出機チャック用）

attachment

成形品取出機用のチャック板には、様々なアタッチメントが必要になる。これらの部品をコンパクトにチャック板に組み込むことで、軽量でコンパクトなチャック板となる。

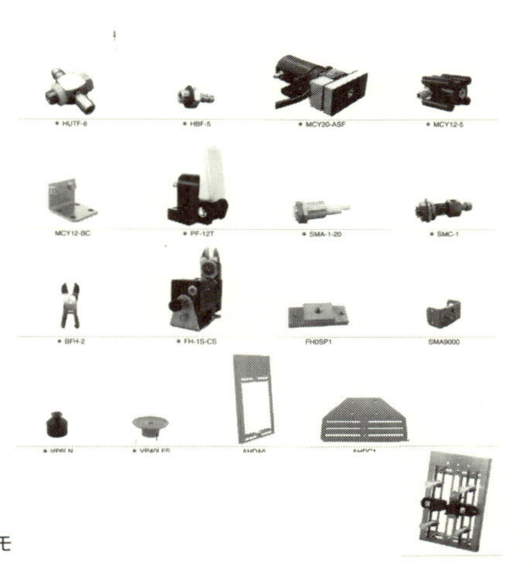

資料提供：ハーモ

コンベア

conveyer

成形品の平置き、ランナー回収などに使用される。樹脂性のベルトにリブを設け、成形品搬送にリクライニングタイプのものもある。コンベア幅、コンベア長など成形工場の仕様に合わせ様々なコンベアがある。成形機上の取出し機との信号連動で、間欠運転して成形品ストックにも使用されている。

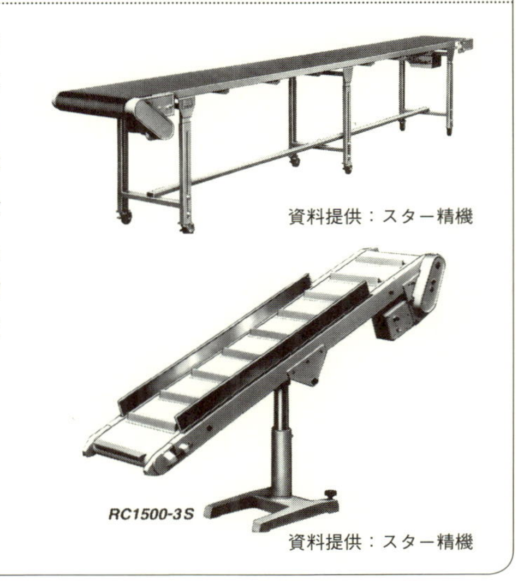

資料提供：スター精機

資料提供：スター精機

周辺機器（成形関連）

離型剤自動噴霧装置

auto release agent mist device

成形機の型開きと同時に、カウンターにセットされた回数ごとに金型内へ離型剤を噴霧する装置。マグネットベースに取り付けられた噴霧ガンを金型脇に取り付けて使用する。液量や霧の広がりパターンなどの調整も可能。

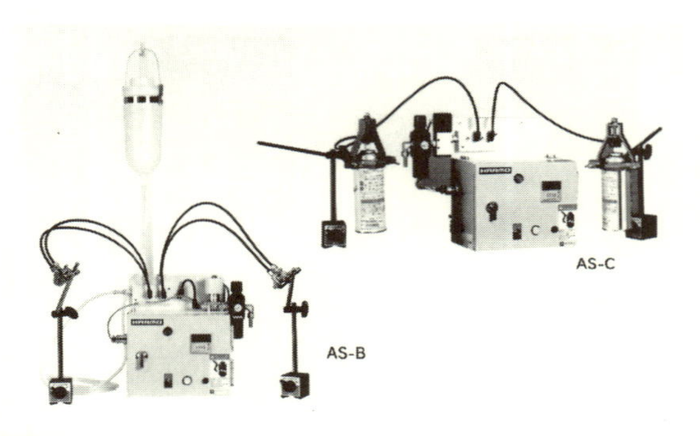

資料提供：ハーモ

周辺機器（成形関連）

金型内残留確認装置

detector for molded article left in mold

金型内の残留部の確認を型開き完了時に、突出し完了信号を受けて、カメラによる監視確認を行う。固定側キャビティ及び可動側キャティの画面を残留確認する場合、可動側キャビティのみ行う場合がある。

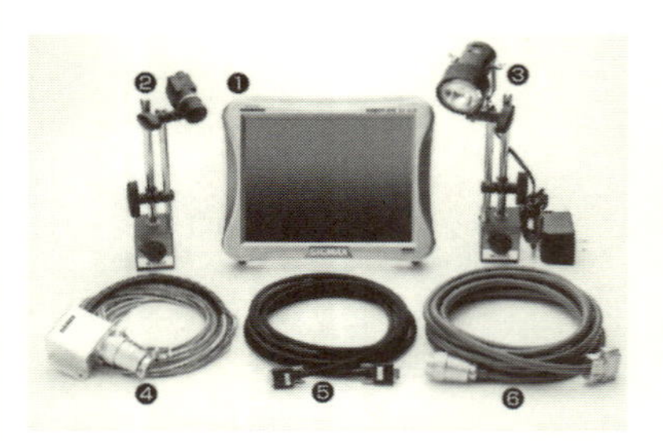

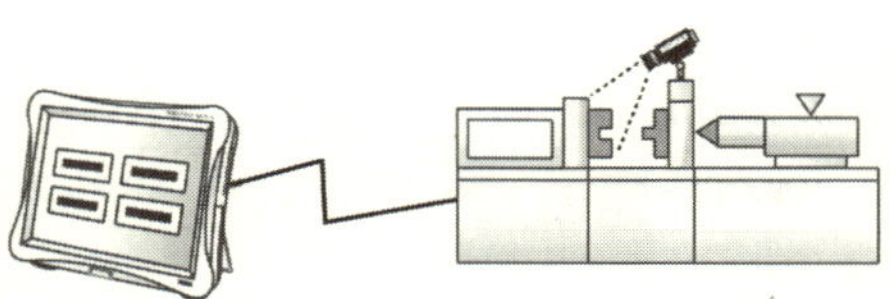

資料提供：シグマックス

周辺機器（成形関連）

成形品自動ストックシステム

Auto Stock System

成形機上の横走行式取出機などと連携し、コンテナに整列ストックさせ、コンテナを回流し自動ストックする装置。一般的には、成形機と1対1の仕組みが多く成形品によっては夜間無人自動ストックシステムとしても活用されたりしている。適用するコンテナサイズを変えたり、ストック量を変えたり成形工場のニーズに応えて個別システムを構築されることが一般的である。

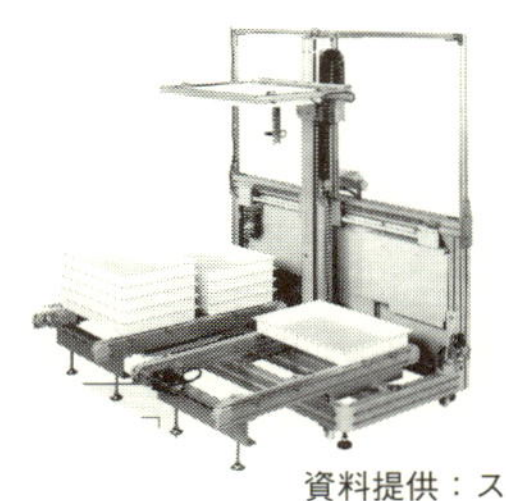

資料提供：スター精機

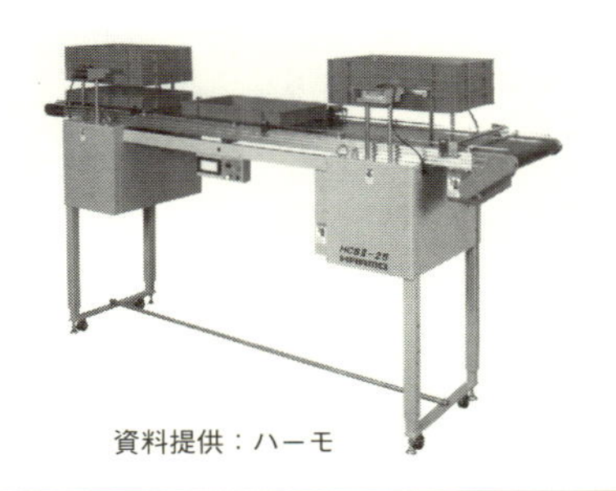

資料提供：ハーモ

周辺機器（成形関連）

集中監視システム

intensive monitoring system in the factory

数台～数十台の機械の稼動状況などを１箇所で管理できるシステム。管理内容は

①機械監視･･･運転状況、機械毎の運転状況、生産状況の監視、周辺機器の監視

②データ管理･･･成形条件のファイリング、成形条件のアウトプット、金型データ原料データ、生産データ、品質管理データ

③成形管理･･･生産量・生産開始・停止の指示、生産量・不良・生産停止の入力

④生産管理･･･金型登録、使用樹脂、仕様量・残量、生産スケジュール、生産実績　などがある。

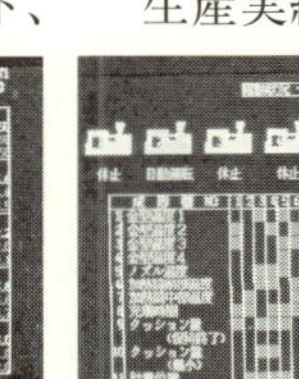

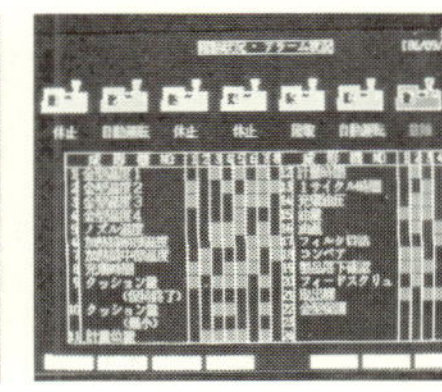

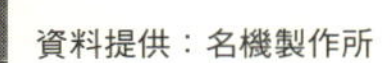

資料提供：名機製作所

第6章

関連用語

規格

ＩＳＯ（国際標準化機構）認証制度

ISO standard

ISO9001（品質マネジメントシステム規格）や、ISO14001（環境マネジメントシステム規格）などそのマネジメント要求事項に適合しているか否かを審査･認証する制度。図（1）に示すように、ISO認証制度は「認証機関」だけでなく、審査員の研修･認定・登録といった一貫したマネジメントシステムから構築されており、日本ではJAB（日本適合性認定協会）JIPDEC（日本情報経済社会推進協会）の認定機関から認定されたJQA（日本品質保証機構）がその実務を担当している。

区分 / 項目	ISO9000	ISO14000
ねらい	消費者の保護	生活者の保護
目的	品質システムの維持	環境の保全と継続的改善
対象	品質マネジメントシステム	環境マネジメントシステム
基本的な考え方	マネジメントシステムの国際化による公平・公正な競争の場の確立	
基本的方向付け	●国際標準としてのマネジメントシステムの確立と、個別システムの連携・統合化・効率化追求 ●ルールを順守したうえでの個性・独自性の確立	

出典：実践経営研究会編「手軽にムダなくISO9000/14000認証取得ガイドブック」日刊工業新聞社（2000）p4 表1より抜粋

規格

TQM

total quality control management

顧客の要求する品質水準の製品を最も経済的・効率的に生産するための手段の体系のこと。ＱＣと略すことが多く、「ＱＣサークル活動」、「ＱＣの7つ道具」「ＴＱＣ」などが普及している。品質管理は製品を作る製造の現場と品質管理部門だけでなく、購買･販売･サービス･研究開発･人事・会計など全社的の問題として捉えられている。

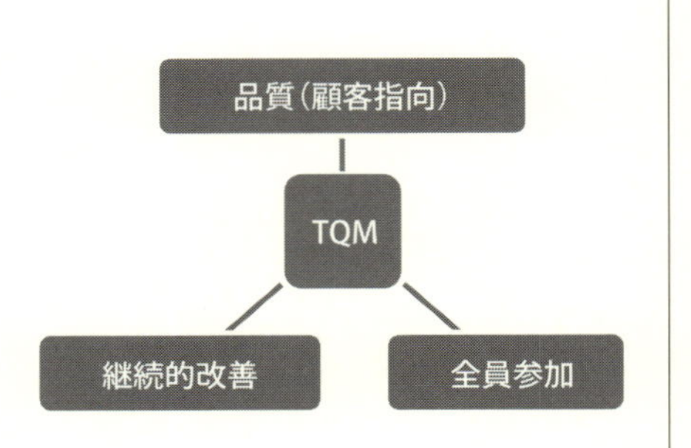

出典：泉英明「わかりやすい生産管理」日刊工業新聞社（2015）

規格

品質管理

quality control

ＱＣと略すことも多い。顧客の要求を満足させる品質の製品を作り提供する機能をいう。品質の安定向上、経済性の向上などを図る手法として、統計学的方法、管理図などの手法が用いられ、ＱＣ７つ道具などといわれる手法を用いて、ＱＣサークル活動や統計的品質管理（ＳＱＣ）が活発に行われている。

QC７つ道具

❶チェックシート	かぞえる。データ(計数値)で全体の姿を知る。
❷パレート図	問題がどこにあるか見い出す。重点を明確にする。 →改善テーマの発掘
❸特性要因図	特性と要因の関係を整理する。衆知を集める。→改善テーマの発掘
❹グ　ラ　フ	比較する、時間的変化を見る。
❺ヒストグラム	分布の現状を知る。
❻管　理　図	データで工程の時間的変化を見る。
❼散　布　図	2つの対になったデータで特性値の関係を知る。

規格

製造物責任（PL）法

Product Liability Act

1995年に施行され、頭文字をとってＰＬ法とも呼ばれる。言葉が示すとおり、製造物の欠陥により損害が生じた場合の製造業者等の損害賠償責任を定めた法律。製造業者等は引き渡した製造物の欠陥によって他人の生命・身体又は財産を侵害したと認められたときには、その生じた損害賠償の責任を負わなければならないと定められている。

PL への対応

設計対応	①安全設計（フールプルーフ、フェールセーフ、冗長設計） ②重要保安部品の耐久設計 ③ DR に安全設計を盛り込む
製造対応	①設計図通りに工程でのつくり込み ②特殊工程の条件管理の徹底 ③ SQC を用いてのつくり込み推進
アフターサービス	① 100%安全な製品は不可能、安全な使い方の普及、啓蒙を図る ②総合的な安全への取り組み

出典：岡田貞夫他「トコトンやさしい品質改善の本」日刊工業新聞社（2011）

規格

シャルピー衝撃試験

charpy impact test

JISK 7 1 1 1に規定され、試験片はノッチ付きとノッチなしがある。いずれも試験片の破壊時に吸収される衝撃エネルギーを測定する。

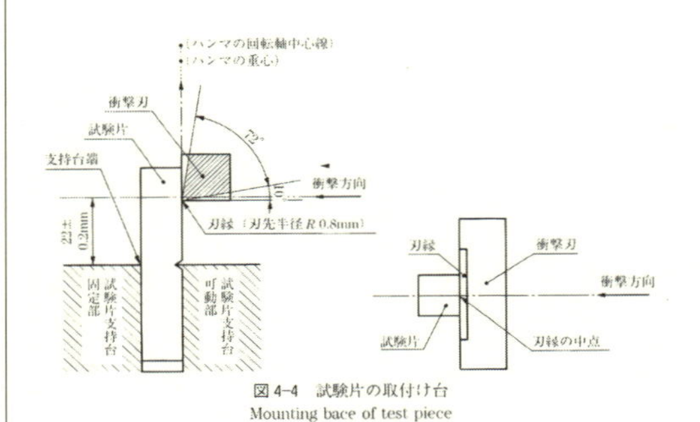

図 4-4　試験片の取付け台
Mounting bace of test piece

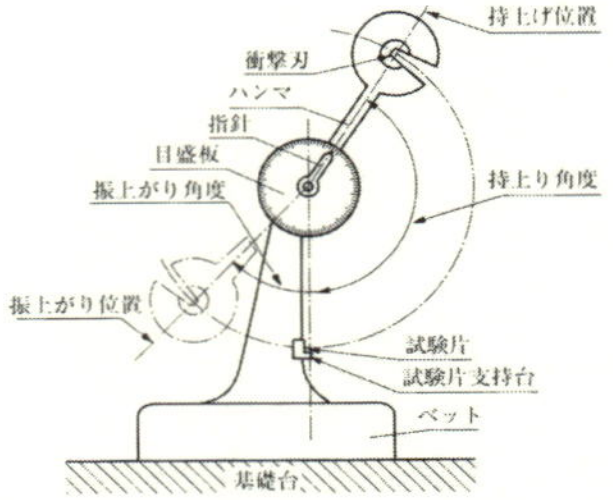

図 4-5　シャルピー試験機の例　Charpy impact tester

出典：千坂浅之助「図解射出成形実践マニュアル」日刊工業新聞社（1999）

規格

アイゾット衝撃試験機

izod impact test

プラスチック材料の衝撃に対する耐久力を測定する試験。規定寸法の試験片にV字型の切り込みを入れ、保持台に垂直に取り付けて、重りのついた振り子で衝撃によって破断するときのエネルギーを測定する。

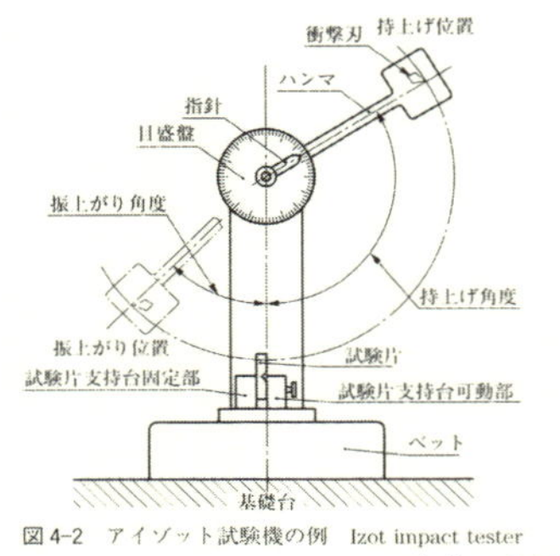

図 4-2　アイゾット試験機の例　Izot impact tester

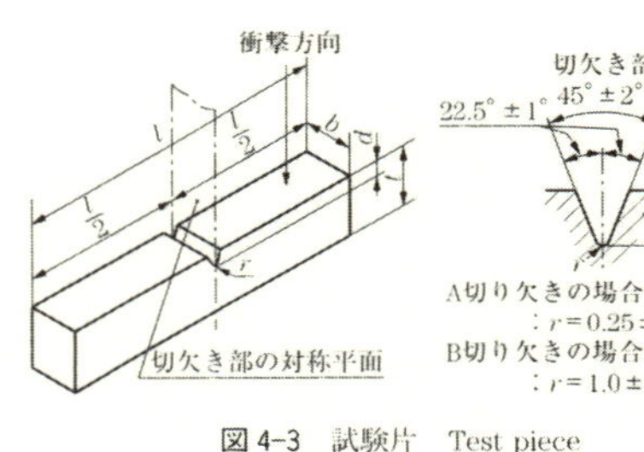

図 4-3　試験片　Test piece

出典：千坂浅之助「図解射出成形実践マニュアル」日刊工業新聞社（1999）

参考文献

型技術　第26巻　第3号　2011年3月号　　日刊工業新聞社
型技術　第3巻　第9号　1988年8月　別冊 日刊工業新聞社
本間精一「基礎から学ぶ　射出成形の不良対策」丸善出版、2011
雇用促進事業弾職業訓練部　編「合成樹脂金型の構造」財団法人職業訓練教材研究会、1994
横田健二「高分子を学ぼう—高分子材料入門」化学同人、1999
日本プラスチック加工技術協会　編「射出金型の基本と応用」
伊藤忠・洲崎均・曽根忠利・中川曠「射出成形　第9版」プラスチックス・エージ
横田　明「射出成形加工のツボとコツQ&A」日刊工業新聞社、2009
北川　和昭・中野　利一「射出成形不良対策事例集」日刊工業新聞社、2010
白石　順一郎「射出成形用金型」日刊工業新聞社、1984
岡田　清　監修「射出成形用金型　第3版」プラスチックス・エージ
千坂　浅之助「図解　射出成形実践マニュアル」日刊工業新聞社、1999
生分解性プラスチック研究会　編「トコトンやさしい生分解性プラスチックの本」日刊工業新聞社、2004
岡田貞夫　他「トコトンやさしい品質改善の本」日刊工業新聞社、2011
横田明「トコトンやさしいプラスチック成形の本」日刊工業新聞社、2014
森隆「プラスチック　射出成形品の設計　4版」工業調査会
プラスチックス　Vol.55 No.3　　工業調査会
「プラスチック成形加工データブック」工業材料　1987年5月臨時増刊号
全国プラスチック製品工業会　監修「プラスチック成形技能検定の解説」三光出版、2012
桜内雄次郎　編著「プラスチックポケットブック」工業調査会、1987
廣恵章利・飯田惇・深沢勇「やさしい射出成形機」三光出版、2010
廣恵章利　他「やさしいプラスチック金型」三光出版、1998
本間精一「やさしいプラスチック成形材料　第8版」三光出版、2007
山田正美「よくわかるこれからの品質管理」同文館出版、2004
福島有一「よくわかるプラスチック射出成形金型設計」日刊工業新聞社、2002
泉英明「わかりやすい生産管理」日刊工業新聞社、2015
吉沢昭久・洗野義雄「射出成形用金型の設計技術」工業調査会、1984
高橋盛行「射出成形用金型の設計技術」工業調査会、1991
青木正義・飯田誠「プラスチック成形金型設計マニュアル集大成」日刊工業新聞社、2002
三菱ガス化学　資料
名機製作所　カタログ
日本製鋼所　カタログ
日本製鋼所　取扱説明書

和 文 索 引

数・英

あ

か

さ

た

な

は

ま

や

ら

英 文 索 引

h

i

j

j

jetting mark ………… 88△
jumping flow mark ………… 89△

l

m

n

o

p

v

w

y

other

●著者

北川和昭（きたがわ　かずあき）

1970年　立命館大学機械工学科卒業。同年　㈱名機製作所入社。技術部門を担当し、射出成形機の開発を中心に、成形システム設計開発に従事する。また同社名機スクール校長として教育・後進の指導を行う。1998年　成形技術部を新設、同部部長。ユーザーの技術サポート役・各国展示会出展プランナーとして活動。2005年　射出成形　中央国家検定委員。プラスチック射出成形特級技能士取得。2007年　技術アドバイザーとして独立。現在に至る。

主な著書

・「実践　射出成形不良対策事例集」（共著）日刊工業新聞社、2010

中野利一（なかの　りいち）

1970年　大阪工業大学機械工学科卒業。同年　（株）名機製作所入社。主に成形技術関係に従事。1982～1987年　佐賀県技術アドバイザー（化学工業）としても活動。成形メーカーの技術サポートおよび後進の技術教育にあたる。2004年　プラスチック射出成形特級技能士取得。現在に至る。

主な著書

・「実践　射出成形不良対策事例集」（共著）日刊工業新聞社、2010

絵とき　射出成形用語事典

NDC566

2015年2月25日　初版1刷発行

©著者　北川和昭
中野利一
発行者　井水 治博
発行所　日刊工業新聞社
東京都中央区日本橋小網町14-1
（郵便番号103-8548）
電話　書籍編集部　03（5644）7490
販売・管理部　03（5644）7410
FAX　03（5644）7400
振替口座　00190-2-186076
URL　http://pub.nikkan.co.jp/
e-mail　info@media.nikkan.co.jp
本文デザイン　矢野貴文（志岐デザイン事務所）
印刷・製本　新日本印刷（株）

定価はカバーに表示してあります
落丁・乱丁本はお取り替えいたします。
2015 Printed in Japan
ISBN 978-4-526-07363-2　C3053